双色图解

智能手机维修快速入门

阳鸿钧 等编著

化学工业出版社
·北京·

本书采用双色图解的方式及通俗易懂的语言，详细讲解智能手机的维修知识，使读者能够轻松掌握智能手机软硬件维修的技能。

本书以常见的苹果、华为、小米等品牌智能手机为例，主要介绍了智能手机维修的基础知识、检修工具与技法、识图方法、原理与模块电路、硬件维修技能、软件维修技能、文件系统等内容。

本书内容实用，理论与实践结合，适合手机维修技术人员及业余爱好者、手机使用者等自学使用，也可用作培训机构、职业院校相关专业的教材及参考书。

图书在版编目（CIP）数据

双色图解智能手机维修快速入门 / 阳鸿钧等编著. —北京：化学工业出版社，2019. 7（2024.6 重印）
ISBN 978-7-122-34127-3

Ⅰ. ①双… Ⅱ. ①阳… Ⅲ. ①移动电话机－维修－图解 Ⅳ. ①TN929.53-64

中国版本图书馆 CIP 数据核字（2019）第 051230 号

责任编辑：耍利娜　　文字编辑：陈　喆
责任校对：刘　颖　　装帧设计：王晓宇

出版发行：化学工业出版社（北京市东城区青年湖南街 13 号　邮政编码 100011）
印　　装：北京虎彩文化传播有限公司
787mm×1092mm　1/16　印张 17½　字数 403 千字　2024年 6 月北京第 1 版第 11 次印刷

购书咨询：010-64518888　　售后服务：010-64518899
网　　址：http://www.cip.com.cn
凡购买本书，如有缺损质量问题，本社销售中心负责调换。

定　价：58.00 元

前言 PREFACE

手机，尤其是智能手机，使用之广泛达到了其他消费类电子产品无法比拟的地步。同时，智能手机更新之快，通信技术变化之快，令一些手机维修者有点难以适应新变化、新要求的感觉。

为此，本书尽量用通俗的语言讲解智能手机有关的新知识、新技能，以便读者从入门到精通轻松掌握智能手机软硬件维修技能。

本书共7章，分别从快速掌握智能手机基础、快速掌握检修工具与维修技法、学会看图识图、搞懂智能手机原理与模块电路、掌握硬件维修技能、掌握软件维修技能、精通术语与文件等方面进行了介绍，以便使读者能够快速、轻松地掌握智能手机的维修知识与技能。

本书各章的主要内容如下：

第1章主要介绍了智能手机的特点、外观结构与机身材料、操作系统与平台、网络制式、5G智能手机与5G频段等。

第2章主要介绍了ESD防静电带、吸盘、螺丝刀、放大镜、电烙铁、万用表等检修工具的使用以及维修技法等。

第3章主要介绍了手机维修图的类型、识读手机原理图的基础、点线识读法、总线的表示识读、箭头的表示识读、滤波器的表示识读、衰减网络的表示识读等。

第4章主要介绍了手机原理框图与基本流程、手机开机过程、射频模块、电源电路、电池与电池电路、Face ID（面部识别）与指纹识别、手机无线充电等。

第5章主要介绍了智能手机芯片异常引起的常见故障、智能手机零部件故障与检修、图解主板维修等。

第6章主要介绍了手机软件升级、开启手机开发者选项的方法、root与root工具、adb驱动与S-OFF、recovery、fastboot模式、工程模式与工厂模式、解锁、双清与越狱等。

第7章主要介绍了手机专业术语的解析、5G有关术语的解析、手机盘符与文件的解析、手机文件可删情况与清除情况、安卓手机超级终端下的命令等。

本书由阳鸿钧、阳许倩、阳育杰、欧小宝、杨红艳、许秋菊、许四一、阳红珍、许满菊、许应菊、唐忠良、许小菊、阳梅开、任现杰、阳苟妹、唐许静、欧凤祥、罗小伍、任现超、罗奕、罗玲、许鹏翔、阳利军、谭小林、李平、李军、李珍、朱行艳、张海丽参加编写。另外，本书在编写过程中参考了一些相关技术资料，在此也向其作者表示感谢。

由于时间有限，书中不妥之处在所难免，敬请广大读者批评指正。

编著者

目录 CONTENTS

PART 1
入门篇

01 快速掌握智能手机基础

02 快速掌握检修工具与维修技法

PART 2

提高篇

03 学会看图识图

04 搞懂智能手机原理与模块电路

05 掌握硬件维修技能

06 掌握软件维修技能

PART 3

精通篇

07 精通术语与文件

PART 1

入门篇

01 快速掌握智能手机基础

1.1 智能手机的特点、外观结构与机身材料

1.1.1 智能手机的特点

手机，尤其是智能手机，使用之广泛达到了其他消费类电子产品无法比拟的地步。同时，智能手机更新之快，令许多手机维修者有点难以适应新变化、新要求的感觉。其实，无论智能手机怎么变化，维修遵循的原则仍是继续使用有用的知识技能＋及时补上新的知识技能。

智能手机突出的特点就是具有智能功能，而智能功能表现在于具有独立的操作系统，独立的运行空间。智能手机可以由用户自行安装软件、游戏、导航等第三方服务商提供的程序，也可以通过移动通信网络来实现无线网络接入通信。

目前，手机分类中的多数音乐手机、商务手机、多功能手机、多频手机等往往也是智能手机。

智能手机的特点包括功能强大、运行速度快、具有开放性的操作系统、具备接入互联网的能力、人性化等特点，简单地讲就是能够扩展功能，如图1-1所示。

智能手机与移动网络发展的关系如图1-2所示。目前，5G标准正在制定中，5G手机不久即将出现。

总之，无论是3G、4G，还是5G，手机本身的技术基本上就是调制、解调、编码、解码。

智能手机就是一部像电脑一样可以通过下载、安装软件来扩展手机基本功能的手机

图1-1 智能手机的特点

图1-2 智能手机与移动网络发展的关系

知识拓展

行货与水货手机的概念如图1-3所示。

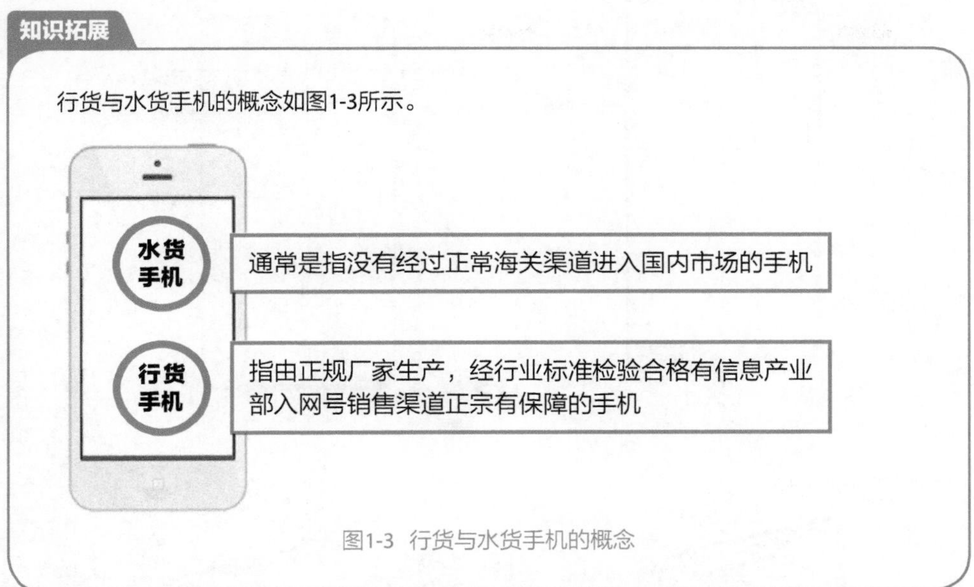

水货手机
通常是指没有经过正常海关渠道进入国内市场的手机
行货手机
指由正规厂家生产，经行业标准检验合格有信息产业部入网号销售渠道正宗有保障的手机

图1-3 行货与水货手机的概念

1.1.2 智能手机的外观结构

智能手机普及速度相当快，在短短的一两年内，智能手机已经取代了传统手机，成为时下的街机。同时，智能手机的外观结构由以前翻盖、直板等多结构，逐步向直板占主流的结构特点发展。

不同智能手机具体外观结构有所差异，但是基本的结构件差不多。例如一些智能手机外观结构如图1-4所示。

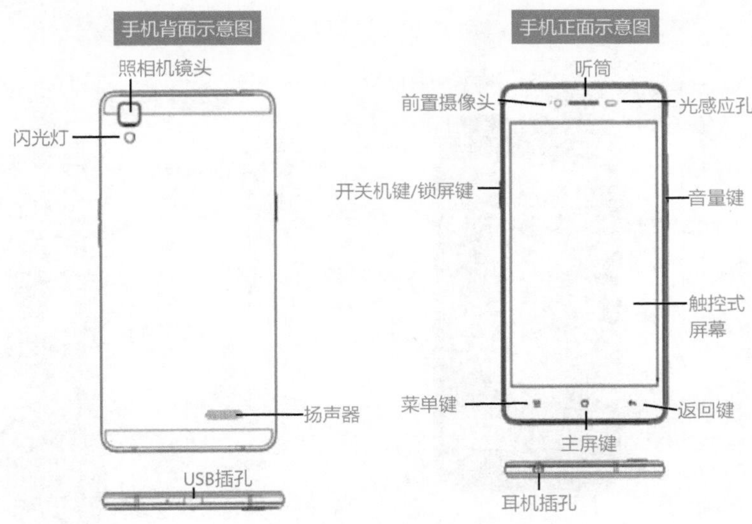

图1-4

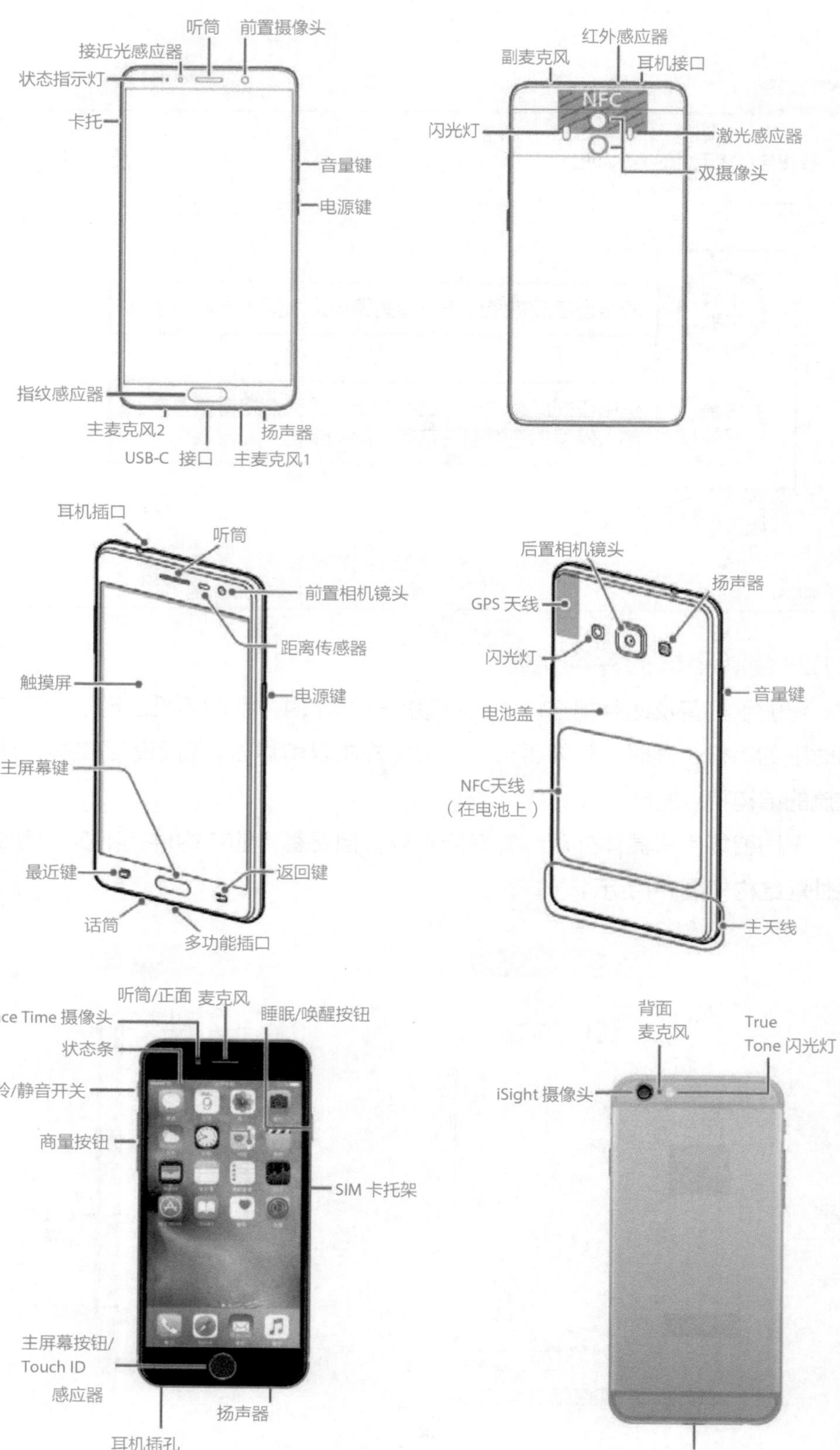
听筒
前置摄像头
接近光感应器
状态指示灯
卡托
音量键
电源键
指纹感应器
主麦克风2
扬声器
USB-C 接口
主麦克风1
红外感应器
副麦克风
耳机接口
NFC
闪光灯
激光感应器
双摄像头
耳机插口
听筒
前置相机镜头
距离传感器
触摸屏
电源键
主屏幕键
最近键
返回键
话筒
多功能插口
后置相机镜头
扬声器
GPS 天线
闪光灯
音量键
电池盖
NFC天线
（在电池上）
主天线
听筒/正面 麦克风
Face Time 摄像头
睡眠/唤醒按钮
状态条
响铃/静音开关
商量按钮
SIM 卡托架
主屏幕按钮/
Touch ID
感应器
扬声器
耳机插孔
背面
麦克风
True
Tone 闪光灯
iSight 摄像头
Lightning 接口

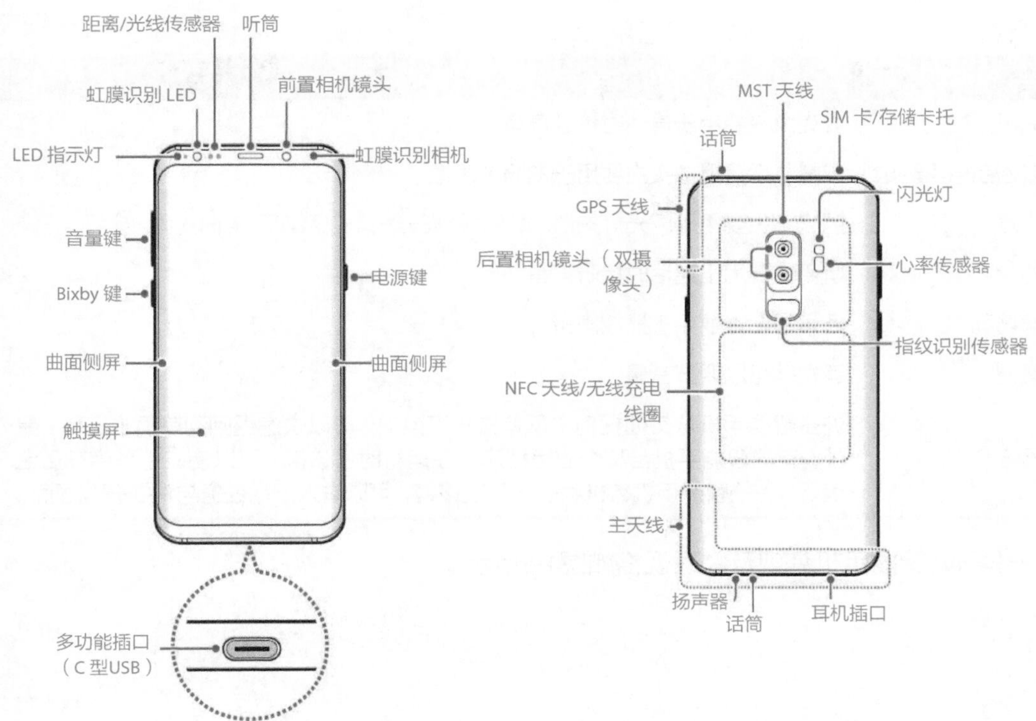

图1-4 一些智能手机外观结构

智能手机常见按键与组件功能见表1-1。

表1-1 智能手机常见按键与组件功能

名称	功能
USB接口	主要用于连接数据线，从而实现连接充电器、电脑等设备
菜单键	许多智能手机在待机状态下，按该键可开启功能选项
触摸屏	使用手机触摸屏可以更轻松地选择项目、执行功能。为避免刮擦触摸屏，不要用尖锐工具接触触摸屏，并且禁止触摸屏接触到水。另外，静电放电会导致触摸屏发生故障
电源键	许多智能手机在任何状态下短按一下该键，都可以给屏幕上锁（某些界面除外），并且此时屏幕会关闭，但是仍允许接受呼叫。另外，有的智能手机在关机状态下长按该键，可以开机；开机状态下长按该键，可以选择关机或进行其他操作；有的智能手机通话状态下，按一下该键，可以使屏幕进入睡眠状态
耳机插孔	耳机插孔主要用于连接耳机
返回键	许多智能手机按该键，会返回上一级菜单或上一步操作
光敏&红外组件	光敏组件自动检测环境光的强度，根据环境光调整屏幕的亮度 打电话时，红外组件会自动检测人体与智能手机的距离。如果人体离智能手机很近，智能手机会把屏幕关闭，避免误触到某些功能。耳机通话、免提通话状态下，智能手机红外功能无效 为了保证光敏、红外功能的正常使用，使用时需要时刻保持该窗口的清洁。智能手机贴保护膜时，不要遮住该窗口

续表

名称	功能
麦克风	麦克风主要用于通话时传送声音
前置/后置摄像头	前置/后置摄像头主要用于拍照/录像
闪光灯	闪光灯主要用于闪光灯拍照/录像时补充光线，以及作手电筒光源
听筒	听筒主要用于通话时接听声音
扬声器孔	扬声器孔主要用于播放声音
音量键	音量键可以调节音量
主屏键	许多智能手机从其他任何主屏幕按一下该键，可以快速返回到首页主屏幕。另外，有的智能手机当某个应用程序正在运行时按该键，可以使应用程序在后台运行；有的智能手机待机状态下长按该键，可以进入近期任务与快捷开关界面

一些vivo智能手机外观及物理规格如图1-5所示。

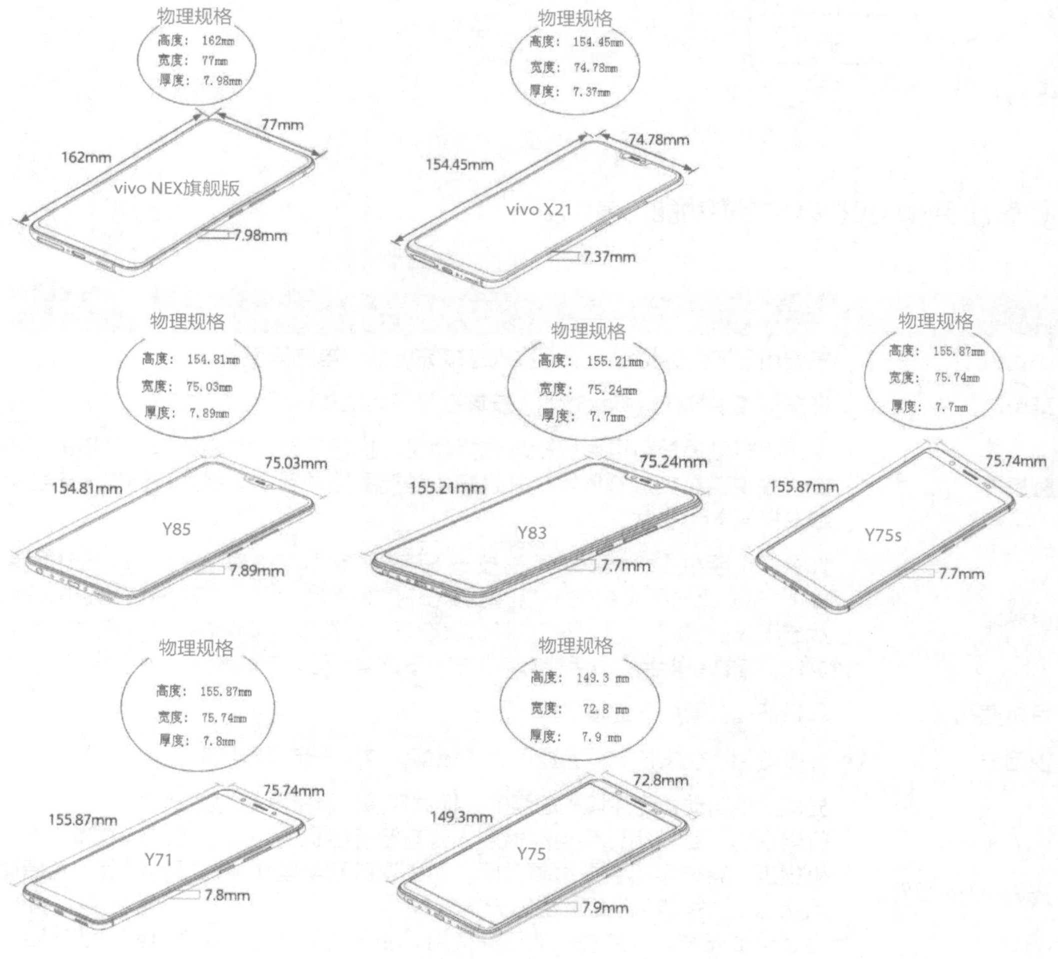

图1-5 一些vivo智能手机外观及物理规格

一些OPPO智能手机外观及物理规格如图1-6所示。

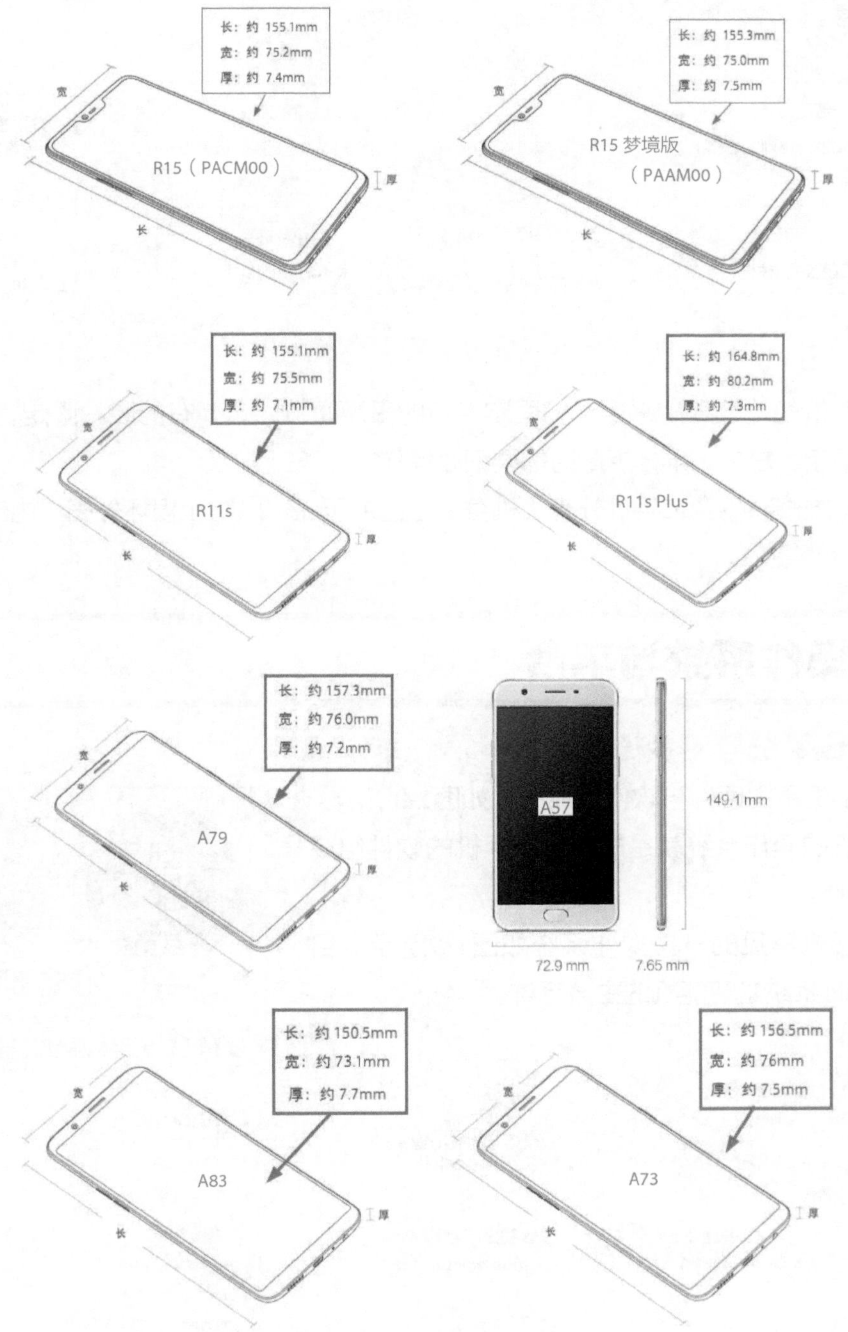

图1-6 一些OPPO智能手机外观及物理规格

1.1.3 智能手机的机身材料

智能手机常见的机身材料与其特点如图1-7所示。例如OPPO Find X手机采用的是玻璃机身，并且提供波尔多红、冰珀蓝、兰博基尼版3种颜色。小米MIX 2S手机采用的是四曲面陶瓷机身。

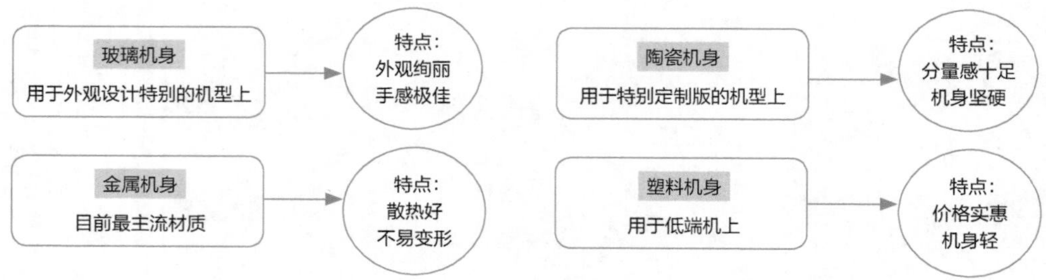

图1-7 智能手机常见的机身材料与其特点

有的手机壳（机身）采用卡扣固定，有的采用螺钉固定，有的胶粘固定，有的采用几种方式固定。总之，维修拆卸时需要细心操作。

另外，维修时不要在手机外壳（机身）上施加重压，以防止损坏外壳与内部组件。

1.2 操作系统与平台

1.2.1 操作系统与平台概述

智能手机是由硬件与软件组成的，如图1-8所示。其中，手机的操作系统就是属于智能手机的软件组成部分。

智能手机常见的一些操作系统如图1-9所示。目前，Android系统是智能机的主流系统。

图1-8 智能手机由硬件与软件组成

图1-9 智能手机一些操作系统

一些vivo智能手机操作系统与平台见表1-2。

表1-2 一些vivo智能手机操作系统与平台

型号	操作系统	平台
vivo X21	Android 8.1	高通骁龙660AIE
vivo X21i	Android 8.1	MT6771（P60）
vivo X20	Android 7.1.1	高通骁龙660
vivo X20Plus	Android 7.1.1	高通骁龙660
vivo Y85	Android 8.1	高通骁龙450
vivo Y83	Android 8.1	P22（MT6762）
vivo Y75s	Android 7.1	高通SDM450
vivo Y71	Android 8.1	MSM8917
vivo Y75	Android 7.1	MT6763

一些华为智能手机操作系统见表1-3。

表1-3 一些华为智能手机操作系统

型号	操作系统
华为畅享7S	EMUI 8.0（兼容Android 8.0）
华为ATU-AL10	EMUI 8.0（兼容Android 8.0）
华为VTR-AL00（全网通版）	华为EMUI 5.1（兼容Android 7.0）
华为TRT-AL00A	EMUI 5.1（Android 7.0）
华为BLA-AL00	华为EMUI 8.0（兼容Android 8.0）

1.2.2 谷歌Android手机操作系统

谷歌Android中文名为安卓、安致。谷歌已经开放安卓的源代码，所以中国以及其他亚洲国家部分手机生产商研发推出了基于安卓智能操作系统的第三方智能操作系统。世界所有手机生产商都可任意采用，并且世界上80%以上的手机生产商都采用安卓手机操作系统。

1.2.3 苹果iOS操作系统

iOS是苹果公司研发推出的智能操作系统。苹果iOS采用封闭源代码（闭源）的形式推出。因此，苹果iOS仅在苹果公司独家产品中采用。

1.3 网络制式

1.3.1 网络制式概述

手机能够使用，则必须先与手机网络服务供应商签订协议，以及取得一张SIM卡。不同网络服务供应商，具有不同的手机网络制式与频段。

手机网络制式就是移动运营商的网络类型。不同运营商支持的网络类型不一样。目前，我国有三大移动（手机）运营商，分别是移动、联通、电信。三大移动（手机）运营商网络制式如下：

移动网络制式为GSM（2G网络）、TD-SCDMA（3G网络）、TD-LTE（4G网络）。

联通网络制式为GSM（2G网络）、WCDMA（3G网络）、TD-LTE/FDD-LTE（4G网络）。

电信网络制式为CDMA（2G网络）、CDMA2000（3G网络）、TD-LTE/FDD-LTE（4G网络）。

三大移动（手机）运营商网络制式比较如图1-10所示。

在4G标准上，中国移动选择以TD技术为基础的TD-LTE
中国联通和中国电信以FDD-LTE为主，以TD-LTE为辅

	中国移动	中国联通	中国电信
4G	TD-LTE	FDD-LTE	FDD-LTE
3G	TD-SCDMA	WCDMA	CDMA2000
2G	GSM	GSM	CDMA

图1-10　三大移动（手机）运营商网络制式比较

有的智能手机只能使用指定的运营商的网络，这种智能手机往往是特定运营商定制的智能手机。如果想由自己选择智能手机运营商，则应选择裸机。但是，许多智能手机尽管是裸机，但是不支持全部运营商网络而使手机选择运营商受到限制。目前，尽管有的手机号称全网通智能手机，但在选择运营商网络优先上仍受到某种限制。因此，选择完全的全网通裸机，才能够有比较广泛的空间选择智能手机的运营商。

例如，华为畅享7S全网通版本的一些特点如下：

①手机功能上支持TD-LTE/FDD-LTE，但是各地区的网络制式、频段可能有所不同，具体取决于当地运营商与用户所在的位置。

②该手机需要根据对应的卡槽插入标准的NANO SIM卡。非标准NANO卡会导致无法识别SIM卡，甚至损坏卡座。

③手机4G数据业务需要对应4G卡支持。手机开启4G开关时，4G网络会频繁拒绝没有开通

4G的SIM卡，会导致频繁掉网。为此，用户可以选择关闭4G开关或者开通4G数据业务。

一些OPPO智能手机网络制式如图1-11所示。

OPPO A73 网络制式

	网络制式	A73 网络频段
4G+	TD-LTE	B38C/B39C/B40C/B41C/B39A+B41A
	FDD-LTE	B1C/B3C/B1A+B3A
4G	TD-LTE	B34/B38/B39/B40/B41(100M)
	FDD-LTE	A73: B1/B3/B4/B5/B8 A73t: B1/B3/B4/B5/B7/B8
3G	WCDMA	B1/B2/B4/B5/B8
	TD-SCDMA	B34/B39
	CDMA2000	BC0(800MHz)
2G	CDMA	BC0(800MHz)
	GSM	B2/B3/B5/B8

A79 网络制式

	网络制式	A79 网络频段
4G+	TD-LTE	B38C/B39C/B40C/B41C/B39A+B41A
	FDD-LTE	B1C/B3C/B1A+B3A
4G	TD-LTE	B34/B38/B39/B40/B41(100M)
	FDD-LTE	A79: B1/B2/B3/B4/B5/B8 A79t: B1/B3/B4/B5/B7/B8
3G	WCDMA	B1/B2/B4/B5/B8
	TD-SCDMA	B34/B39
	CDMA2000	BC0(800MHz)
2G	CDMA	BC0(800MHz)
	GSM	B2/B3/B5/B8

R11s & R11s Plus 网络制式

	网络制式	R11s 网络频段	R11s Plus 网络频段
4G+	TD-LTE	B38C / B39C / B40C / B41C / B39A+B41A	B38C / B39C / B40C / B41C / B39A+B41A
	FDD-LTE	R11s: B1C / B2C / B3C / B4C / B1A+B3A R11st: B1C / B2C / B3C / B4C / B7C / B1A+B3A	R11s Plus: B1C / B2C / B3C / B4C / B1A+B3A R11s Plust: B1C / B2C / B3C / B4C / B7C / B1A+B3A
4G	TD-LTE	B34 / B38 / B39 / B40 / B41 (100M)	B34 / B38 / B39 / B40 / B41 (100M)
	FDD-LTE	R11s : B1 / B2 / B3 / B4 / B5 / B8 R11st : B1 / B2 / B3 / B4 / B5 / B7 / B8	R11s Plus : B1 / B2 / B3 / B4 / B5 / B8 R11s Plust : B1 / B2 / B3 / B4 / B5 / B7 B8 / B12 / B17
3G	WCDMA	B1 / B2 / B4 / B5 / B8	B1 / B2 / B4 / B5 / B8
	TD-SCDMA	1900(f) / 2000(a)MHz	1900(f) / 2000(a)MHz
	CDMA2000	BC0 (800MHz)	BC0 (800MHz)
2G	CDMA	BC0 (800MHz)	BC0 (800MHz)
	GSM	850 / 900 / 1800 / 1900MHz	850 / 900 / 1800 / 1900MHz

图1-11　一些OPPO智能手机网络制式

一些华为智能手机网络制式见表1-4。

表1-4　一些华为智能手机网络制式

型号	手机网络制式
华为畅享7S	支持移动/联通/电信4G/3G/2G
华为ATU-AL10	支持移动/联通/电信4G/3G/2G
华为VTR-AL00（全网通版）	支持移动/联通/电信4G+/4G/3G/2G
华为TRT-AL00A	支持移动/联通/电信4G/3G/2G
华为BLA-AL00	支持移动/联通/电信 4G+/4G/3G/2G

从表1-4也可以看出，许多智能手机已经支持4G+网络，支持5G网络指日可待。

1.3.2 GSM 900网络制式

GSM 900频段特点如图1-12所示。GSM 900频段能独立运行不受其他频率段的影响，而GSM 900频段里的中国移动、中国联通所占频段不同，这是不同运营商网络能够独立运行，保证手机正常通信的必要条件。

GSM 900频段，指的是900MHz频段附近的频率段，也就是800~1000MHz范围内的频段。GSM 900频段属于2G网络。

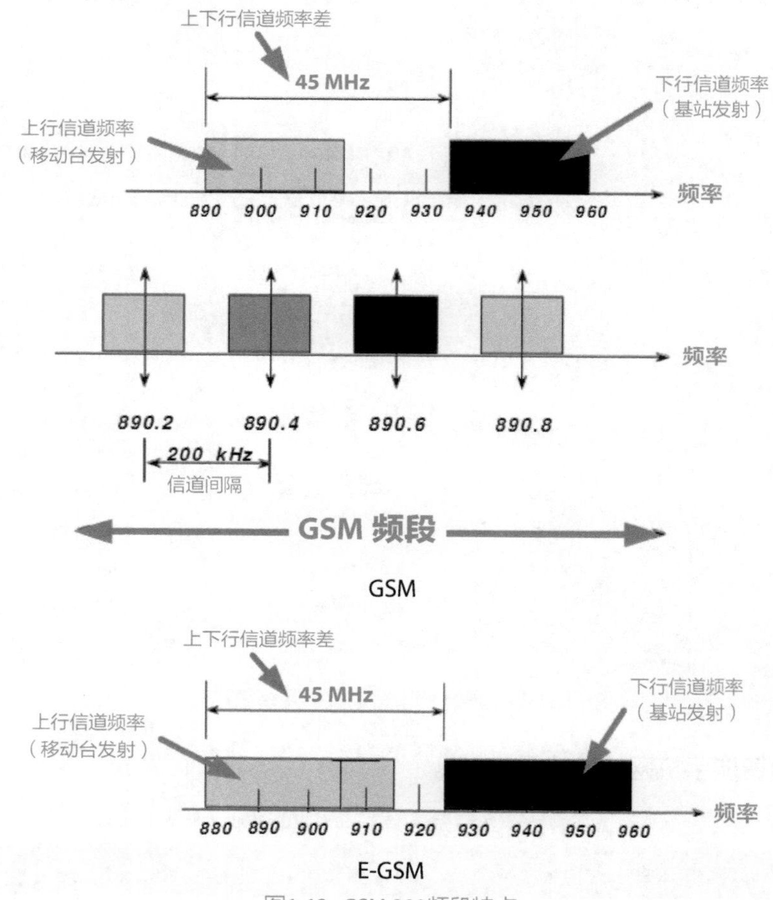

图1-12 GSM 900频段特点

GSM 900频段里的中国移动、中国联通所占如下频段：

中国移动：885~909MHz（上行） 930~954MHz（下行）

中国联通：909~915MHz（上行） 954~960MHz（下行）

1.3.3 GSM 1800网络制式

GSM 1800频段特点如图1-13所示。GSM 1800频段能独立运行不受其他频率段的影响保证，而GSM 1800频段里的中国移动、中国联通所占频段不同，这是不同运营商网络能够独立运行，保证手机正常通信的必要条件。

GSM 1800频段，指的是1800MHz频段附近的频率段，也就是1700~1900MHz范围内的频段。GSM 1800频段属于2G网络。

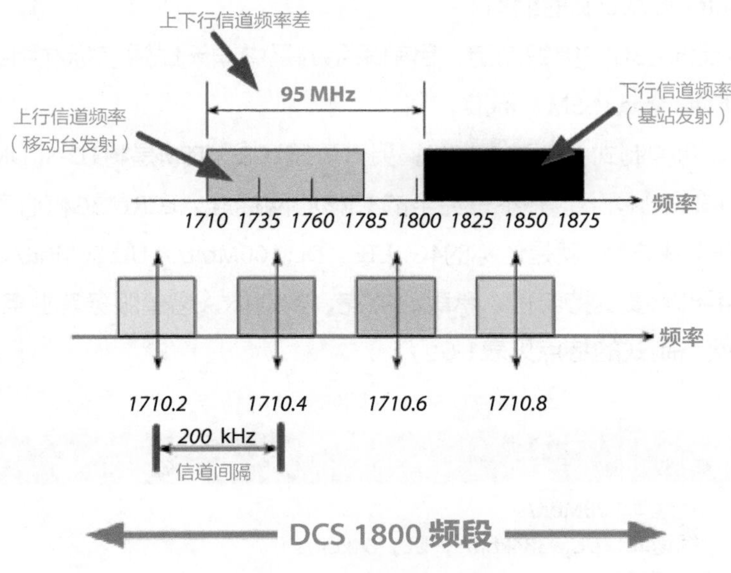

图1-13 GSM1800频段特点

GSM 1800频段里的中国移动、中国联通所占如下频段：

中国移动：1710~1725MHz（上行） 1805~1820MHz（下行）

中国联通：1745~1755MHz（上行） 1840~1850MHz（下行）

GSM 1800频段与GSM频段特点的比较见表1-5。

表1-5 GSM 1800频段与GSM频段特点的比较

项目	Phase 1 GSM 900	Phase 2 GSM 900	Phase 1 DCS 1800	Phase 2 DCS 1800	PCS 1900
上行信道频率	890～915MHz	880～915MHz	1710～1785MHz	1710～1785MHz	1850～1910MHz
下行信道频率	935～960MHz	925～960MHz	1805～1880MHz	1805～1880MHz	1930～1990MHz
信道数量	1～124	0～124和975～1023	512～885	512～885	512～810
上下行信道频率差	45MHz	45MHz	95MHz	95MHz	80MHz

1.3.4 TD-SCDMA网络制式

3G标准组织主要由3GPP、3GPP2组成。目前国际上具有代表性的第三代移动通信技术标准有CDMA2000、WCDMA和TD-SCDMA三种。其中，CDMA2000与WCDMA属于FDD方式，TD-SCDMA属于TDD方式。

TD-SCDMA是中国3G通信标准，3G手机可以基于TD-SCDMA技术的无线通信网络。TD-SCDMA中文意思是时分同步的码分多址技术，其为英文Time Division-Synchronous Code Division Multiple Access的缩写。

TD-SCDMA标准由3GPP组织制定，目前采用的是中国无线通信标准组织（CWTS）制定的TSM（TD-SCDMAoverGSM）标准。

TD-SCDMA有两种制式，一种是TSM，另一种是LCR。TSM是将TD-SCDMA的空中接口技术嫁接在2G的GSM心网上，并不是完全的3G核心网标准。LCR是3G核心网标准。

另外，TD-LTE解决方案，就是俗称的4G。LTE　DL: 100Mbit/s，UL: 50Mbit/s2。

TD-SCDMA手机需要支持电信、承载、补充、多媒体、增值服务等业务。

TD-SCDMA网络制式的特点见表1-6。

表1-6 TD-SCDMA网络制式的特点

项目	解释
工作频段与速率	码片速率1.28Mbit/s 数据速率：DL，384kbit/s；UL，64kbit/s 工作频段2010～2025 MHz，1900～1920 MHz TDD扩展频段1880～1900 MHz，2300～2400 MHz 根据ITU的规定，TD-SCDMA使用2010～2025MHz频率范围，信道号10050～10125
工作带宽	工作带宽15MHz，共9个载波，每5 MHz含3个载波

TD-SCDMA智能手机常简称TD智能手机、TD机。

TD-SCDMA频段属于3G网络。

1.3.5 WCDMA网络制式

WCDMA属于无线的宽带通信，是欧洲主导的一种无线通信标准。WCDMA是Wideband CDMA的简写，其中文含义为宽带分码多工存取。WCDMA（带宽5MHz）中的W，即Wideband就是宽带的意思，WCDMA可以支持384kbit/s~ 2Mbit/s不等的数据传输速率。而CDMA是窄带（带宽1.25MHz）。基于WCDMA标准的3G手机可为消费者提供同时接听电话与访问互联网的功能。WCDMA网络使用费用不以接入的时间计算，而是以消费者的数据传输量来决定的。

WCDMA标准由3GPP组织制定，目前已经有四个版本，即Release99（简写为R99）、R4、R5和R6。GSM向WCDMA的演进如下：

GSM→HSCSD→GPRS→WCDMA

WCDMA发展阶段特点如下：

Rel-99 WCDMA（DL: 384 kbit/s。UL: 384 kbit/s）→Rel-5 HSDPA（DL: 7.2 Mbit/s。UL: 384 kbit/s）→Rel-6 HSDPA（DL: 7.2 Mbit/s。UL: 5.8Mbit/s）→Rel-7 HSDPA＋→Rel-8 HSDPA＋。

中国联通WCDMA频段如下：

上行：1940~1955 MHz　下行：2130~2145 MHz

欧洲的WCDMA技术与日本提出的宽带CDMA技术基本相同。WCDMA是在现有的GSM网络上进行使用的。

WCDMA制式的手机业界定义为3G手机。

WCDMA频段属于3G网络。

1.3.6 CDMA2000网络制式

CDMA2000是Code-Division Multiple Access2000的缩写，其意为码分多址技术。CDMA是数字移动通信中的一种无线扩频通信技术，具有频谱利用率高、保密性强、掉话率低、电磁辐射小、容量大、话音质量好、覆盖广等特点。

CDMA是由美国主导的一种无线通信标准。早期的CDMA与GSM属于2G、2.5G技术。后来发展的CDMA2000属于3G技术。

IS-95向CDMA2000的演进过程如下：

IS-95A→IS-95B→CDMA2000 1X

CDMA2000 1X后续的演进如下：

CDMA2000 1X→增强型CDMA2000 1X EV

CDMA2000 1X EV2的分支：仅支持数据业务的分支CDMA2000 1X EV-DO、同时支持数据与话音业务的分支CDMA2000 1X EV-DV。它们的一些具体特点如下：

CDMA2000 1X（DL: 153 kbit/s。UL: 153 kbit/s）→ CDMA2000 1X EV-DO（DL: 2.4 Mbit/s。UL: 153 kbit/s）→ CDMA2000 EV-DO Rev A（DL: 3.1Mbit/s。UL: 1.8Mbit/s）→ CDMA2000 EV-DO Rev B（DL: 73Mbit/s。UL: 27Mbit/s）。

CDMA2000 1X（DL: 153 kbit/s。UL: 153 kbit/s）→CDMA2000 1X EV-DO（DL: 2.4 Mbit/s。UL: 153 kbit/s）→CDMA2000 EV-DO Rev C（DL: 250Mbit/s。UL: 100Mbit/s）→CDMA2000 EV-DO Rev D。

CDMA2000标准由3GPP2组织制定，版本包括Release0、ReleaseA、EV-DO和EV-DV。CDMA 2000 1X能提供144kbit/s的高速数据速率。

中国电信CDMA 2000频段如下：

上行：1920~1935 MHz　下行：2110~2125 MHz

CDMA2000 1X、1X EV-DO、1X EV-DV制式的手机定义为3G手机。

CDMA2000 1X、1X EV-DO、1X EV-DV频段属于3G网络。

1.3.7 4G频率

4G就是指第四代移动电话通信标准、第四代移动通信技术。4G技术包括TD-LTE、FDD-LTE。

4G比2G、3G能够更快速传输数据，高质量的音频、视频、图像等。

4G能够以100Mbit/s以上的速度下载，比目前的家用宽带ADSL（4兆）快25倍，并且能够满足几乎所有用户对于无线服务的要求。

4G国际标准工作大概历时三年。从2009年开始，ITU（国际电信联盟）在全世界范围内征集IMT-Advanced候选技术。ITU共计征集大约六个候选技术，分别来自北美标准化组织IEEE的802.16m、日本3GPP的FDD-LTE-Advance、韩国（基于802.16m）和中国（TD-LTE-Advanced）、欧洲标准化组织3GPP（FDD-LTE-Advance）。2012年1月18日下午5时，国际电信联盟在2012年无线电通信全会全体会议上，正式审议通过将LTE-Advanced、WirelessMAN-Advanced（802.16m）技术规范确立为IMT-Advanced，也就是俗称4G国际标准。中国主导制定的TD-LTE-Advanced、FDD-LTE-Advance同时并列成为4G国际标准。

4G标准包括WiMax、HSPA+、LTE、LTE-Advanced、WirelessMAN-Advanced等。4G标准制式包括FDD-LTE、TD-LTE等。

4G的一些标准如下：

（1）LTE

LTE为Long Term Evolution的缩写，意思为长期演进。LTE是3G的演进，也就是改进并增强了3G的空中接入技术，采用OFDM、MIMO作为其无线网络演进的唯一标准。

LTE可以在20MHz频谱带宽下能够提供下行100Mbit/s、上行50Mbit/s的峰值速率。

3GPP长期演进（LTE）项目的演进历史如下：

GSM→GPRS→EDGE→WCDMA→HSDPA/HSUPA→HSDPA+/HSUPA+→FDD-LTE。

GSM：9K→GPRS：42K→EDGE：172K→WCDMA：364K→HSDPA/HSUPA：14.4M→HSDPA+/HSUPA+：42M→FDD-LTE：300M。

（2）LTE-Advanced

LTE-Advanced是一个后向兼容的技术，完全兼容LTE。

LTE-Advanced的一些相关特性如下：

峰值速率下行1Gbit/s、上行500Mbit/s。

带宽100MHz。

峰值频谱效率下行30bit/（s · Hz）、上行15bit/（s · Hz）。

LTE-Advanced有TDD、FDD两种制式。其中，TD-SCDMA能够进化到TDD制式，WCDMA网络能够进化到FDD制式。

中国移动TD-LTE：支持频段38、39、40。

中国联通TD-LTE：支持频段40、41。

中国电信TD-LTE：支持频段40、41。

中国联通FDD-LTE：支持频段3。

中国电信FDD-LTE：支持频段3。

4G频率段见表1-7。

表1-7 4G频率段

运营商	上行频率	下行频率（DL）	频宽	合计频宽	制式		
中国移动	885～909MHz	930～954MHz	24MHz	184MHz	GSM800	2G	2G/3G/4G并存的局面
	1710～1725MHz	1805～1820MHz	15MHz		GSM1800	2G	
	2010～2025MHz	2010～2025MHz	15MHz		TD-SCDMA	3G	
	1880～1890MHz	1880～1890MHz	130MHz		TD-LTE	4G	
	2320～2370MHz	2320～2370MHz					
	2575～2635MHz	2575～2635MHz					
中国联通	909～915MHz	954～960MHz	6MHz	81MHz	GSM800	2G	
	1745～1755MHz	1840～1850MHz	10MHz		GSM1800	2G	
	1940～1955MHz	2130～2145MHz	15MHz		WCDMA	3G	
	2300～2320MHz	2300～2320MHz	40MHz		TD-LTE	4G	
	2555～2575MHz	2555～2575MHz					
	1755～1765MHz	1850～1860MHz	10MHz		FDD-LTE	4G	
中国电信	825～840MHz	870～885MHz	15MHz	85MHz	CDMA	2G	
	1920～1935MHz	2110～2125MHz	15MHz		CDMA2000	3G	
	2370～2390MHz	2370～2390MHz	40MHz		TD-LTE	4G	
	2635～2655MHz	2635～2655MHz					
	1765～1780MHz	1860～1875MHz	15MHz		FDD-LTE	4G	

运营商分配的频带越宽，对其来说就越有利。一些具体FDD-LTE频段见表1-8。

表1-8 一些具体FDD-LTE频段

频段数目	上行频率（UL）/MHz	下行频率（DL）/MHz	频带宽度/MHz	双工间隔/MHz	带隙/MHz
1	1920～1980	2110～2170	60	190	130
2	1850～1910	1930～1990	60	80	20
3	1710～1785	1805～1880	75	95	20
4	1710～1755	2110～2155	45	400	355
5	824～849	869～894	25	45	20

续表

频段数目	上行频率（UL）/MHz	下行频率（DL）/MHz	频带宽度/MHz	双工间隔/MHz	带隙/MHz
6	830～840	875～885	10	35	25
7	2500～2570	2620～2690	70	120	50
8	880～915	925～960	35	45	10
9	1749.9～1784.9	1844.9～1879.9	35	95	60
10	1710～1770	2110～2170	60	400	340
11	1427.9～1452.9	1475.9～1500.9	20	48	28
12	698～716	728～746	18	30	12
13	777～787	746～756	10	-31	41
14	788～798	758～768	10	-30	40
15	1900～1920	2600～2620	20	700	680
16	2010～2025	2585～2600	15	575	560
17	704～716	734～746	12	30	18
18	815～830	860～875	15	45	30
19	830～845	875～890	15	45	30
20	832～862	791～821	30	-41	71
21	1447.9～1462.9	1495.5～1510.9	15	48	33
22	3410～3500	3510～3600	90	100	10
23	2000～2020	2180～2200	20	180	160
24	1625.5～1660.5	1525～1559	34	-101.5	135.5
25	1850～1915	1930～1995	65	80	15

一些具体TD-LTE频段见表1-9。

表1-9 一些具体TD-LTE频段

频段数目	上行频率（UL）/MHz	下行频率（DL）/MHz	制式
33	1900～1920	1900～1920	TDD
34	2010～2025	2010～2025	TDD
35	1850～1910	1850～1910	TDD
36	1930～1990	1930～1990	TDD
37	1910～1930	1910～1930	TDD
38	2570～2620	2570～2620	TDD
39	1880～1920	1880～1920	TDD
40	2300～2400	2300～2400	TDD
41	2496～2690	2496～2690	TDD
42	3400～3600	3400～3600	TDD
43	3600～3800	3600～380	TDD

对于4G智能手机而言，为了实现具有新特点的4G网络制式与以前网络制式的继续使用，在硬件、软件上均需要跟进。其中，支持多种制式多模多频芯片、TDD/FDD混合支持芯片、强大的数据与多媒体处理芯片等是其显著特点。

4G智能手机大多数采用高通的芯片，但也有其他厂商芯片。随着应用的发展，使用芯片的情况可能也会发生变化。

4G智能手机芯片强调高集成度、支持多模多频、单芯片化等。例如Gobi MDM9x25可支持LTERel10、HSPA+Rel10、1x/DO、TD-SCDMA、GSM/EDGE等。RF360可支持FDD、TD-LTE、WCDMA、EV-DO、CDMA1x、TD-SCDMA、GSM/EDGE七种网络制式。

1.3.8 5G智能手机与5G频段

4G智能手机的功能，已经不能够简单划归“电话机”的范畴，而是越来越“电脑化”。5G网络已经成功在28千兆赫（GHz）波段下达到了1Gbit/s。因此，5G智能手机，则更像是一部“电脑”。

5G智能手机芯片更会强调高集成度、支持多模多频、单芯片化等。

5G智能手机能够处理好5G频段。

3GPP指定的5G NR频谱范围可达100GHz，并且指定了两大频率范围，具体如图1-14所示。其中，FR1为Frequency range 1的缩写。FR2为Frequency range 2的缩写。

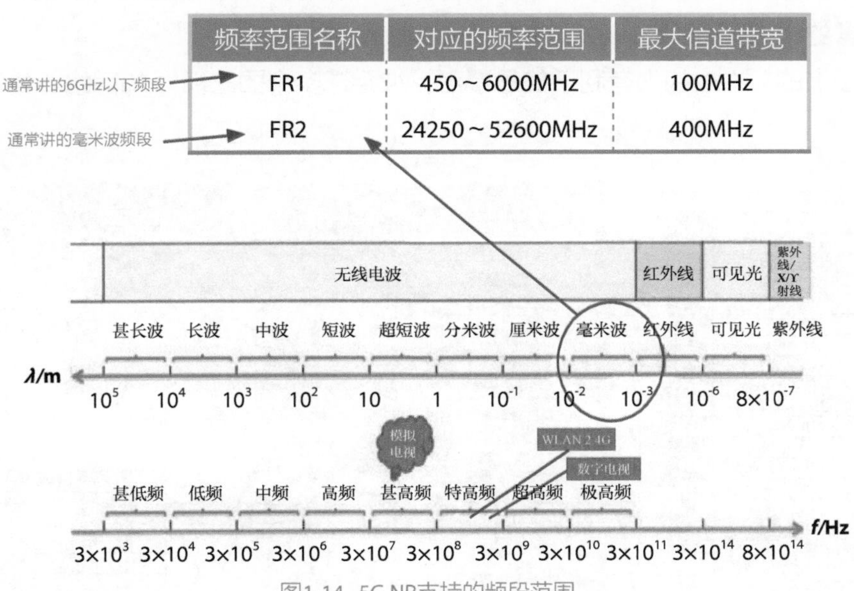

频率范围名称	对应的频率范围	最大信道带宽
FR1	450～6000MHz	100MHz
FR2	24250～52600MHz	400MHz

图1-14 5G NR支持的频段范围

我国规划了3300~3600MHz、4800~5000MHz频段作为5G系统的工作频段，其中3300~3400MHz频段原则上限室内使用。另外，我国工信部不再受理与审批新申请3400~4200MHz、4800~5000MHz频段内的地面固定业务频率、3400~3700MHz频段内的空间无线电台业务频率、3400~3600MHz频段内的空间无线电台测控频率的使用许可。

我国国内低频段资源早已分配完毕，几乎也无法重新分配给移动网络。因此，国内暂无低频率资源分配给5G。

5G NR支持16CC载波聚合，并且5G NR定义了子载波间隔，不同的子载波间隔对应不同的频率范围。5G NR子载波间隔对应的频率范围如图1-15所示。

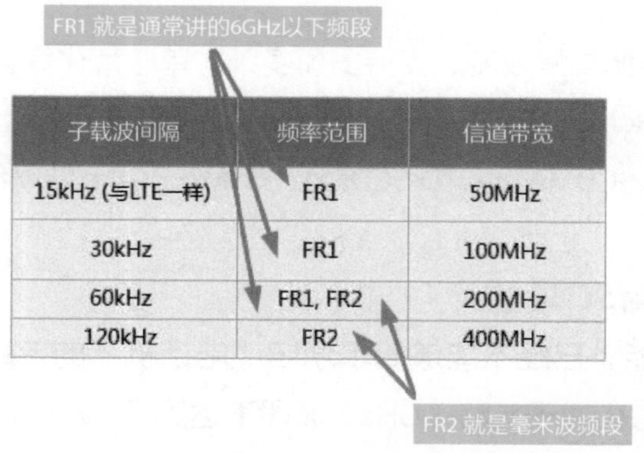

子载波间隔	频率范围	信道带宽
15kHz (与LTE一样)	FR1	50MHz
30kHz	FR1	100MHz
60kHz	FR1, FR2	200MHz
120kHz	FR2	400MHz

图1-15 5G NR子载波间隔对应的频率范围

5G NR频段可以分为FDD、TDD、SUL、SDL，其中SUL、SDL为辅助频段，分别代表上行、下行。LTE频段号标识常以B或者Band开头，而5G NR频段号标识常以字母n开头。例如LTE频段号28的标识为B28（或者Band 28），而5G NR频段号28的标识为n28。

目前，5G NR频段包含了部分LTE频段，也有新增的频段，如图1-16所示。目前，可能优先部署的5G频段为n77、n78、n79、n257、n258、n260。

中频段上的3.5GHz因为有利于信号覆盖，被全球多个国家视为5G网络的先锋频段。

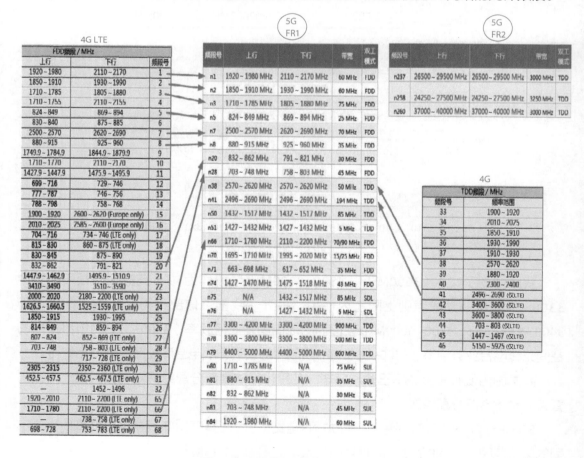

4G LTE

FDD频段 / MHz		
上行	下行	频段号
1920～1980	2110～2170	1
1850～1910	1930～1990	2
1710～1785	1805～1880	3
1710～1755	2110～2155	4
824～849	869～894	5
830～840	875～885	6
2500～2570	2620～2690	7
880～915	925～960	8
1749.9～1784.9	1844.9～1879.9	9
1710～1770	2110～2170	10
1427.9～1447.9	1475.9～1495.9	11
699～716	729～746	12
777～787	746～756	13
788～798	758～768	14
1900～1920	2600～2620 (Europe only)	15
2010～2025	2585～2600 (Europe only)	16
704～716	734～746 (LTE only)	17
815～830	860～875 (LTE only)	18
830～845	875～890	19
832～862	791～821	20
1447.9～1462.9	1495.9～1510.9	21
3410～3490	3510～3590	22
2000～2020	2180～2200 (LTE only)	23
1626.5～1660.5	1525～1559 (LTE only)	24
1850～1915	1930～1995	25
814～849	859～894	26
807～824	852～869 (LTE only)	27
703～748	758～803 (LTE only)	28
—	717～728 (LTE only)	29
2305～2315	2350～2360 (LTE only)	30
452.5～457.5	462.5～467.5 (LTE only)	31
—	1452～1496	32
1920～2010	2110～2200 (LTE only)	65
1710～1780	2110～2200 (LTE only)	66
—	738～758 (LTE only)	67
698～728	753～783 (LTE only)	68

5G FR1

频段号	上行	下行	带宽	双工模式
n1	1920～1980 MHz	2110～2170 MHz	60 MHz	FDD
n2	1850～1910 MHz	1930～1990 MHz	60 MHz	FDD
n3	1710～1785 MHz	1805～1880 MHz	75 MHz	FDD
n5	824～849 MHz	869～894 MHz	25 MHz	FDD
n7	2500～2570 MHz	2620～2690 MHz	70 MHz	FDD
n8	880～915 MHz	925～960 MHz	35 MHz	FDD
n20	832～862 MHz	791～821 MHz	30 MHz	FDD
n28	703～748 MHz	758～803 MHz	45 MHz	FDD
n38	2570～2620 MHz	2570～2620 MHz	50 MHz	TDD
n41	2496～2690 MHz	2496～2690 MHz	194 MHz	TDD
n50	1432～1517 MHz	1432～1517 MHz	85 MHz	TDD
n51	1427～1432 MHz	1427～1432 MHz	5 MHz	TDD
n66	1710～1780 MHz	2110～2200 MHz	70/90 MHz	FDD
n70	1695～1710 MHz	1995～2020 MHz	15/25 MHz	FDD
n71	663～698 MHz	617～652 MHz	35 MHz	FDD
n74	1427～1470 MHz	1475～1518 MHz	43 MHz	FDD
n75	N/A	1432～1517 MHz	85 MHz	SDL
n76	N/A	1427～1432 MHz	5 MHz	SDL
n77	3300～4200 MHz	3300～4200 MHz	900 MHz	TDD
n78	3300～3800 MHz	3300～3800 MHz	500 MHz	TDD
n79	4400～5000 MHz	4400～5000 MHz	600 MHz	TDD
n80	1710～1785 MHz	N/A	75 MHz	SUL
n81	880～915 MHz	N/A	35 MHz	SUL
n82	832～862 MHz	N/A	30 MHz	SUL
n83	703～748 MHz	N/A	45 MHz	SUL
n84	1920～1980 MHz	N/A	60 MHz	SUL

5G FR2

频段号	上行	下行	带宽	双工模式
n257	26500～29500 MHz	26500～29500 MHz	3000 MHz	TDD
n258	24250～27500 MHz	24250～27500 MHz	3250 MHz	TDD
n260	37000～40000 MHz	37000～40000 MHz	3000 MHz	TDD

4G

TDD频段 / MHz	
频段号	频率范围
33	1900～1920
34	2010～2025
35	1850～1910
36	1930～1990
37	1910～1930
38	2570～2620
39	1880～1920
40	2300～2400
41	2496～2690 (仅LTE)
42	3400～3600 (仅LTE)
43	3600～3800 (仅LTE)
44	703～803 (仅LTE)
45	1447～1467 (仅LTE)
46	5150～5925 (仅LTE)

图1-16 5G NR频段与LTE频段的比较

1.4 其他

1.4.1 手机的IMSI

手机的IMSI（International Mobile Subscriber Identification Number）就是手机的国际移动用户识别码。手机的IMSI是区别移动用户的标志，储存在SIM卡中。因此，IMSI相同的SIM或USIM卡，可能是非法制造出来的。

手机IMSI是用15位的0~9十进制数来表示的，如图1-17所示。

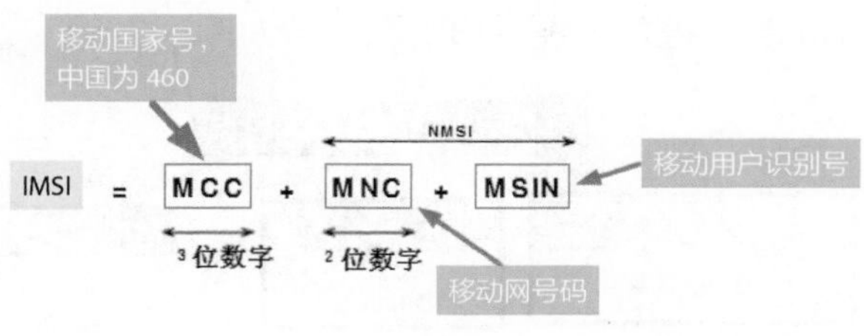

图1-17 手机IMSI

MCC是移动用户所属国家代号，占3位数字。MCC的资源由国际电信联盟（ITU）在全世界范围内统一分配与管理。中国的MCC规定为460。

MNC是移动网号码，由2位数字组成。同一个国家内，如果有多个公共陆地移动网（即PLMN），一般是某个国家的一个运营商对应一个PLMN，并且可以通过MNC来进行区别，也就是每一个PLMN都要分配唯一的MNC。中国的运营商分配唯一的MNC如下：

中国移动系统使用00、02、04、07

中国联通GSM系统使用01、06、09

中国电信CDMA系统使用03、05

中国电信4G使用11

中国铁通系统使用20

MSIN是移动用户识别码，用以识别某一移动通信网中的移动用户。MSIN共有10位，其结构表示如下：

EF+M0M1M2M3+ABCD

其中，EF由运营商分配；M0M1M2M3和移动用户号码簿号码（即MDN）中的H0H1H2H3可存在对应关系；ABCD是4位数字，可自由分配。

IMSI与MSISDN均为用户标识。它们在不同的接口、不同的流程中需要使用不同的标识。通信系统中MSISDN意思为移动台国际用户目录号，即常称的手机号码。

IMSI与手机设备的标识IMEI（即国际移动设备识别码）不同。IMEI是与手机绑定的。

IMSI与SIM（即用户识别模块）或者USIM（即全球用户身份模块、第三代手机卡、升级SIM卡）相关。

1.4.2 手机的MSISDN

手机的MSISDN中将国家码CC去除就是用户的手机号，也就是指主叫用户为呼叫PLMN（即公共陆地移动网）中的一个移动用户所需拨的号码。

手机的MSISDN由以下部分组成：

MSISDN=CC+NDC+SN

手机的MSISDN组成部分图解如图1-18所示。

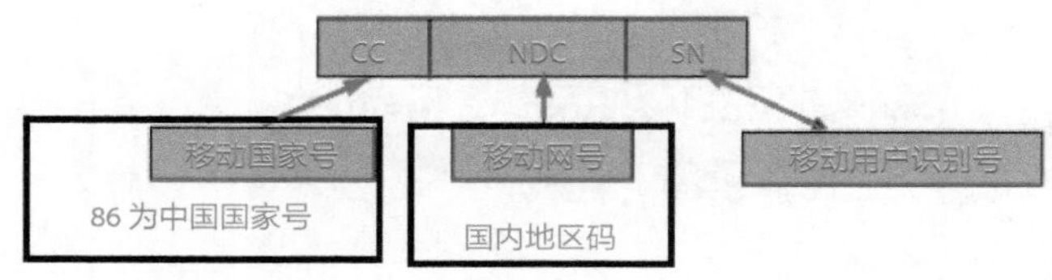

图1-18 手机的MSISDN组成部分图解

CC（Country Code），含义为国家码。因陆地移动网络遍布全球各地，必须需要对不同国家的移动用户进行区分，以免互相干扰。中国的国家码为86。

NDC（National Destination Code），含义为国内目的地码，即网络接入号。一个国家可以授权一个或多个网络运营商组建并经营移动网络。例如中国三大移动运营商：

中国移动网络接入号为134~139、150~152、188等

中国联通网络接入号为130~132、185、186等

中国电信网络接入号为133、153、180、189等

SN（Subscriber Number），含义为客户号码。

1.4.3 手机的IMEI

手机的IMEI就是国际移动设备识别码的缩写。其俗称手机串号、手机串码、手机序列号。IMEI存储在手机的EEPROM（俗称码片）里。

手机的IMEI在GSM移动网络中识别每一部独立的手机，相当于手机的身份证号码。IMEI码适用于GSM、WCDMA制式的手机。CDMA手机采用MEID码，与IMEI码有差异。

全球每部通过正规渠道销售的GSM手机均有唯一的IMEI码。

双卡双待手机会有两个IMEI，IMEI与IMSI存在一一对应的关系。

IMEI的组成如下：

IMEI=TAC+FAC+SNR+SP

其中，TAC是型号核准号码位，是前6位数，一般代表机型；FAC是最后装配号，是接着的2位数，一般代表产地；SNR是串号，是之后的6位数，一般代表生产顺序号；SP是检验码，是最后1位数，其号码由厂家做设置。

IMEI码常贴在手机背面上（图1-19），也存储于手机内，并且有的手机还可以通过在手机上按“*#06#”获得（图1-20）。

图1-19 IMEI码常贴在手机背面上

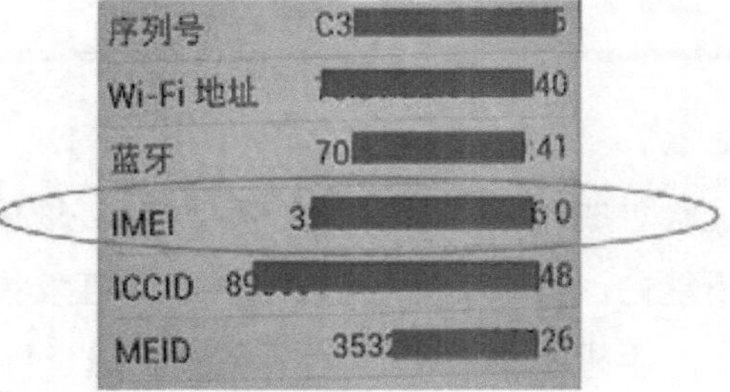

图1-20 IMEI码查询获得

购买手机时，可以检查以下几处的IMEI是否一致：手机机身上的IMEI、包装盒上的IMEI、保修卡上的IMEI。不一致的，则说明该手机可能不是正品。

IMEI数据库具有白名单、黑名单功能。因此，注意保管好手机的IMEI，不要随便给别人看。

1.4.4 手机的S/N

手机的S/N就是手机的序列号、认证码、注册申请码、系列号等名称。手机的S/N一般指的是软件注册码信息，常以字母加数字且附带二维码或者条码出现。

手机的S/N具有防伪作用，往往与IMEI配对，共同表示手机的相关信息。

查询手机S/N的方法如下：

（1）方法一

在手机背面贴纸处即可查看到序列号，或者通过手机包装盒上的标贴查询。

（2）方法二

通过手机的设置→关于手机→状态→序列号（序号）可查看。

查看手机的S/N图例如图1-21所示。

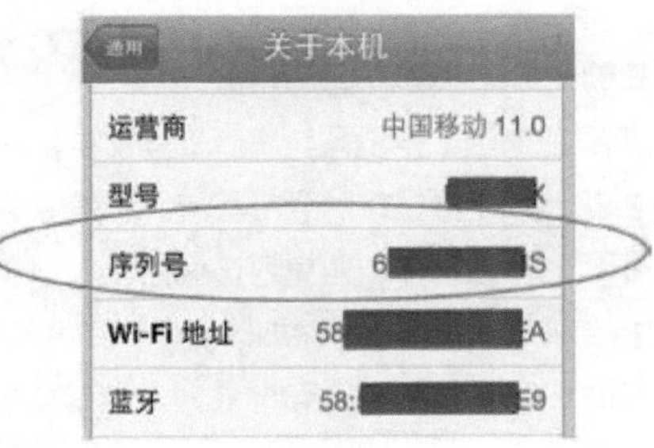

图1-21 查看手机的S/N图例

02 快速掌握检修工具与维修技法

2.1 检修工具

2.1.1 工具概述

想成为维修手机的金牌师傅，必须具备以下三项基本能力：手工实操能力、理论分析能力、维修实战经验。其中，手工实操能力包括了检修工具的使用。

手机检修工具包括拆装机工具、检修仪器仪表、检测工具、焊接工具、供电工具等。广义上，手机检修工具还包括各种刷机工具、编程器等，如图2-1所示。

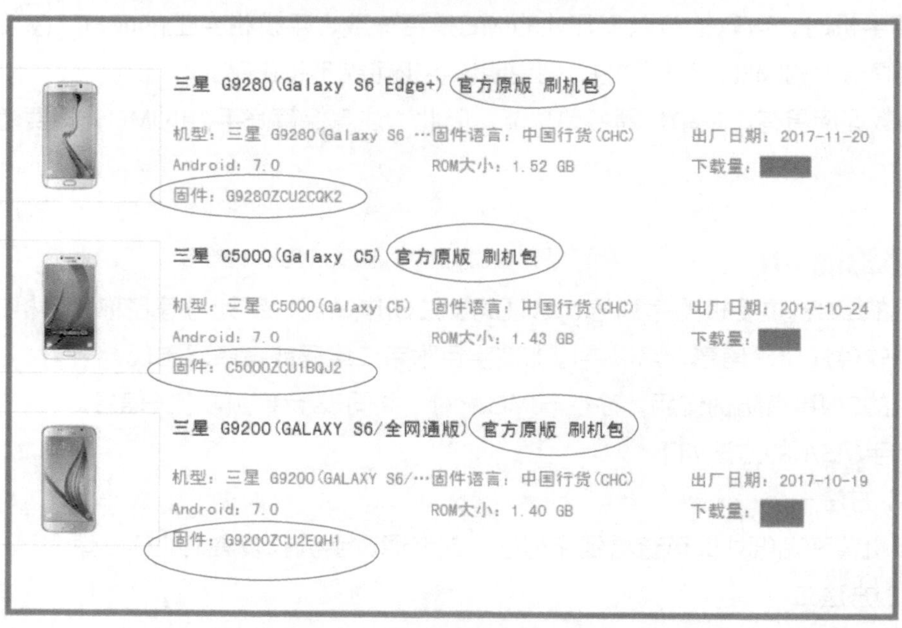

图2-1 刷机工具

知识拓展

拆装机一些注意事项如下：

① 拆机前清洁工作位置，清点工具物料，并且零件、工具摆放整齐。

② 拆机过程中要佩戴防静电腕带、防静电手套或指套。

③ 拆机时小心操作，避免划伤机壳。

④ 拆卸LCD、TP组件时需加热到位，用力需仔细均匀，以避免造成损伤。

⑤ 因FPC较薄易撕裂，拆卸FPC时，要避免挤压、拉扯，以避免造成FPC破损。

⑥ 装机过程中也应佩戴防静电腕带、防静电手套或指套。
⑦ 装配螺钉时力矩要适度，以避免滑丝、损伤机壳。
⑧ 部件装配准确到位，以避免损伤FPC。
⑨ 如果维修时需要用到电池、充电器，则必须使用维修手机本机的专用电池与专用充电器。
⑩ 不允许电池端子短路，以免过热、变形、起爆等事故发生。
⑪ 维修时，不得随意对手机的电池封装进行拆卸。
⑫ 维修外接电源供电时，需要区分正负极，以及严格控制电源的输出不得高于手机最大允许电池电压。
⑬ 维修时，一般应使用专用的拆装工具，以免损坏螺钉或结构部件。
⑭ RF收发器的LNA部分受热易损坏，因此在RF收发器旁边换件时，需要注意先让它均匀受热后再迅速更换其他件。或者用隔热的罩子把收发器盖上，以避免其直接暴露在高温度的热风下。
⑮ 维修时，注意保护SIM卡、LCD屏、电池连接器端子、按键DOME等部位，不允许直接用手触摸，以防氧化或留下污迹。
⑯ 使用万用表等工具、仪表时，需要选用合适的量程。

2.1.2 ESD防静电带

手机一些元件很容易感应电荷而将元件击穿，为此，维修手机需要防静电，并且往往要求在拆卸或组装任何手机时带有完全接地的静电手环或者其他防静电装置。

开始维修手机前，应进入ESD防静电区域并使用ESD防静电带。ESD防静电带如图2-2所示。

图2-2 ESD防静电带

如果没有ESD防静电带，可以采用其他防静电措施，或者综合使用防静电措施：穿防静电工作服、穿防静电工作鞋、戴防静电手套、维修的桌面用防静电台垫、放手机零件的盒子要用防静电的盒、维修撬手机不用金属镊子而用防静电撬棒等。

如果没有防静电带，则拆装前应先洗手，洗完后再顺手摸一下铁质物品，防止静电聚集。

2.1.3 手套

维修手机，应戴手套，以避免油污、指纹、静电等，如图2-3所示。

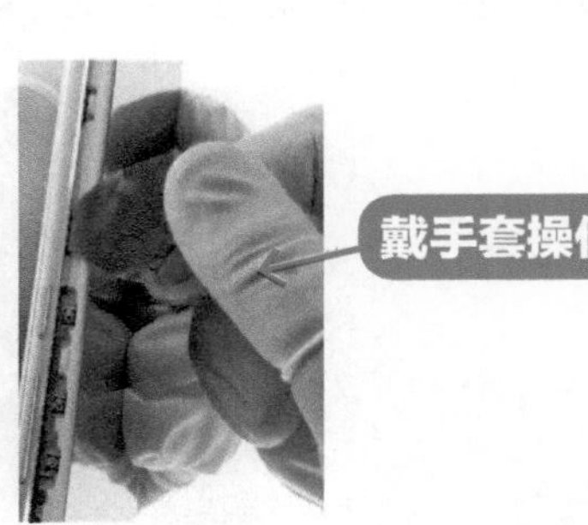

图2-3 戴手套操作

2.1.4 吸盘

吸盘有普通吸盘与强力吸盘、大吸盘与小吸盘之分。有的吸盘采用ABS塑料＋天然橡胶底，颜色有橘红色、蓝色、绿色、黄色、紫色等。吸盘如图2-4所示。

有的吸盘平放吸力为10kg，吸盘直径大约56mm。

吸盘是主要用于分离手机屏幕的工具。

图2-4 吸盘

2.1.5 小撬棒与撬机片

小撬棒与撬机片如图2-5所示。撬棒与撬机片主要用于拆开手机外壳。如果手机有后置指纹传感器，或是中间有排线的手机，拆机时，一定要注意不能够拆断了排线。

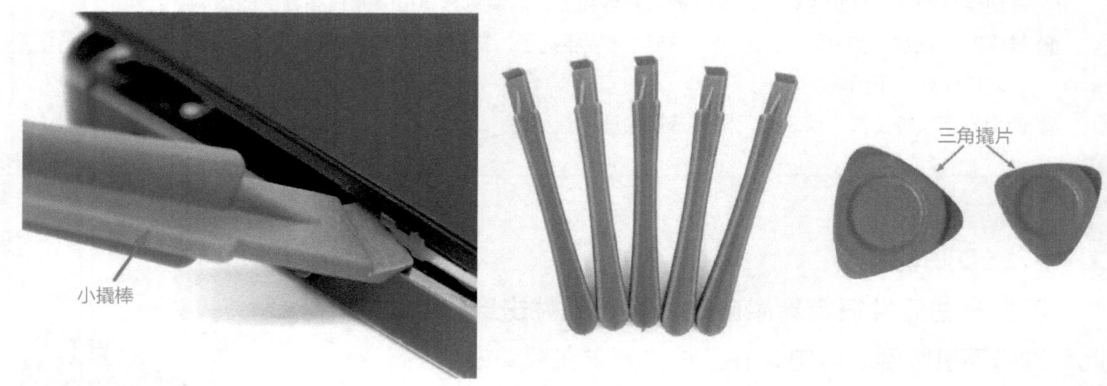

图2-5 小撬棒与撬机片

2.1.6 卡针

卡针又叫作取卡针，其主要用于将手机机身侧面的SIM卡托取出来等，如图2-6所示。

需要用卡针取卡的手机，往往是一些电池无法拆卸、节省内部空间的手机。这类手机使用的是比普通SIM卡更小的卡，例如micro SIM卡、nano SIM卡等。该类手机的机身侧面往往留有为取卡用的孔状开关。

例如vivo X6手机的卡针孔位也在机身侧面上，在机身内部并且有SIM卡托的弹簧。操作时，使用卡针垂直一顶就可以弹出卡托。

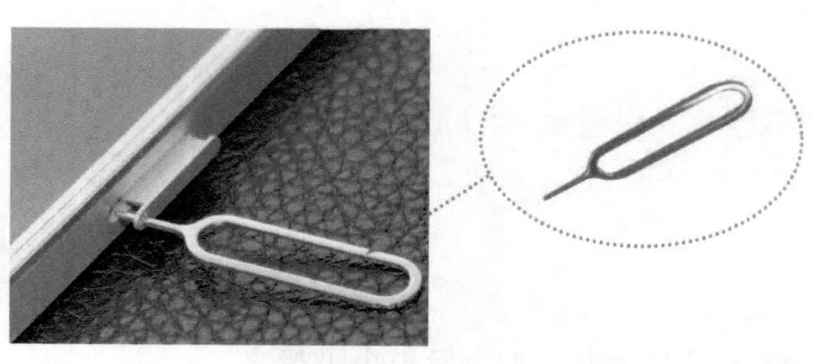
图2-6 卡针

2.1.7 螺丝刀

手机维修用的螺丝刀，往往也叫作螺丝批、螺钉旋具。智能手机品牌多、型号多，使用的螺钉没有统一规格。为此，作为以拆卸螺钉为主要功能的螺丝刀也需要配多种规格，才能够方便维修拆卸。

手机常用的螺钉为机攻螺钉，并且常见的有防松CM 1.4 × 2.3 黑镍（头径ϕ2.5mm）、防松CM 1.4 × 3.2 黑镍（头径ϕ2.5mm）等，如图2-7所示。

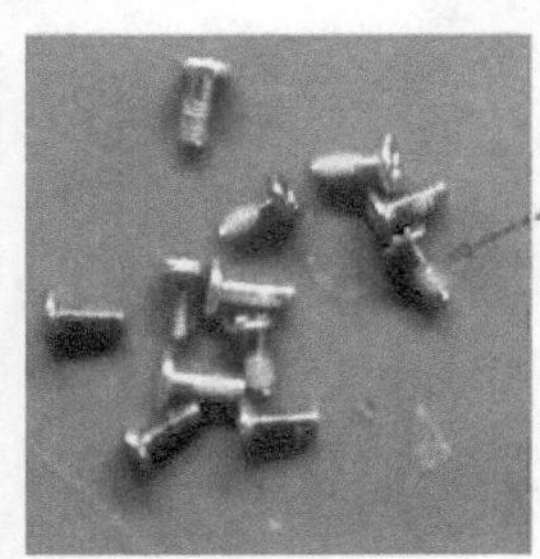

防松CM 1.4 × 2.3
黑镍（头径ϕ2.5mm）

防松CM 1.4 × 3.2
黑镍（头径ϕ2.5mm）

图2-7 手机常用的螺钉

智能手机至少有一颗螺钉上贴有易碎标签。拆解后，意味着该机将失去官方免费保修服务。

一些螺丝刀的应用如图2-8所示。

T3批：→ 拆摩托罗拉V3及西门子SL55等手机

T4批：→ 拆摩托罗拉系列等手机

T5批：→ 拆摩托罗拉、诺基亚系列等手机

T6批：→ 拆诺基亚手机、摩托罗拉和三星等大部分手机，是最常用的拆机螺丝刀

T7批：→ 拆部分手机

T8批：→ 拆摩托罗拉手机及索爱等部分手机

五角批“★”：→ 拆松下个别手机等手机

十字批“✚”：→ 规格分别有 1.0mm、1.5mm、 2.0mm、2.5mm、3.0mm等，1.5mm用于拆三星手机和国产等手机

← 螺丝刀必须拿垂直
螺钉不要反复地旋转，螺钉的规格太小、多次旋转螺钉必将损坏
螺丝刀在扭螺钉时只出3分力即可，不要用力扭动螺丝刀
螺钉扭得差不多紧就行了，不要习惯性地多扭几圈，否则直接导致损坏

图2-8

图2-8 一些螺丝刀的应用

有的手机机身底部有2颗固定螺钉，拆机时需要先拧下底部2颗螺钉。另外，目前的智能手机以T6型螺钉居多。

为方便维修，也可以选择螺丝刀组合件。螺丝刀组合件可以分为手机维修专用组合件、维修混合用组合件等。

一款多功能组合手动螺丝刀如图2-9所示。

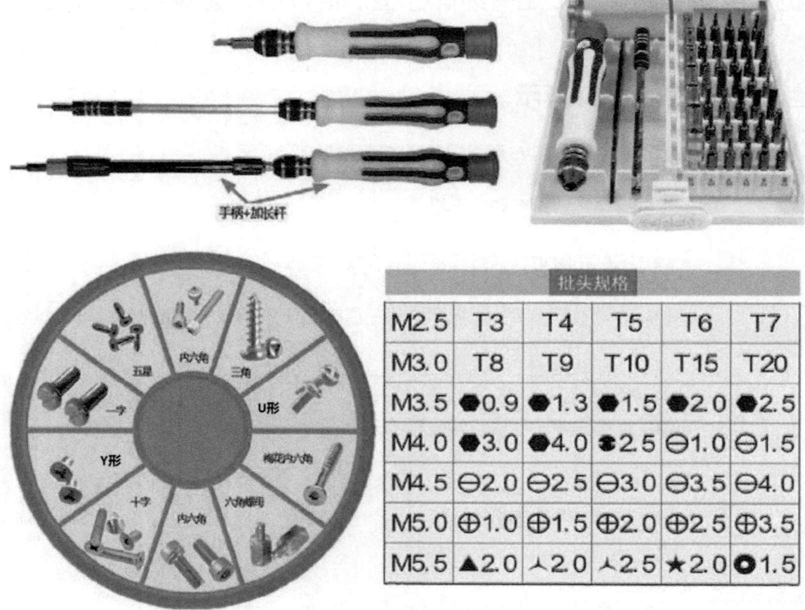

M2.5	T3	T4	T5	T6	T7
M3.0	T8	T9	T10	T15	T20
M3.5	⬢0.9	⬢1.3	⬢1.5	⬢2.0	⬢2.5
M4.0	⬢3.0	⬢4.0	2.5	⊖1.0	⊖1.5
M4.5	⊖2.0	⊖2.5	⊖3.0	⊖3.5	⊖4.0
M5.0	⊕1.0	⊕1.5	⊕2.0	⊕2.5	⊕3.5
M5.5	▲2.0	⅄2.0	⅄2.5	★2.0	●1.5

图2-9 一款多功能组合手动螺丝刀

2.1.8 手机维修拆机工具套

手机维修拆机工具套有手机维修拆机工具13件套、14件套、10件套、苹果手机专用套等种类。例如专用套图例如图2-10所示。

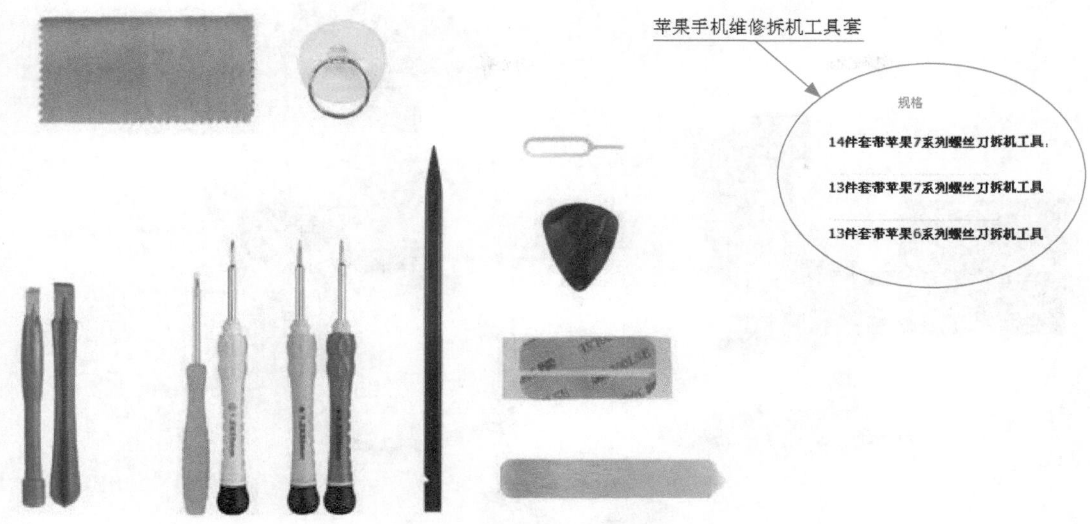

图2-10 专用套图例

适用于苹果手机专用维修的13件套工具如下：

0.8五星螺丝批1支；　　1.2十字螺丝批1支；

1.2五星螺丝批1支；　　3M双面胶1张；

不锈钢双面撬棒1支；　　彩色薄三角片1个；

顶针1支；　　黑色双头撬棒1支；

清洁无尘布1张；　　塑料十字撬棒1支；

塑料圆形撬棒1支；　　透明吸盘1个；

一字螺丝批1支。

适用于苹果手机专用维修的14件套工具是在上述基础上增加1支0.6Y字螺丝批，该螺丝批可以用于苹果7等手机拆机。

常见的10件套拆卸工具，往往为螺丝刀5支、1.5十字1支、0.8五星1支、2.0一字1支、T5 1支、T6 1支、撬片2片、撬棒一厚一薄2支、圆形撬棒1支、方形撬棒1支、吸盘1个等中的10件组合在一起。

2.1.9 放大镜

手机越来越智能，其电路板越来越精密，元件越来越细小。精密细小，不便于直接查看。为此，维修智能手机需要借助放大镜的“放大”功能。

放大镜有普通放大镜、数码放大镜、HDMI高清电子显微镜等种类。放大镜图例如图2-11所示。

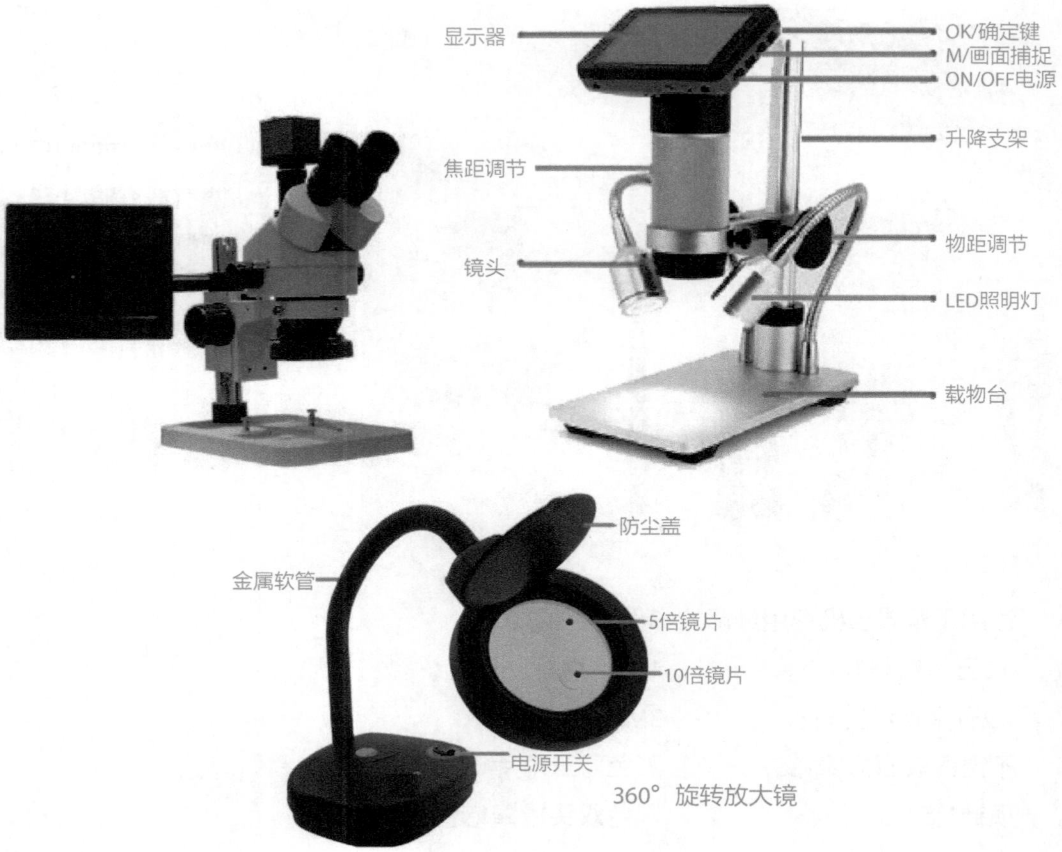

图2-11 放大镜

数码放大镜、专业放大镜往往配有载物台、固定装置、夹持装置等，这些装置便于维修手机时一边观看一边腾出双手操作维修。普通手持放大镜，需要一只手拿着放大镜，不便于腾出双手操作维修。

2.1.10 焊锡丝

无铅焊锡丝主要用途是焊接。好的焊锡丝，具有焊点饱满、亮点倍增、焊接能力极强、内含松香、焊接速度快、飞溅少等特点。焊锡丝如图2-12所示。

维修智能手机用的焊锡丝，一般应选择线径细的无铅、含助焊剂的焊锡丝。例如可以选择线径为0.4～0.6 mm的焊锡丝。

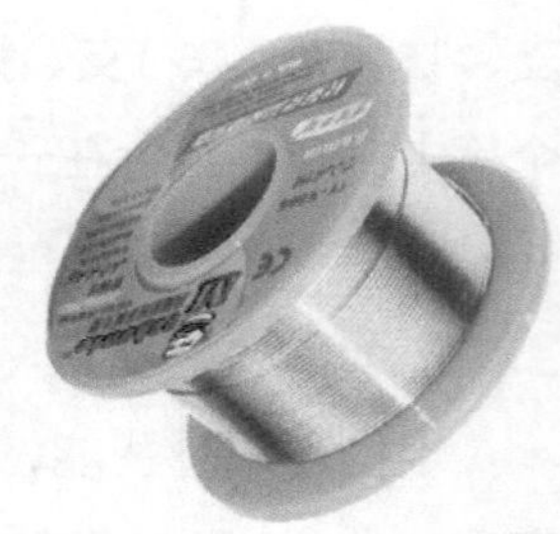

图2-12 焊锡丝

2.1.11 电烙铁

电烙铁主要用途是维修焊接。电烙铁的选择方法如图2-13所示。

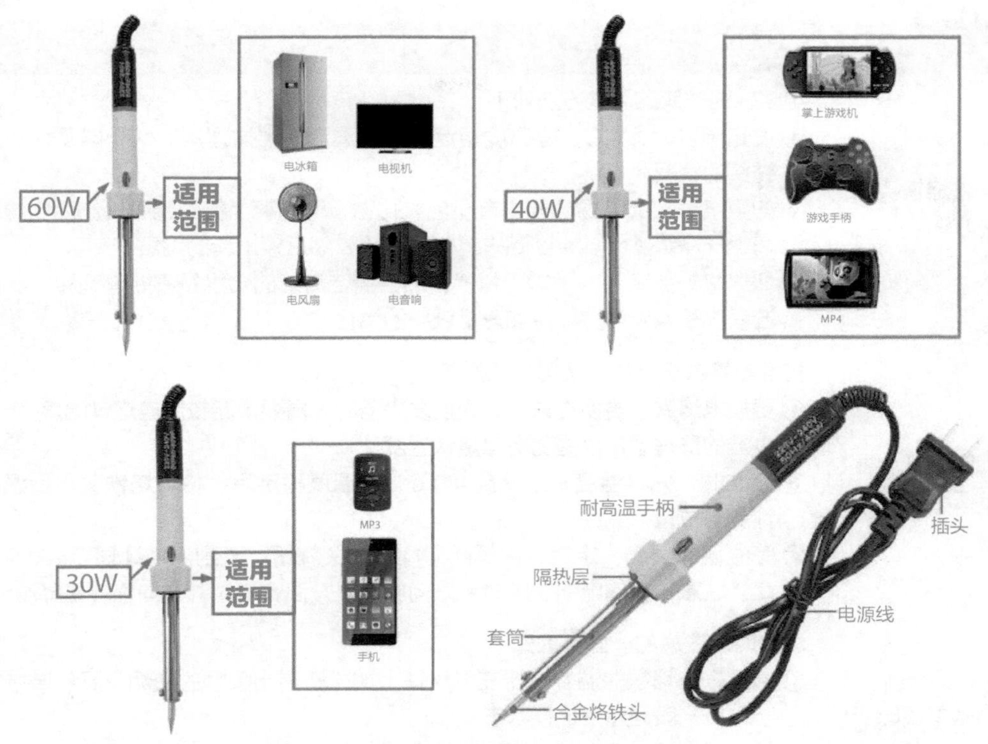

图2-13 电烙铁的选择方法

电烙铁的使用方法、维护方法技巧等见表2-1。

表2-1 电烙铁的使用方法、维护方法技巧等

项目	解释
新电烙铁头的使用方法	新电烙铁头的使用方法如下 ① 加热10min以上，等烙铁头表面的保护膜完全熔化 ② 然后蘸松香，再用锡丝包住 ③ 在海绵上使劲擦掉，如此往复4～5次，每次使用完必须用锡丝将烙铁头包住，以防氧化 ④ 再用时，加热擦掉锡丝即可
电烙铁的使用与维护方法技巧	电烙铁的使用和维护方法技巧如下 ① 使用时，温度过高会减弱烙铁头功能。需要选择适当的温度，一般在380℃左右，这样可保护对温度敏感的元器件 ② 不使用烙铁时，不可让烙铁长时间处在高温状态，否则会使烙铁头上的焊剂转化为氧化物，致使烙铁头导热功能大为减退 ③ 需要定期使用清洁海绵清理烙铁头。焊接后，烙铁头的残余焊剂所衍生的氧化物、碳化物会损害烙铁头，造成焊接误差和烙铁头导热功能减退 ④ 长时间连续使用烙铁时，需要每周一次拆开烙铁头清除氧化物，以防止烙铁头受损而降低其导热性能

续表

项目	解释
电烙铁烙铁头的清洗方法	电烙铁烙铁头的清洗方法如下 ① 设定温度为250℃。等温度稳定后，用清洁海绵清理烙铁头，以及检查烙铁头的状况 ② 如果烙铁头的镀锡部分含有黑色氧化物，可以镀上新的锡层，然后用清洁海绵抹净烙铁头，直到除去氧化物为止，然后镀上新的锡层 ③ 如果烙铁头变形，则需要替换新的。清洁海绵的含水量不能过饱和，一般湿润不干燥即可，以免加速烙铁头的氧化
校准电烙铁温度的方法与步骤	校准电烙铁温度的方法与步骤如下 ① 更换电烙铁、更换烙铁头、更换发热器时，需要重新校准电烙铁温度 ② 校准的最理想仪器是测量电烙铁温度计 ③ 校准时，先将温度旋钮调到400℃。等温度稳定后，将电烙铁头移到温度计测量位置 ④ 等温度计温度稳定后，用螺丝刀旋转相关旋钮，直到温度计显示400℃为止。注意，有的电烙铁顺时针方向旋转是升温，逆时针方向旋转是降温
电烙铁焊接时应注意的事项	焊接时应注意的一些事项如下 ① 掌握好电烙铁的温度。当在电烙铁上加松香冒出柔顺的白烟，又不吱吱作响时，一般为焊接最佳状态 ② 控制好焊接时间。如果焊接时间太长，会损坏元件、电路板等 ③清除焊点污垢。对焊接的元件用刻刀除去氧化层，以及用松香、锡预先上锡，这样才焊接良好

2.1.12 风枪与焊台

热风枪，简称风枪，又叫作焊风枪。风枪主要用途是加热元器件、拆焊贴片元器件。一款恒温风枪外形与结构名称如图2-14所示。焊台主要用途是固定主板。

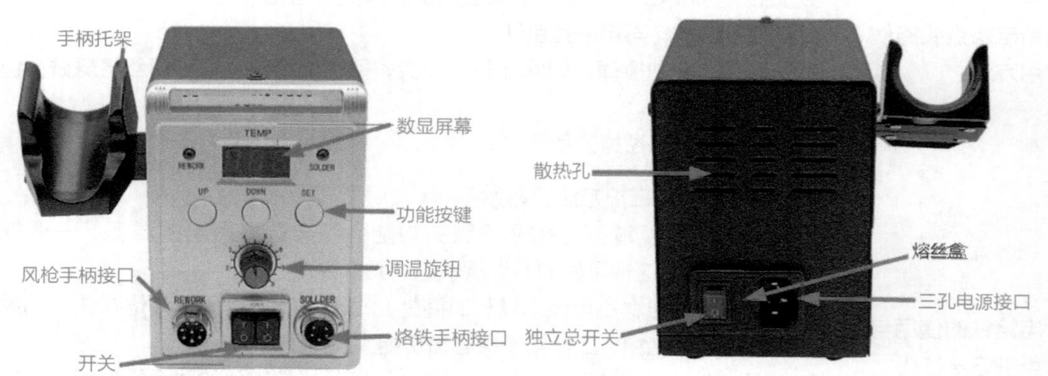

图2-14 恒温风枪

风枪可以分为直风式热风枪、恒温式热风枪，它们的特点如图2-15所示。

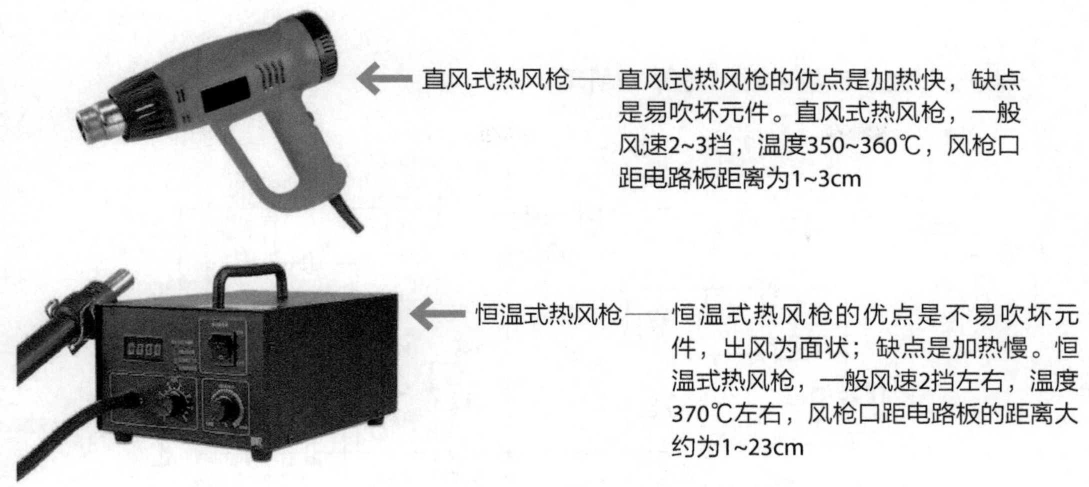

直风式热风枪——直风式热风枪的优点是加热快，缺点是易吹坏元件。直风式热风枪，一般风速2~3挡，温度350~360℃，风枪口距电路板距离为1~3cm
恒温式热风枪——恒温式热风枪的优点是不易吹坏元件，出风为面状；缺点是加热慢。恒温式热风枪，一般风速2挡左右，温度370℃左右，风枪口距电路板的距离大约为1~23cm

图2-15 风枪的特点

热风枪主要由气泵、线性电路板、气流稳定器、外壳、手柄组件等组成。热风枪的结构图例如图2-16所示。热风枪手柄有的采用了特种耐高温高级工程塑料，鼓风机部分有的采用了强力无噪声鼓风机，热风筒有的采用螺旋式的拆卸结构，发热丝有的采用特制可拆卸的更换式发热芯。

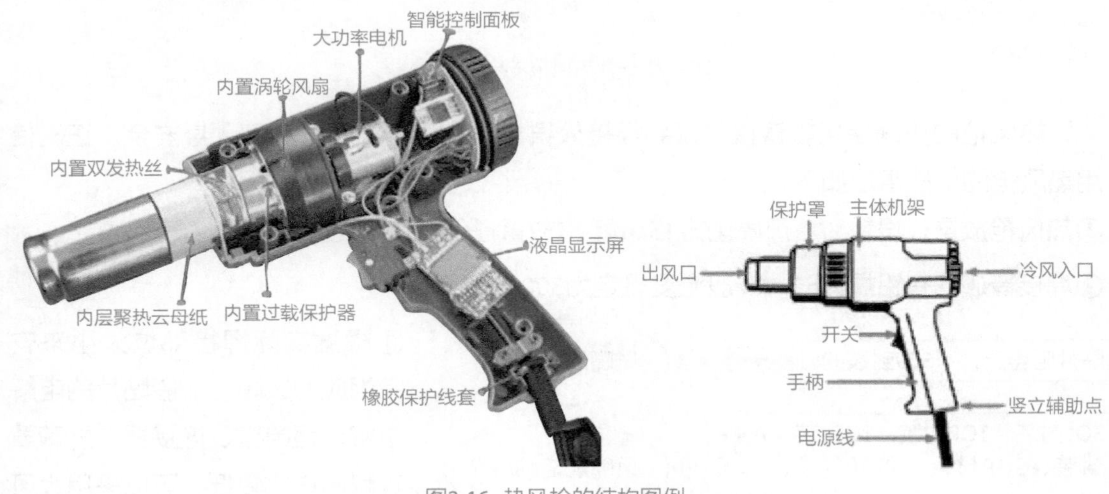

图2-16 热风枪的结构图例

不同的热风枪工作原理不完全一样。热风枪的基本工作原理是：利用微型鼓风机作风源，用电发热丝加热空气流，并且使空气流的热度达到高温200~480℃，即可以熔化焊锡的温度。然后，通过风嘴导向加热焊接零件与作业工区进行工作。另外，为了适应不同的工作环境，目前有的热风枪电路采用测控功能达到稳定温度的目的。有的还通过安装在热风枪手柄里面的方向传感器来确认手柄的工作位置，以确定热风枪处于不同工作状态——工作/待机/关机。

一款热风枪的电路原理图如图2-17所示。

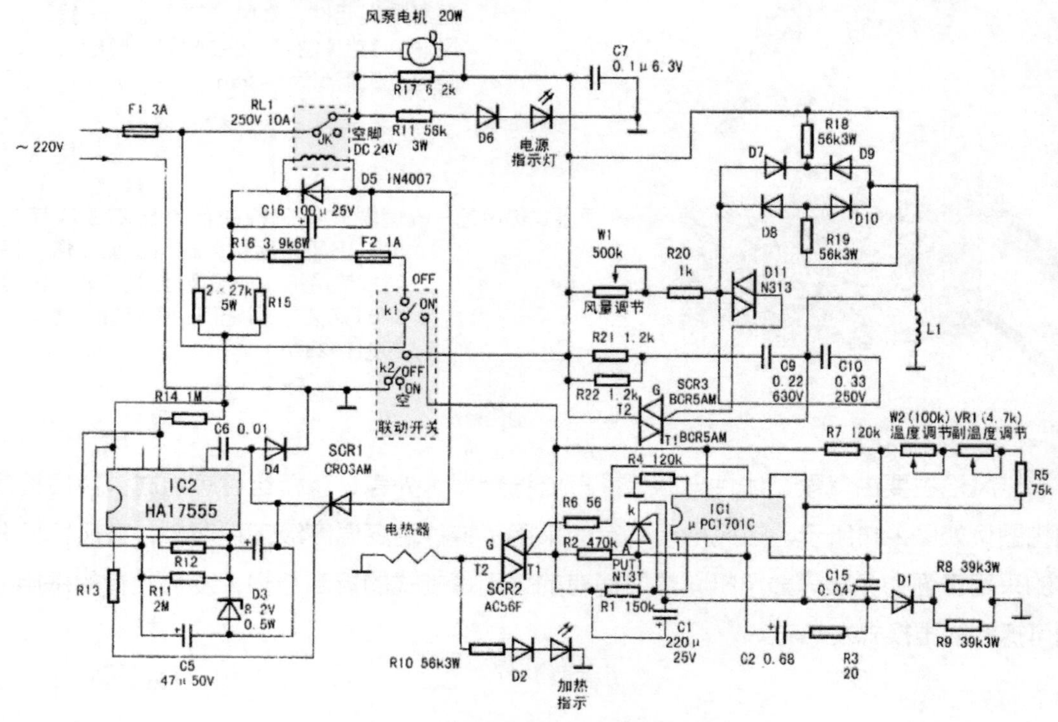

图2-17 一款热风枪的电路原理图

热风枪的正确使用，直接关系到焊接效果与安全，甚至也关系到人身安全。正确使用热风枪的一些事项如下：

①热风枪放置、设置时，风嘴前方15cm不得放置任何物体，尤其是可燃性气体。

②焊接普通的有铅焊锡时，一般温度设定为300~350℃。

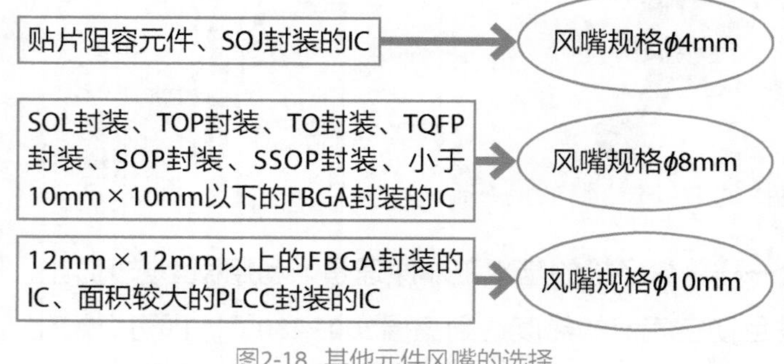

图2-18 其他元件风嘴的选择

③根据实际焊接部位大小来安装相应的风嘴。一般贴片的电解电容、钽电容、连接器、屏蔽罩等耐温均比较低，可以采用大风嘴低温度（<300℃）的方式来焊接、拆卸。其他元件风嘴的选择如图2-18所示。

④根据实际焊接环境来选择相应的风压，具体如下：

小元件应用环境，焊接风压不要太高。

中型的元件应用环境，焊接风压选择高风压。

大元件应用环境，焊接风压选择最大风压。

热风枪的一些维护与保养、使用注意事项如下：

①严禁不熟识操作规程的人使用，在工作时应放置在小孩触摸不到的地方。

②热风枪手柄的进风口不能堵塞或有异物插入，以防鼓风机烧毁及造成人身伤害。

③环境的温度和湿度必须符合要求，不能在低于0℃以下温度工作。

④热风枪电源的容量必须满足要求，不得少于600W。

⑤热风枪应具有符合参数要求的接地线的电源，否则防静电性能将会丢失。

⑥使用热风枪前要检查各连接螺钉是否拧紧。

⑦第一次使用时，在达到熔锡温度时要及时上锡，以防高温氧化烧死，影响热风枪寿命。

⑧不要在过高的温度下长时间使用热风枪。

⑨低温使用热风枪烙铁，应使用完及时插回到烙铁架上。

⑩在焊接的过程中尽可能地用松香助焊剂湿润焊锡及时去除焊锡表面氧化物。

⑪如果要焊接面积较大的焊点，最好换用接触面较大的热风枪烙铁嘴。

⑫严禁在开机的状态下插拔风枪手柄、恒温烙铁手柄，以防在插拔的过程中造成输出短路。

⑬严禁在开机的状态下用手触摸风筒及更换风嘴、烙铁嘴、发热芯或用异物捅风嘴。

⑭严禁在使用的过程中摔打主机和手柄，有线缆破损的情况下禁止使用。

⑮严禁用高温的部件触及人体和易燃物体，以防高温烫伤和点燃可燃物体。

⑯严禁用热风枪来吹烫头发或加热可燃性气体，以防点燃气体造成火灾事故。

⑰严禁在无人值守的状态下使用风枪和恒温烙铁。

⑱严禁用水降温风筒和恒温烙铁或把水泼到机器里。

⑲不能用锉刀、砂轮、砂纸等工具修整热风枪烙铁尖。

⑳及时用高温湿水海绵去除烙铁尖表面氧化物，并及时用松香上锡保护。

㉑严禁用热风枪烙铁嘴接触各种腐蚀性的液体。

㉒不能对长寿烙铁嘴做太大的物理变形、磨削整形，以免对合金镀层造成破坏而缩短热风枪的使用寿命或使热风枪失效。

㉓根据故障代码，可发现热风枪存在一些故障。

㉔严禁风枪/恒温烙铁在没降到安全温度50℃之下包装和收藏。

㉕严禁不按规范更换易损部件。

㉖设备在异常的情况下失控或意外着火时，应及时关闭电源用干粉灭火器灭火，以防事故的进一步扩大，并且及时进行相应的处理。

2.1.13 直流电源

直流电源主要用途是提供电流。一线维修手机，一般选择0~15V/0~2A的直流稳压电源。直流稳压电源除了可以给手机提供电源外，还可以观察手机的开机电流。直流电源图例如图2-19所示。

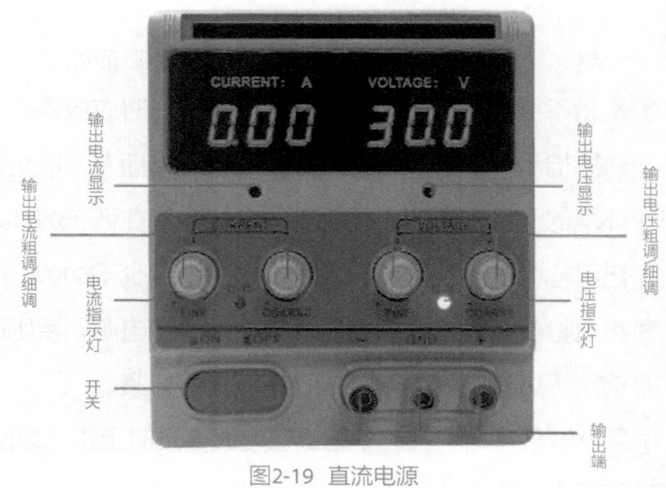

图2-19 直流电源

2.1.14 万用表

（1）概述

万用表又叫作复用表、多用表、三用表等。万用表是一种多功能、多量程的测量仪表。一般万用表可以测量直流电流、直流电压、交流电流、交流电压、电阻、音频电平等。有的万用表还可以测电容量、电感量、半导体的一些参数（如β）等。

根据显示方式，万用表可以分为指针万用表、数字万用表。其中，指针万用表（红表笔为负、黑表笔为正）、数字万用表（红表笔为正、黑表笔为负）蜂鸣挡，可以用于电路板线路的通与断等维修测量。

数字万用表的图例如图2-20所示。指针万用表的图例如图2-21所示。

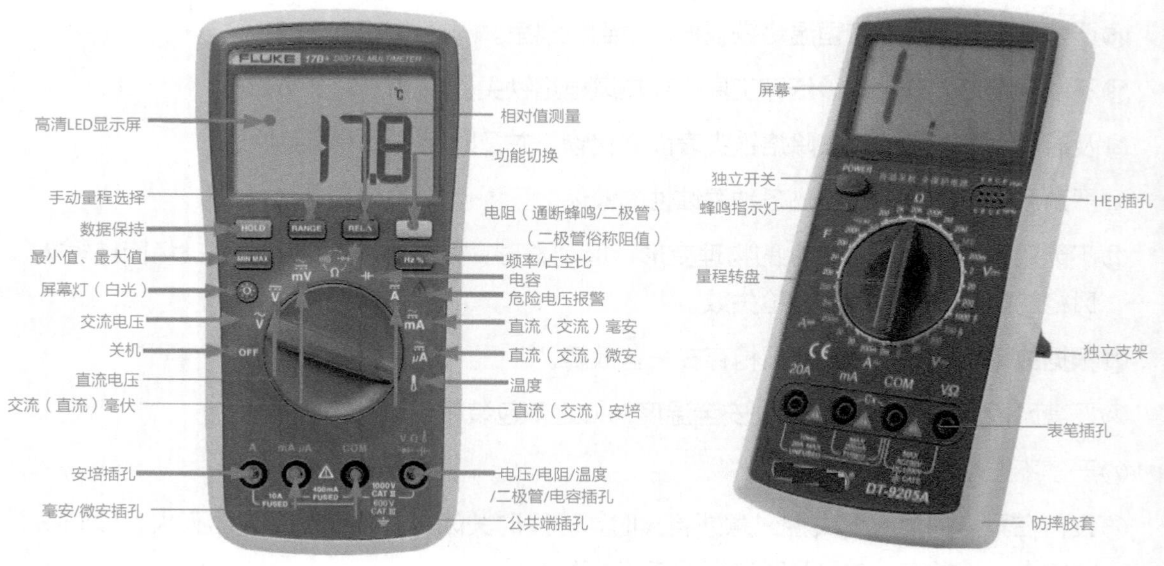

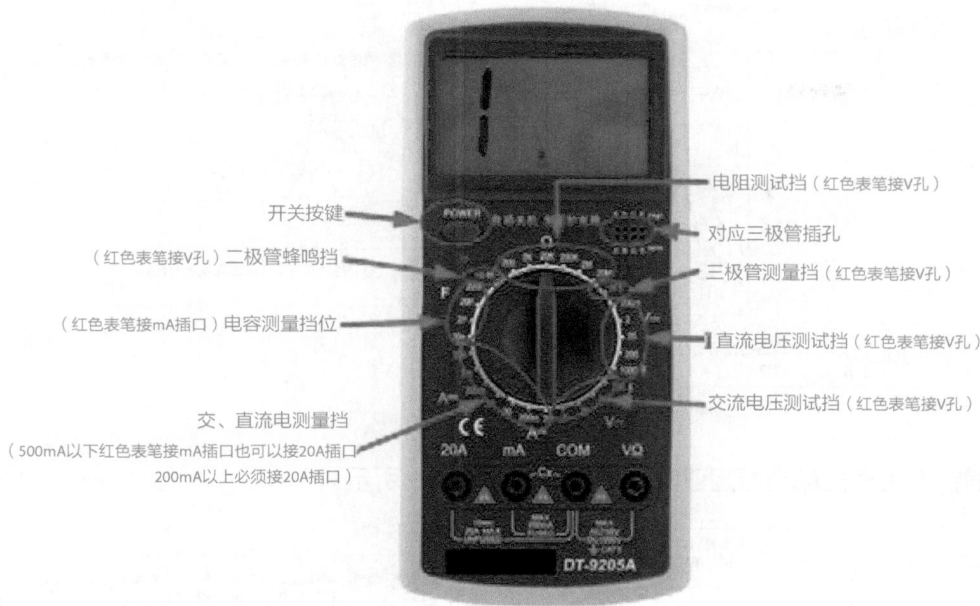

图2-20 数字万用表的图例

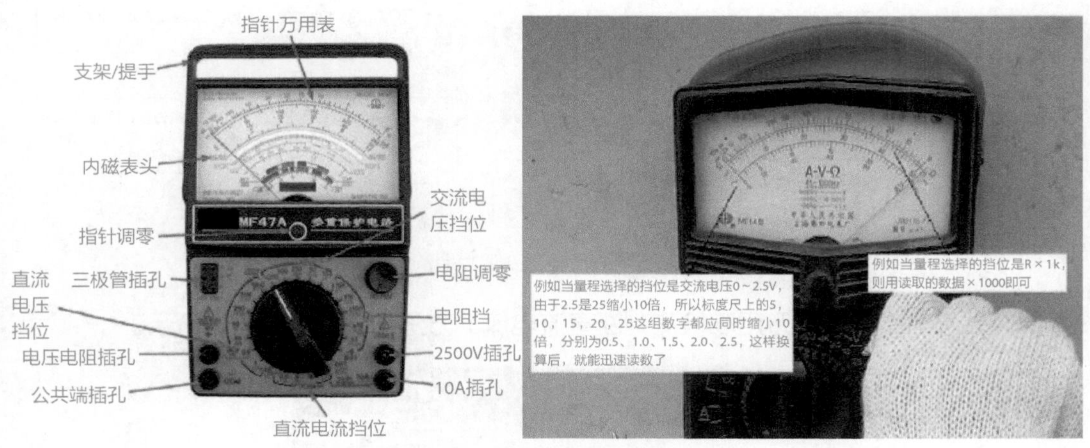

图2-21 指针万用表的图例

（2）万用表检测项目与检测方法、要点

①检测阻值　万用表的欧姆挡（Ω）可以测量电阻的阻值、电容阻值、电感阻值、二极管阻值、三极管阻值、场效应管阻值、听筒阻值、话筒阻值、振子阻值、振铃对地阻值等。

数字万用表检测判断阻值的方法与要点如图2-22所示。使用数字万用表电阻挡测量阻值时，需要注意检测阻值的范围。一些数字万用表测量的阻值小至0.1Ω，高达300MΩ等。如果测量阻值时出现或者显示“1”，则说明量程不够大，或者阻值大。

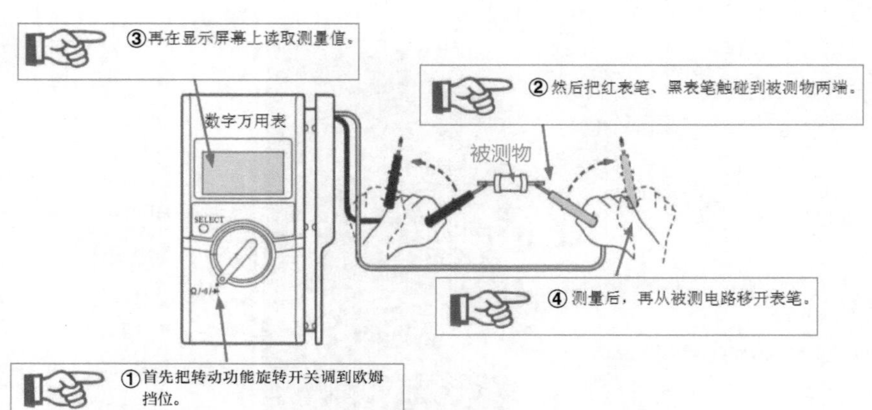

③再在显示屏幕上读取测量值。
②然后把红表笔、黑表笔触碰到被测物两端。

④测量后，再从被测电路移开表笔。
①首先把转动功能旋转开关调到欧姆挡位。

图2-22 数字万用表检测判断阻值的方法与要点

指针万用表检测判断阻值的方法与要点如图2-23所示。

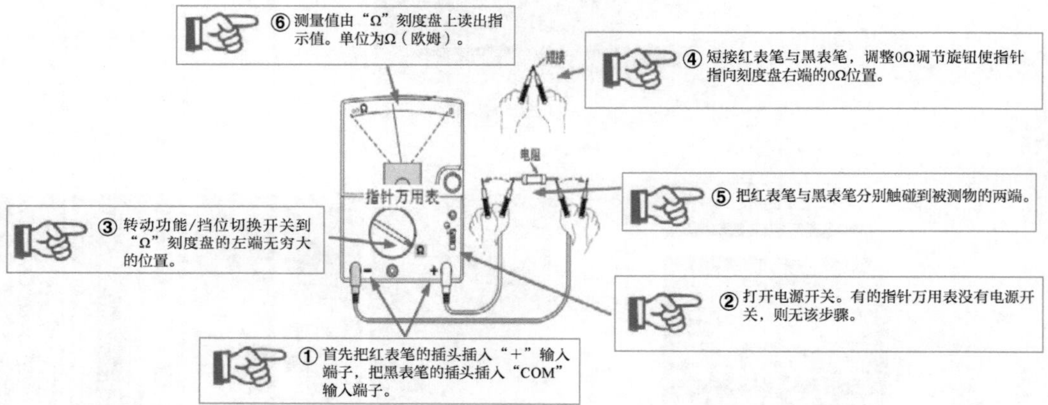

⑥测量值由“Ω”刻度盘上读出指示值。单位为Ω（欧姆）。
④短接红表笔与黑表笔，调整0Ω调节旋钮使指针指向刻度盘右端的0Ω位置。
电阻
指针万用表
⑤把红表笔与黑表笔分别触碰到被测物的两端。
③转动功能/挡位切换开关到“Ω”刻度盘的左端无穷大的位置。
②打开电源开关。有的指针万用表没有电源开关，则无该步骤。
①首先把红表笔的插头插入“+”输入端子，把黑表笔的插头插入“COM”输入端子。

图2-23 指针万用表检测判断阻值的方法与要点

②检测直流电流 数字万用表检测判断直流电流的方法与要点如图2-24所示。

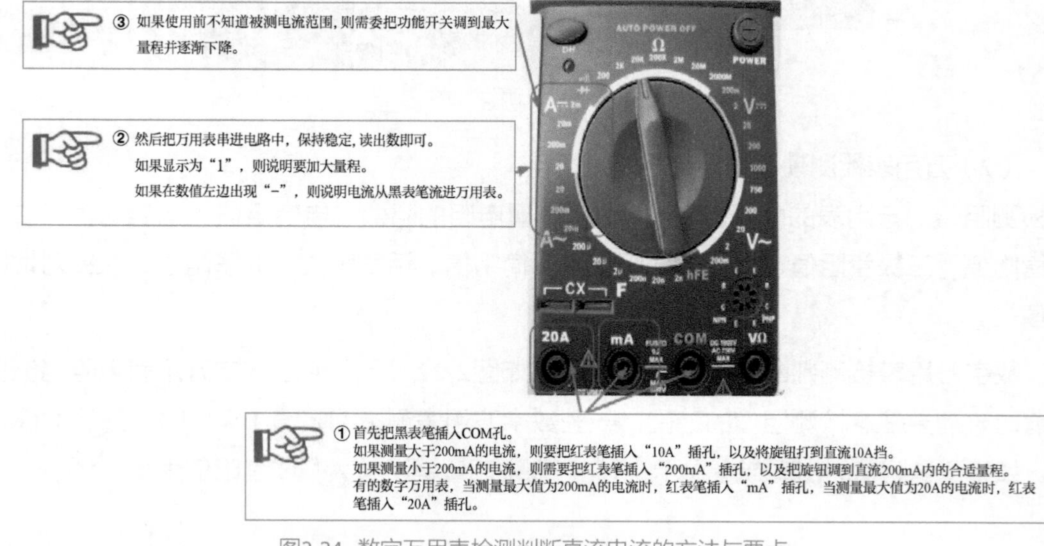

③如果使用前不知道被测电流范围，则需委把功能开关调到最大量程并逐渐下降。
②然后把万用表串进电路中，保持稳定，读出数即可。
如果显示为“1”，则说明要加大量程。
如果在数值左边出现“-”，则说明电流从黑表笔流进万用表。
AUTO POWER OFF
POWER
20A
mA
COM
VΩ
hFE
CX
F
①首先把黑表笔插入COM孔。
如果测量大于200mA的电流，则要把红表笔插入“10A”插孔，以及将旋钮打到直流10A挡。
如果测量小于200mA的电流，则需要把红表笔插入“200mA”插孔，以及把旋钮调到直流200mA内的合适量程。
有的数字万用表，当测量最大值为200mA的电流时，红表笔插入“mA”插孔，当测量最大值为20A的电流时，红表笔插入“20A”插孔。

图2-24 数字万用表检测判断直流电流的方法与要点

指针万用表检测判断直流电流的方法与要点如图2-25所示。

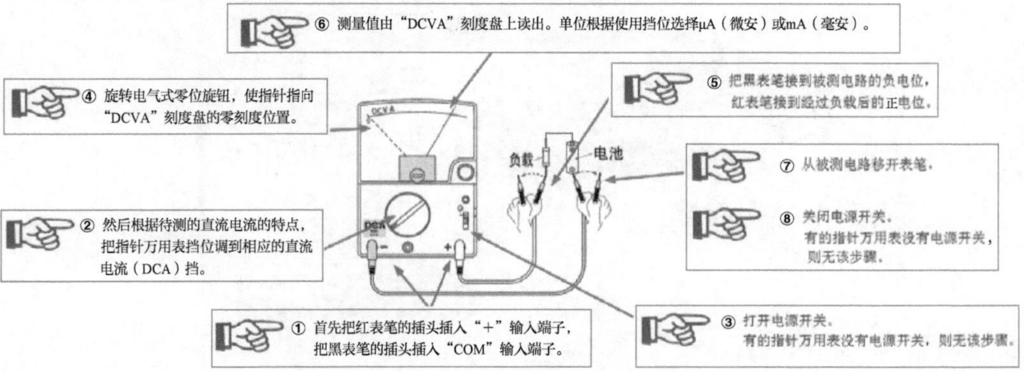

图2-25 指针万用表检测判断直流电流的方法与要点

③检测直流电压　万用表的直流电压挡可以测量手机中的各路供电电压信号、控制信号、电池电压等。例如，有的手机开机电压为 3.7V，电池充满电时4.2V为正常。

数字万用表检测判断直流电压的方法与要点如图2-26所示。

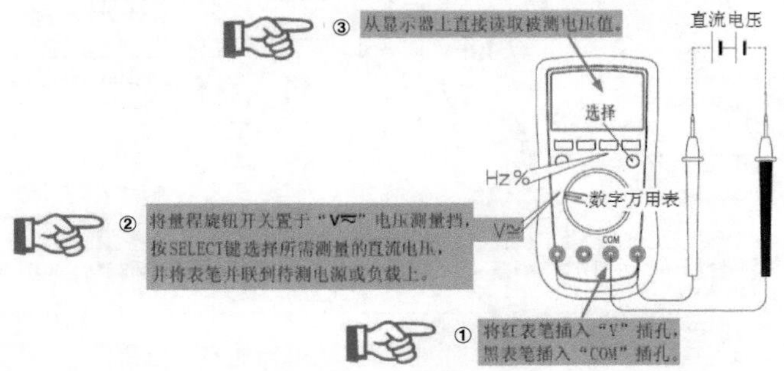

图2-26 数字万用表检测判断直流电压的方法与要点

指针万用表检测判断直流电压的方法与要点如图2-27所示。

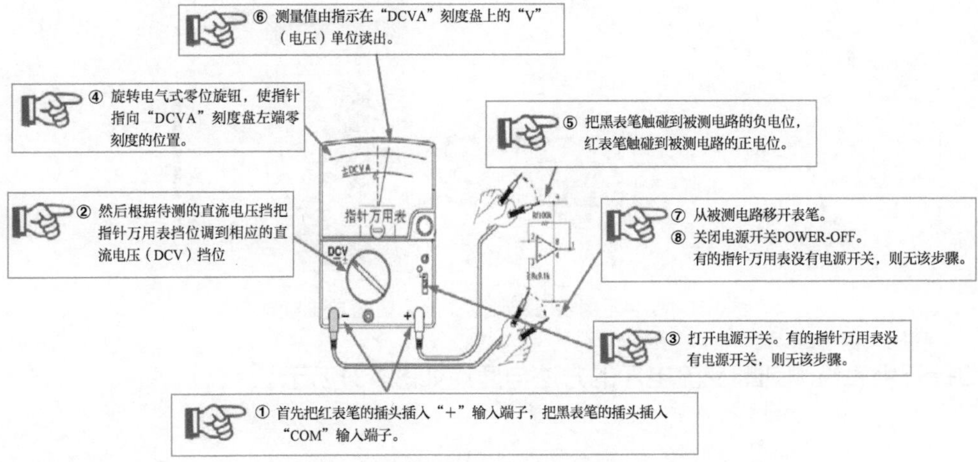

图2-27 指针万用表检测判断直流电压的方法与要点

④检测交流电流　数字万用表检测判断交流电流的方法与要点如图2-28所示。

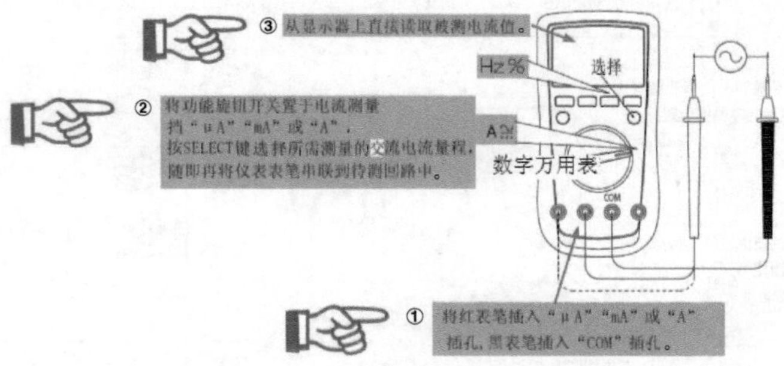

图2-28　数字万用表检测判断交流电流的方法与要点

指针万用表检测判断交流电流的方法与要点如图2-29所示。

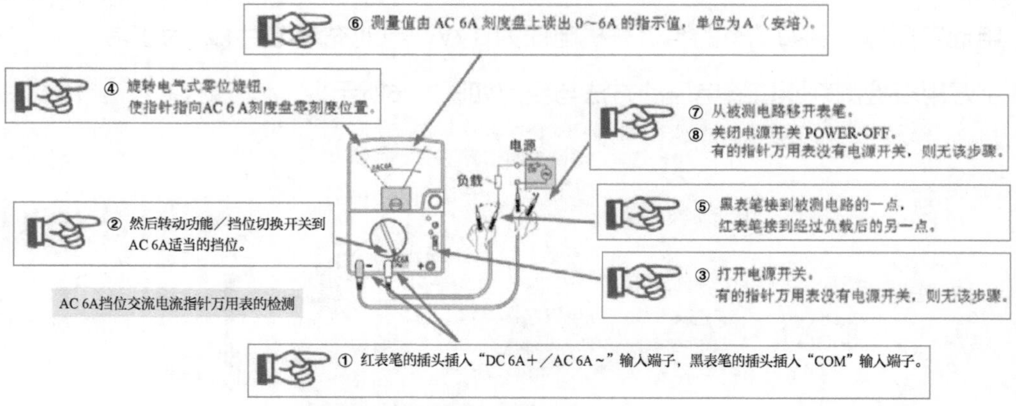

图2-29　指针万用表检测判断交流电流的方法与要点

⑤检测交流电压　数字万用表检测判断交流电压的方法与要点如图2-30所示。

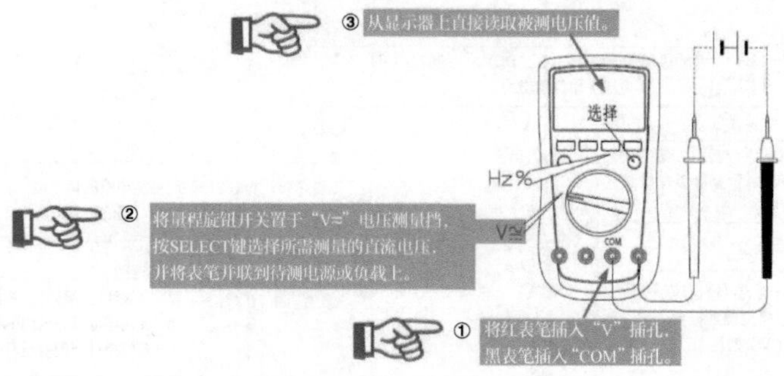

图2-30　数字万用表检测判断交流电压的方法与要点

指针万用表检测判断交流电压的方法与要点如图2-31所示。

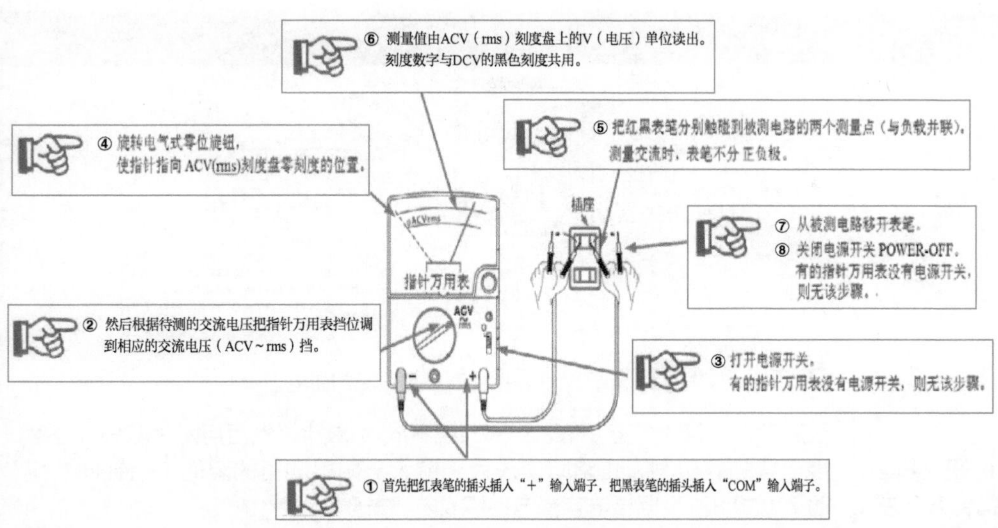

图2-31 指针万用表检测判断交流电压的方法与要点

（3）有关元器件的万用表检测与判断方法、技巧

有关元器件的万用表检测与判断方法、技巧见表2-2。

表2-2 有关元器件的万用表检测与判断方法、技巧

名称	解释
电阻器——万用表检测与判断	检测电阻的好坏可以利用测量的数值与其标准值进行比较，如果吻合，则说明所检测的电阻是好的。如果相差较大，超过了允许误差范围，则说明所检测的电阻是坏的。 数字万用表检测判断电阻图例如图2-32所示。指针万用表检测判断电阻图例如图2-33所示。 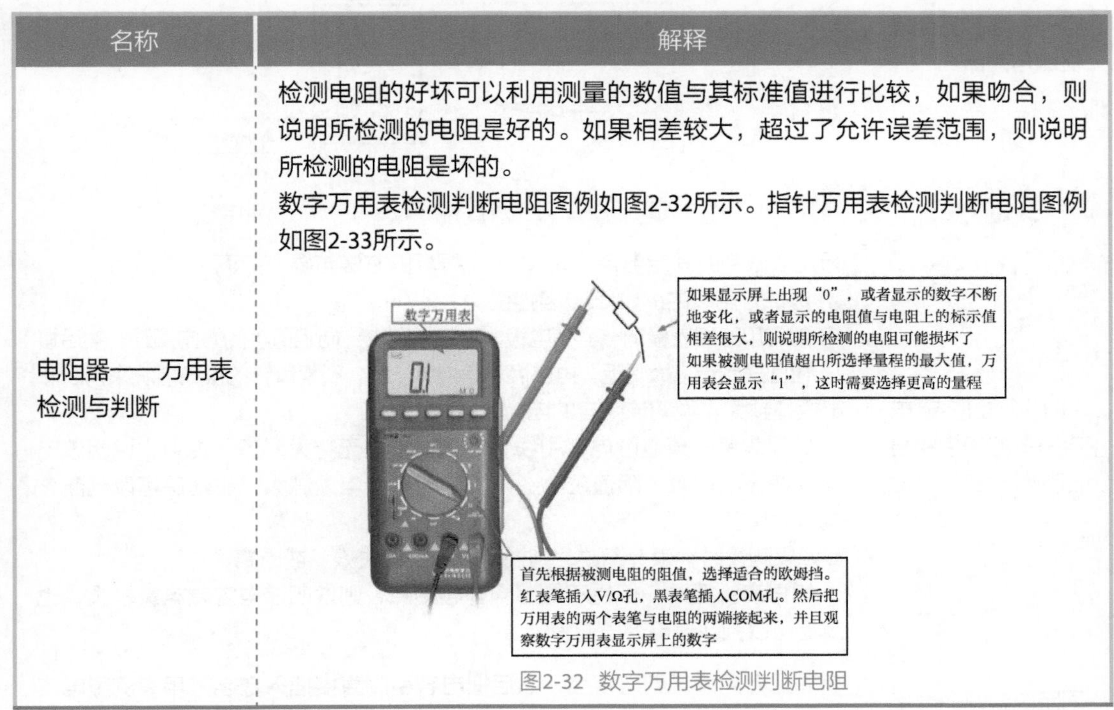 图2-32 数字万用表检测判断电阻

续表

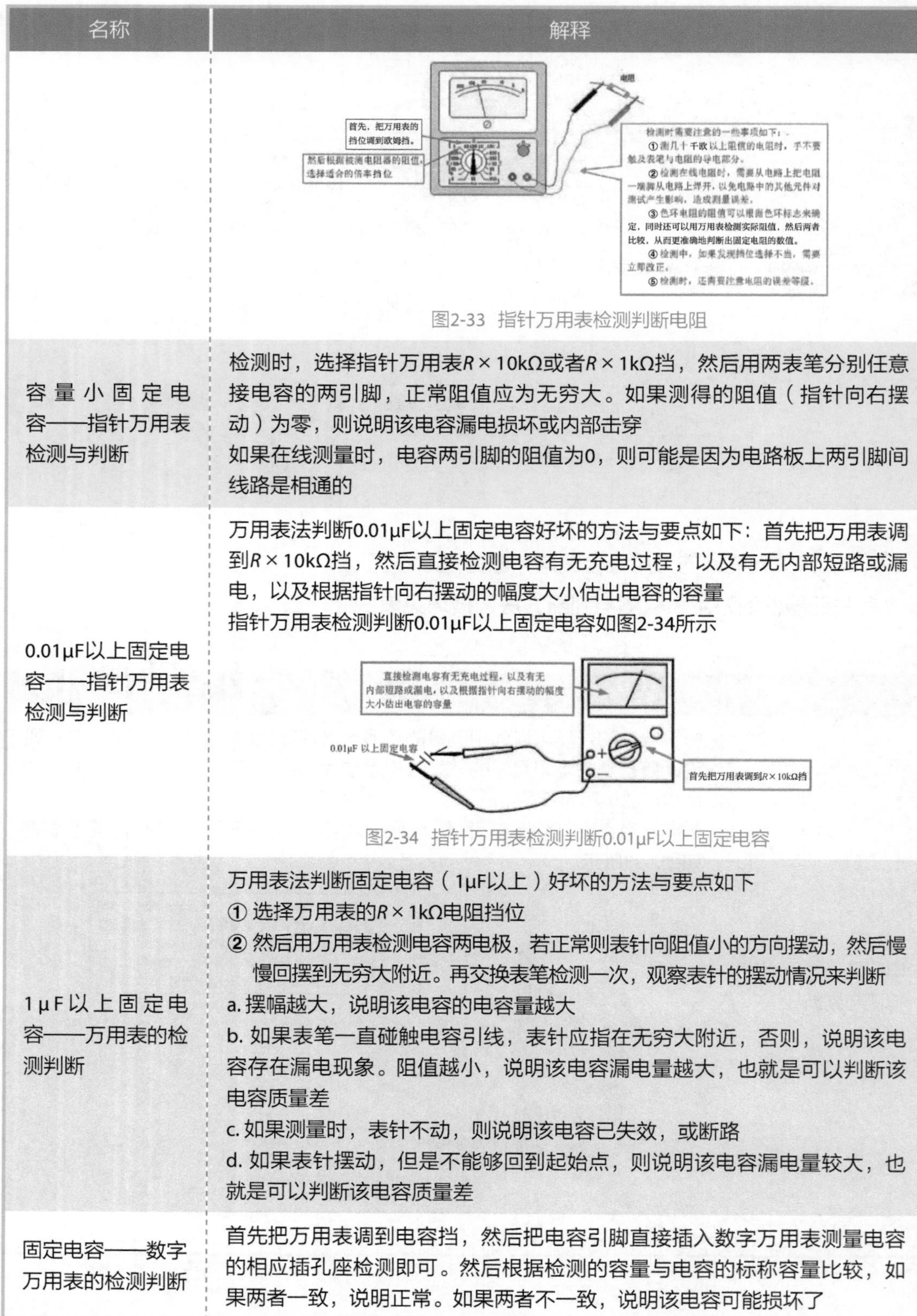

名称	解释
	图2-33 指针万用表检测判断电阻
容量小固定电容——指针万用表检测与判断	检测时，选择指针万用表$R\times10\text{k}\Omega$或者$R\times1\text{k}\Omega$挡，然后用两表笔分别任意接电容的两引脚，正常阻值应为无穷大。如果测得的阻值（指针向右摆动）为零，则说明该电容漏电损坏或内部击穿 如果在线测量时，电容两引脚的阻值为0，则可能是因为电路板上两引脚间线路是相通的
0.01μF以上固定电容——指针万用表检测与判断	万用表法判断0.01μF以上固定电容好坏的方法与要点如下：首先把万用表调到$R\times10\text{k}\Omega$挡，然后直接检测电容有无充电过程，以及有无内部短路或漏电，以及根据指针向右摆动的幅度大小估出电容的容量 指针万用表检测判断0.01μF以上固定电容如图2-34所示 图2-34 指针万用表检测判断0.01μF以上固定电容
1μF以上固定电容——万用表的检测判断	万用表法判断固定电容（1μF以上）好坏的方法与要点如下 ① 选择万用表的$R\times1\text{k}\Omega$电阻挡位 ② 然后用万用表检测电容两电极，若正常则表针向阻值小的方向摆动，然后慢慢回摆到无穷大附近。再交换表笔检测一次，观察表针的摆动情况来判断 a. 摆幅越大，说明该电容的电容量越大 b. 如果表笔一直碰触电容引线，表针应指在无穷大附近，否则，说明该电容存在漏电现象。阻值越小，说明该电容漏电量越大，也就是可以判断该电容质量差 c. 如果测量时，表针不动，则说明该电容已失效，或断路 d. 如果表针摆动，但是不能够回到起始点，则说明该电容漏电量较大，也就是可以判断该电容质量差
固定电容——数字万用表的检测判断	首先把万用表调到电容挡，然后把电容引脚直接插入数字万用表测量电容的相应插孔座检测即可。然后根据检测的容量与电容的标称容量比较，如果两者一致，说明正常。如果两者不一致，说明该电容可能损坏了

续表

名称	解释
电感与线圈——指针万用表检测判断	首先把万用表的挡位调到R×10Ω挡，再对万用表进行调零校正。然后把万用表的红表笔、黑表笔分别搭在电感两端的引脚端上。这时，即可检测出当前电感的阻值。一般情况下，能够测得相应的固定阻值 如果电感的阻值趋于0Ω，则说明该电感内部可能存在短路现象。如果被测电感的阻值趋于无穷大，则需要选择最高阻值的量程继续检测。如果更换高阻量程后，检测的阻值还是趋于无穷大，则说明该被测电感可能已经损坏了
电感与线圈——数字万用表检测判断	首先把数字万用表的功能/量程开关调到L挡，如果被测的电感大小是未知的，则需要先选择最大量程再逐步减小。根据被测电感的特点，用带夹短测试线，插入数字万用表的Lx两测试端子进行检测，以保证可靠接触，数字万用表的显示器上即显示出被测电感值 使用2mH量程时，需要先把数字万用表的表笔短路，然后检测引线的电感，再在实测值中减去该值。如果检测非常小的电感，则最好采用小测试孔
普通二极管——万用表法检测二极管的导通阻值	二极管的主要特性是单向导电性，也就是在正向电压的作用下，导通电阻很小；而在反向电压作用下导通电阻极大或无穷大。因此，用数字万用表检测二极管时，红表笔接二极管的正极端，黑表笔接二极管的负极端。此时，检测的阻值是二极管的正向导通阻值。数字万用表与指针万用表的表笔接法刚好相反
普通二极管——万用表法判断二极管是否开路损坏	用万用表检测二极管，如果测得二极管的正向、反向电阻值均为无穷大，则说明该二极管已开路损坏 说明：检测时，需要根据二极管的功率大小、不同的种类，选择万用表不同倍率的欧姆挡：小功率二极管一般选择R×100Ω或R×1kΩ挡；中功率、大功率二极管一般选择R×1Ω或R×10Ω挡；普通稳压管（只有两支脚的结构）一般选择R×100Ω挡
变容二极管——指针万用表	首先把指针万用表调到R×10kΩ挡，然后检测变容二极管的正向、反向电阻值。正常的变容二极管，其正向、反向电阻值均为无穷大。如果被检测的变容二极管的正向、反向电阻值均为一定阻值或均为0，则说明该变容二极管存在漏电或击穿损坏 说明：变容二极管容量消失、内部的开路性故障，采用万用表不能够检测判别出。这时，可采用替换法进行检测、判断
变容二极管——数字万用表二极管挡法	用数字万用表的二极管挡检测变容二极管的正向、反向电压降来判断变容二极管正、负极性。正常的变容二极管，检测其正向电压降时，一般为0.58~0.65V。检测反向电压降时，一般显示溢出符号“1”
整流二极管	整流二极管的判断与普通二极管的判断方法基本一样，即也是根据检测正向、反向电阻来判断
两端肖特基二极管——万用表的检测判断	首先把万用表调到R×1Ω挡，然后测量，正常时的正向电阻值一般为2.5~3.5Ω。反向电阻一般为无穷大 如果测得正向、反向电阻值均为无穷大或均接近0Ω，则说明所检测的两端肖特基二极管异常

续表

名称	解释
三端肖特基二极管——万用表的检测判断	万用表法判断三端肖特基二极管好坏的方法与要点如下 ① 找出公共端，判别是共阴对管，还是共阳对管 ② 测量两个二极管的正、反向电阻值：正常时的正向电阻值一般为2.5~3.5Ω；反向电阻一般为无穷大
快/超快恢复二极管——万用表的检测判断	首先把万用表调到$R\times1k\Omega$挡，然后检测其单向导电性。正常情况下，正向电阻一般大约为45kΩ，反向电阻一般为无穷大。然后，再检测一次，正常情况下，正向电阻一般大约为几十欧姆，反向电阻一般为无穷大。如果与此有较大差异，则说明该快/超快恢复二极管可能损坏了
单极型瞬态电压抑制二极管——万用表的检测判断	首先把万用表调到$R\times1k\Omega$挡，然后检测单极型瞬态电压抑制二极管的正向、反向电阻，一般正向电阻为4kΩ左右，反向电阻为无穷大
贴片二极管——万用表的检测判断	首先把万用表调到$R\times100\Omega$挡或$R\times1k\Omega$挡，然后检测普通贴片二极管的正向、反向电阻。贴片二极管正向电阻一般为几百欧姆到几千欧姆。贴片二极管的反向电阻一般为几十千欧姆到几百千欧姆 贴片二极管的正向、反向电阻相差越大，则说明该贴片二极管单向导电性越好。如果检测得正向、反向电阻相差不大，则说明该贴片二极管单向导电性能变差。如果正向、反向电阻均很小，则说明该贴片二极管已经击穿失效。如果正向、反向电阻均很大，则说明该贴片二极管已经开路失效
贴片稳压二极管——万用表的检测判断	利用万用表电压挡检测普通贴片二极管导通状态下结电压，硅管的为0.7V左右，锗管的为0.3V左右。贴片稳压二极管通过检测其实际“稳定电压”（即实际检测值）是否与其“稳定电压”（即标称值）一致来判断，一致为正常（稍有差异也是正常的）
贴片整流桥——万用表的检测判断	首先把万用表调到$R\times10k\Omega$或$R\times100\Omega$挡，然后检测一下贴片整流桥堆的交流电源输入端正向、反向电阻，正常时，阻值一般都为无穷大。如果四支整流贴片二极管中有一支击穿或漏电时，均会导致其阻值变小。检测交流电源输入端电阻后，还应检测“＋”与“－”间的正向、反向电阻，正常情况下，正向电阻一般为8～10kΩ，反向电阻一般为无穷大
贴片三极管——万用表的检测判断	用万用表对PN结的正向、反向电阻进行检测。正常情况下，B、E极间正向电阻小，反向电阻大。E、C极间正向、反向电阻都大 单一贴片三极管的内部结构特点如图2-35所示 图2-35 单一贴片三极管的内部结构 实际中，遇到的贴片三极管内部结构有不同的形式。因此，检测时可以根据内部结构的特点来检测

续表

名称	解释
贴片结型场效应管——万用表的检测判断	万用表的红表笔、黑表笔对调检测G、D、S，除了黑表笔接漏极D、红表笔接源极S有阻值外，其他接法检测均没有阻值。如果检测得到某种接法的阻值为0，则使用镊子或表笔短接G、S，然后检测。正常情况下，N沟道电流流向为从漏极D到源极S（高电压有效），P沟道电流流向为从源极S到漏极D（低电压有效）

2.1.15 频谱仪

频谱仪又叫作频谱分析仪。其主要用于射频、微波信号的频域分析，包括测量信号的功率、频率、失真产物等。

频谱仪可以分为实时频谱仪、扫频调谐式频谱仪。其中，实时频谱仪包括多通道滤波器（并联型）频谱仪、FFT频谱仪。扫频调谐式频谱仪包括扫描射频调谐型频谱仪、超外差式频谱仪。

频谱仪，在维修手机中的作用，主要是测试手机射频信号、本振信号、中频信号、时钟信号的频率和幅度。在手机维修中，结合发射接收测试软件，可以查出射频部分故障点所在部位。

一些频谱仪的调节钮对应键见表2-3。

表2-3 一些频谱仪的调节钮对应键

调节钮	对应键
ATT输入衰减值	对应键-ATT
Center Frequency中心频率	对应键-FREQ
RBW分辨率带宽	对应键RBW
Ref level参考电平	对应键-LEVEL
Span显示宽度	对应键-SPAN
Sweep time扫描时间	对应键-SWEEP
VBW视频带宽	对应键-VBW

2.1.16 示波器

示波器在手机维修过程中主要用于测量一些低频信号（与示波器量程有关），如供电、时钟、片选、读写、音频、数据、射频控制等信号。

智能手机维修，最好选择100MHz的示波器，以便可以测到100MHz以下的各种波形。

模拟示波器的一些调节功能中英文对照见表2-4。

表2-4 模拟示波器的一些调节功能中英文对照

英文	中文
AC、DC、GND	输入耦合开关——当待测信号为交流信号时，需要选择AC位置。当待测信号为直流时，需要选择DC位置。不需要待测信号输入时，或者进行水平校准时，可以置于GND位置
ALT、CHOP	显示方式开关——可以同时测量两个信号，当观测频率较低的信号时，需要选用断续（CHOP），而观测频率较高的信号时，需要选用交替（ALT）
FOCUS	聚焦——聚焦控制机构用来控制屏幕上光点的大小，以便获得清晰的波形轨迹
ILLUM	标尺照明——标尺亮度可以单独控制。这对于屏幕摄影或在弱光线条件下工作时非常有用
INTEN	辉度——辉度控制用来调节波形显示的亮度
Level	触发电平旋钮——用于选择输入信号波形的触发点，使在这一所需的电平上启动扫描，当触发电平的位置超过触发区时，扫描将不启动，屏幕上无待测信号波形显示
Position	水平移位调节旋钮——可以调整整个波形在水平方向上的位置，便于对其观察和测量（常用于校准或初始化）
Source	触发源选择开关——通常使用时，应置于“内”的位置，这时触发信号就来源于待测信号
Time/Div	扫描速度开关——可以改变光点在水平方向做扫描运动的速度。这决定于待测信号的频率（使波形稳定）
Volts/Div	*Y*轴灵敏度选择开关——可以改变光点在竖直方向偏转的灵敏度（也就是待测信号的显示幅值）

示波器的测量方法见表2-5。

表2-5 示波器的测量方法

名称	解释
测电压——比较测量法	比较测量法就是用一已知的标准电压波形与被测电压波形进行比较，求得被测电压值。比较法测量电压可避免垂直系统引起误差，从而提高了测量精度。 也就是，把被测电压V_x输入示波器的*Y*轴通道，调节*Y*轴灵敏度选择开关V/div、微调旋钮，使荧光屏显示出便于测量的高度H_x，之后将它记录好，并且把V/div开关及微调旋钮位置保持不变 去掉被测电压，把一个已知的可调标准电压V_s输入*Y*轴，调节标准电压的输出幅度，使它显示与被测电压相同的幅度。这时，标准电压的输出幅度等于被测电压的幅度
测电压——直接测量法	直接测量法就是直接从屏幕上量出被测电压波形的高度，然后换算成电压值。定量测试电压时，一般把*Y*轴灵敏度开关的微调旋钮转到校准位置，从而，可以从V/div指示值、被测信号占取的纵轴坐标值直接计算被测电压值

续表

名称	解释
交流电压的测量——直接测量法	把Y轴输入耦合开关置于AC位置，显示出输入波形的交流成分。如果交流信号的频率很低，则需要把Y轴输入耦合开关调到DC位置 把被测波形移到示波管屏幕的中心位置，用V/div开关将被测波形控制在屏幕有效工作面积的范围内，根据坐标刻度片的分度读取整个波形所占Y轴方向的度数*H*，则被测电压的峰-峰值VP-P，就是V/div开关指示值与*H*的乘积。如果使用探头测量时，需要把探头的衰减量计算在内。例如示波器的Y轴灵敏度开关V/div调到0.2挡级，被测波形占Y轴的坐标幅度*H*为5div，则该信号电压的峰-峰值就是1V。如果经过探头测量，依旧指示上述数值，则被测信号电压的峰-峰值就应该是10V
直流电压的测量——直接测量法	把Y轴输入耦合开关置于地位置，触发方式开关置自动位置，使屏幕显示一水平扫描线，该扫描线就是零电平线 把Y轴输入耦合开关置DC位置，加入被测电压，这时，扫描线在Y轴方向产生跳变位移*H*，被测电压，就是V/div开关指示值与*H*的乘积 直接测量法具有简单易行、误差较大等特点。产生误差的因素有读数误差、视差、示波器的系统误差等

2.1.17 综合测试仪

综合测试仪的主要作用是检测移动电话射频的各项性能，以及利用回环测试检测麦克风与听筒间回路的好坏。

综合测试仪一些测试项目的中英文对照见表2-6。

表2-6 综合测试仪一些测试项目的中英文对照

英文	中文
Burst Timing	脉冲串时控
DC Current	DC电流
Frequency Error	频率误差
Peak Tx power	发送峰值功率
Phase Error	相位误差
Power Ramp	功率斜坡
RX Level	接收电平
RX Quality	接收质量
Sensitivity	灵敏度

2.1.18 刷子

清洁手机金属键盘时，可以采用防静电刷子进行清洁，不可以使用橡皮擦，以免刮花表面的保护层，使其受腐蚀与易氧化。刷子如图2-36所示。

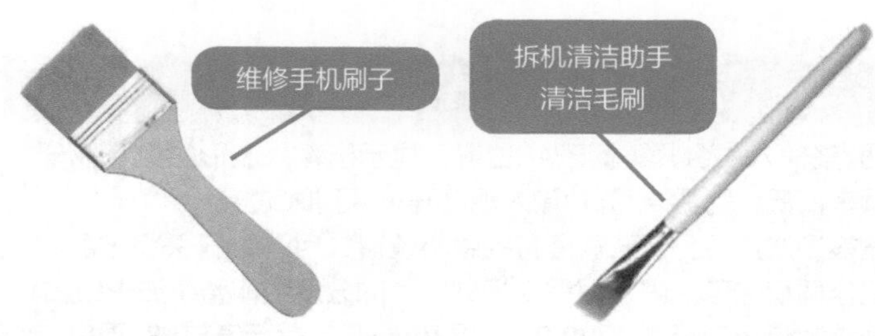

图2-36 刷子

2.1.19 电脑

维修手机，尤其是刷机，经常需要利用电脑，如图2-37所示。维修手机，对于电脑的硬件、软件有一定的要求。例如，具备带USB接口，尽量使用Windows系统，能够连接互联网等的要求。

电脑Windows系统又分为32位、64位的。安装PC版刷机软件，需要符合系统要求。

对于电脑硬盘，当然是容量大一些为好。CPU、内存等硬件配置，也是越高越好。但是，对于维修手机刷机需要的电脑，一般配置的电脑即可应对。

图2-37 电脑

2.1.20 其他检修工具

其他一些检修工具与功能如下：

①TP压合夹具。TP压合夹具主要用途是压合触摸屏。

②剥线钳。主要用来快速剥去导线外面的塑料包线。

③工作台灯。主要用于加强照明。

④尖嘴钳。主要用来夹小螺母，尖口作剪断导线用等。

⑤刻刀。主要用于清除元件上的氧化层、污垢等。

⑥镊子。主要用于夹住元件进行焊接。

⑦试电笔。主要用来检验被测物本身是否带电。

⑧松香。主要除去氧化物的焊接用品。

⑨小抽屉元件架。主要用于放相应的配件、拆机过程中的零件。

⑩斜口钳。主要用于剪细导线或修剪焊接各多余的线头。

⑪牙科挑针。主要用于听筒的挑出。

⑫助焊剂。主要用于助焊。助焊剂含有酸性，所以使用过的元件都要用酒精擦净，以防腐蚀。

2.2 维修技法

2.2.1 维修技法概述

遇到故障的智能手机，首先是询问与观察，掌握故障之因，才能够采取恰当之策。为此，询问法与观察法是常见的开始维修技法。

询问法就是通过询问故障手机机主，了解对维修有指导意见的情况。询问时一定要有所针对性，询问的内容包括手机是否被修过、以前维修的部位、是否摔过、是否进水、是否调换、元件是否装错等，然后据此判断是否同样的故障又产生，这可以为快速找准故障范围及产生原因提供有力的参考信息。

观察法可以分为断电观察法、通电观察法。通电观察法是在智能手机通电情况下观察手机，以发现故障原因，进而排除故障，达到维修的目的。检修智能手机时，采用通电测试检查，如果发现有元件烧焦冒烟，则需要立即断电。

断电观察法就是在不给智能手机通电的情况下，拆开机子，观察机子的连接器是否松动、焊点是否存在虚焊、有关元器件是否具有损坏的迹象（爆身、开裂、漏液、烧焦、缺块、针孔）等。

观察法的一些应用见表2-7。

表2-7 观察法的一些应用

观察项目	观察内容
LED状态指示	通过LED状态指示，可以确诊部分故障
按键	如果发现按键不正常，则应观察按键点上有无氧化引起接触不良等现象
电池与电池弹簧触片间	如果观察发现电池与电池弹簧触片间的接触松动、弹簧片触点脏，则这些可能是造成手机不开机、有时断电等故障的原因
电阻	如果观察发现电阻起泡、变色、绝缘漆脱落、烧焦、炸裂等，说明该电阻已损坏
集成电路及元器件	如果观察发现集成电路及元器件引脚发黑、发白、起灰，则说明该机故障往往由这些地方引起
接触点或接口	如果观察接触点或接口，则可能会发现接触点或接口的机械连接处不清洁、氧化等

续表

观察项目	观察内容
手机的菜单设置	如果观察发现手机的菜单设置不正确，则说明该机需要重新设置菜单
手机进水过	如果观察进水机，发现主板上有水渍、生锈，引脚间有杂物等，均说明其相应处异常
手机屏幕上的信息	观察手机屏幕上的信息，例如信号强度值是否正常、电池电量是否足够等现象
手机摔过	如果观察摔过的手机，发现外壳有裂痕、电路板上对应被摔处的元件有脱落、断线等现象，均说明其相应处异常
手机外壳	如果观察手机外壳，发现破损、机械损伤、前盖/后盖/电池之间不配合、LCD的颜色不正常、接插件/接触簧片/PCB的表面有明显的氧化与变色等现象，均说明其相应处异常
天线套、胶粒、长螺钉、绝缘体	如果观察发现天线套、胶粒、长螺钉、绝缘体等缺装，则说明该机需要重新装上天线套、胶粒、长螺钉、绝缘体等
显示屏	如果观察显示屏不完好，则说明该屏幕已经损坏，需要更换
电路板上焊料、锡珠、线料、导通物	如果观察电路板上焊料、锡珠、线料、导通物落入，则说明该机需要清洁
芯片、元器件	如果观察发现芯片、元器件更换错，则说明该机需要更换芯片、元器件 如果观察发现手机采用了走私的、低劣的芯片、元器件，则说明该机需要更换芯片、元器件
元件	如果观察发现元件脱落、断裂、虚焊、进水腐蚀损坏集成电路或电路板等，则说明该机故障往往由这些地方引起

维修智能手机，常见的维修方法还有一吹二洗三代换。其中的一吹就是吹气法，二洗就是清洗法，三代换就是代换法。

吹气法就是给故障智能手机吹气，从而发现故障位置或者故障原因的方法。

如果智能手机进水、进油污或者受水汽影响，则可能引发元件间串电、操作失灵、手机不工作、烧坏电路板等异常现象。为此，需要对手机进行清洗，这就是清洗法。智能手机进水不要开机，应立即卸下电池，进行烘干、清洗。智能手机出故障时，需要注意受话器簧片、SIM卡座、电池簧片、振动电机簧片、振铃簧片、送话器簧片等是否脏，如果脏了，则需要清洗。清洗时，可以用无水酒精或超声波清洗机进行清洗。

代换法就是用相应的好手机元件代换怀疑的故障元件，从而判断怀疑的正确性，即找到故障的真正原因，达到维修目的的方法。维修智能手机时，对于难测件，凭测量引脚电压、电流来判断有时比较费时，如果怀疑为性能不良的晶体管、损坏的集成电路、轻微鼓包的电容等可以不用万用表检测，直接更换，以达到快修的目的。

如果一吹二洗三代换“三板斧”下去，故障智能手机还是没有解决问题，则往往需要采用分析法、检测法来应对。

分析法就是根据手机结构、工作原理进行分析，从而判断故障发生的部位，甚至具体元件的方法。由于手机基本结构、基本工作原理一样，因此任何手机的基本结构、基本工作原理分析具有一定的通用性。但是，具体的机型、具体电路具有一定的实际差异性。另外，同一平台的手机工作原理具有一定的参考性。

检测法，根据检测的量、参数不同，又可以分为不同的具体方法，其中电阻检测法、电流检测法、电压检测法是最常见的检测法。

电阻检测法就是采用万用表或者其他仪表检测元件或者零部件、电路的阻值是否正常来判断异常的原因或者部位的一种方法。电阻检测法检测短路（阻值为0）、断路（阻值为无穷大），具有很大的优势。

电流检测法就是通过检测电流这一物理量来判断元件或者电路是否正常，从而达到维修目的的方法。电流法使用的可靠性主要是能够判断哪些电流数值是正确的，哪些电流检测数值是不正确的，或者电流范围是否正确。由于手机几乎全部采用超小型贴片元件，如果断开某处测量电流不是很实际。因此，可测量电阻的端电压值再除以电阻值来间接测量电流。另外，有一种开机电流法比较常用，即将智能手机接上外接稳压电源，然后按开机键观察稳压源电流表的数值情况，以此来判断故障。

电流检测法，还有一种三电流的检测法。智能手机三电流的检测就是根据手机电流反应、电流状态来检测判断故障，其中关键的三个电流如下：大电流（即电流过大）、小电流（即电流过小）、无电流（即没有电流）。它们的特点就是其电流与正常电流不一样。

①大电流。如果加电就出现大漏电电流可能是直接与电池供电相连的元件损坏、漏电引起的，常见的元件有电源管理芯片、功放、电池直接供电的芯片等。

如果按开机键存在大电流反应可能是电源的负载支路上有元件损坏，常见的元件有基带处理器、音频芯片、硬盘、应用处理器、射频处理器、LDO供电管、滤波电容等。

维修大电流的方法可以采用分割法、感温法、对地阻值法等。

②无电流。无电流往往是电流路径断开了。因此，根据电流路径查找电流断开点。查找时，电流节点作为接触判断点。电流路径断开常见现象有线路断开、元件断开、开焊等。

维修无电流的方法可以采用飞线法、替换法等。

③小电流。小电流往往是负载加重引起的，或者是电流提供源提供了过小的电流引起的。

维修小电流的方法可以采用拆下法等。

电压检测法就是通过检测电压这一物理量来判断元件或者电路是否正常，从而达到维修目的的方法。电压法使用的可靠性主要是能够判断哪些电压数值是正确的，哪些电压检测数值不是正确的。

电压法需要注意不同状态下的关键电压数据，例如状态有通话状态、发射状态、守候状态等。关键点的电压数据有电源管理IC的各路输出电压、RFVCO工作电压、CPU工作电压与复位电压、BB集成电路工作电压等。

电压检测法，还有一种三电压的检测法。智能手机三电压的检测就是根据手机在不同阶段、不同模式下产生的电压来检测判断故障，其中关键的三个电压如下：

①手机装上电池时，就能够产生的电压。例如备用电池供电电路电压、功放供电电路电压等。许多手机，功率放大器的供电、应用处理器电源管理芯片的供电、电源管理芯片电路的供电等均是电池直接提供的。另外，有的手机升压电路电压、音频放大电路电压、射频供电电路电压等也是电池电压“直供”。

②手机按下开机键后，就能够出现的电压，并且是持续供电的电压。例如应用处理器电路供电电压、系统时钟电路的供电电压、FLASH供电电压等。

③手机软件运行正常后，才能够出现的供电电压。例如发射机部分供电电压、接收机部分供电电压等。该类型电压，一般是为了配合控制逻辑要求或者省电要求进行的，为此，往往采用CPU控制电压输出，达到智能化目的。

2.2.2 其他维修技法

维修智能手机，还有一些其他维修技法，见表2-8。手机的维修技法，需要灵活应用、综合应用。

表2-8 其他维修技法

维修技法	解释
按压法	按压法就是按压元件或者零部件，从而发现故障原因以及故障部位的一种方法。按压法对于元件接触不良、虚焊引起的各种故障比较有效。按压字库、CPU时，需要用大拇指和食指对应芯片两面适当用力按压，不可以过于粗暴
波形法	波形法就是通过检测电路信号波形的有无、波形形状是否正确来判断故障所在的方法。手机中应用示波器主要用在逻辑电路的检测 波形法检测时需要注意手机在正常工作时，电路在不同的工作状态下的信号波形也不同 无信号时——先测有无正常的接收基带信号，以此来判断是否是逻辑电路的问题，如果有正常的接收基带信号，说明逻辑电路存在异常 不发射——先测有无正常的发射基带信号，以此来判断是否是逻辑电路的问题，如果有正常的发射基带信号，说明逻辑电路存在异常
补焊法	由于手机电路的焊点面积小，能够承受的机械应力小，容易出现虚焊故障，并且虚焊点难以用肉眼发现。因此，可以根据故障现象以及原理分析判断故障可能在哪一单元，然后在该单元采用“大面积”补焊并清洗，以排除可疑的焊接点。补焊时，一般首先通过放大镜观察或用按压法判断出故障部位，再进行补焊排除故障

续表

维修技法	解释
调整法	调整法就是恰当调整元件数值、电路指标或者调整布局，从而排除故障的方法 调整法常用于以下方面的维修 ① 发射信号过强引起的发射关机 ② 发射信号过弱引起的发射复位 ③ 发射信号过弱引起的重拨 ④ 功放、功控电路无效或者增益不够
短路法	短路法就是将电路中怀疑的元件短路来判断异常的原因或者部位的一种方法。短路法一般用于应急修理、交流信号通路的检测，如天线开关、功放等元件损坏时，手边暂时没有，可直接把输入端和输出端短路，如果短路后手机恢复正常，则说明该元件损坏 短路法的应用如下 ① 加大电流时，功放是直接采用电源供电的，可取下供电支路电感或电阻，不再出现大电流，说明功放已击穿损坏 ② 不装USIM卡手机有信号，装卡后无信号，怀疑功放有问题，同样可断开功放供电或功放的输入通路，若有信号，证明功放已损坏
对比法	对比法也就是比较法。对比法是对维修机的元件、位置、电压值、电流值、波形与同型号的正常机的相应项目进行对比，从而查找故障原因，直到解决问题的方法 另外，对比还可以是实物与资料的对比
黑匣子法	黑匣子法就是针对一些手机电路、集成电路不需要具体了解其内部各元件以及电路工作原理，而是把它们看作一个整体，只把握电路的输入、输出、电源、控制信号是否正确，从而判断故障的一种方法
假负载法	在某元件的输入端接上假负载，手机可以正常工作，则说明假负载后面的电路正常，再把假负载移到该元件的输出端，如不能正常工作，说明该元件异常。假负载也可以接在一定功能电路的输入级与输出级，从而判断该功能电路是否正常。应用假负载法时，需要根据实际情况来选择长导线或锡丝或镊子或示波器探头或一定功率电阻等负载
开路法	开路法也就是断路法。开路法就是把怀疑的电路或元件进行断开分离，如果断开后故障消失，则说明问题系断开的电路或者元件异常所致
跨接法	跨接法就是利用电容或者漆包线跨接有关元件或者某一单元电路，其中，漆包线一般用于0Ω电阻与一些单元电路的跨接，电容（例如100pF）一般用于射频滤波器的跨接
频率法	频率法就是通过检测电路的信号有无、频率是否正确来判断故障所在。手机实时时钟信号32.768kHz振荡器、主时钟13MHz等均可以采用频率法来检测
频谱法	频谱法就是通过频谱分析仪对射频电路的检测来判断故障所在。频谱分析仪主要是对射频幅度、频率、杂散信号的检测与跟踪 频谱分析仪也可以检测13MHz主频率是否正确

续表

维修技法	解释
区分法	区分法就是根据电路特点、功能、控制信号、供电电路等相关性来进行故障区域的区分，从而达到排除故障的目的。例如，可以根据供电电路的不同电压数值进行区域的区分，达到确定故障点的目的 另外，3G/4G手机检修常分为三线四系统区分维修。四系统为基带系统、射频系统、电源系统、应用系统。三线为信号线、控制线、电源线
软件维修方法	手机的控制软件易造成数据出错、部分程序或数据丢失的现象，对手机加载软件是一种常用的维修方法 软件问题如下 ① 供电电压不稳定造成软件资料丢失或错乱 ② 不开机、无网络或其他软件故障 ③ 吹焊存储器时温度不当造成软件资料丢失或错乱 ④ 软件程序本身问题造成软件资料丢失或错乱 ⑤ 存储器本身性能不良易造成软件资料丢失或错乱 软件写入通常可以用免拆机维修仪重写软件资料实现。软件维修时，需要注意存储器本身是否损坏，如果存储器硬件损坏，则软件维修也不起作用
听声法	听声法就是从待修手机的话音质量、音量情况、声音是否断续等现象初步判断故障。也可以根据外加的信号，判断声音是否正常
温度法	温度法就是通过检测或者感知元件表面温度，判断元件是否异常的一种方法，从而达到排除故障的目的。如果元件表面温升异常，则肯定存在问题 温度法检测的电路有电源部分、PA、电子开关等小电流漏电或元件击穿引起的大电流。温度法一般可以结合吹热风或自然风、喷专用的制冷剂、手摸、使用酒精棉球等手段来进行操作 另外，还可用松香烟熏电路板，使元件涂上一层白雾，加电后观察哪个元件雾层先消失，即为发热件
信号法	信号法就是通过给手机相应电路通入一定频率的信号，从而检测信号通路是否正确的一种方法 信号源可以采用信号发生器产生，也可以采用导线在电源线上绕几圈，利用感应信号。信号法常用于接收、发射等功能电路的检修
悬空法	悬空法就是把一部分功能电路悬空不应用，从而检查出故障原因。悬空法比较多的应用是检测手机的供电电路有无断路 悬空法检测手机的供电电路有无断路方法如下：维修电源的正极接到手机的地端，维修电源的负极与手机的正电端悬空不用。电源的正极加到电路中所有能通过直流的电路上，此时，用示波器（或万用表，地均与维修电源的地连接）测怀疑断路的部位，如没有电压说明断路；如果有电压说明没有断路
综合法	综合法就是综合使用多种方法、多种技巧、多种手段，甚至使用多种维修仪器，以达到修好手机的目的

PART 2

提高篇

03 学会看图识图

3.1 识图基础

3.1.1 手机维修图的类型

手机维修图的类型包括方框图、电原理图、元件位置图（印制电路板图）、飞线图、流程图等，一些手机维修图的特点如图3-1所示。其中，飞线图就是在手机维修时，为了将原理与实物更密切地联系在一起，制作的飞线形成的图。飞线图可以利用实物机板图制作，也可以利用元件分布图制作。

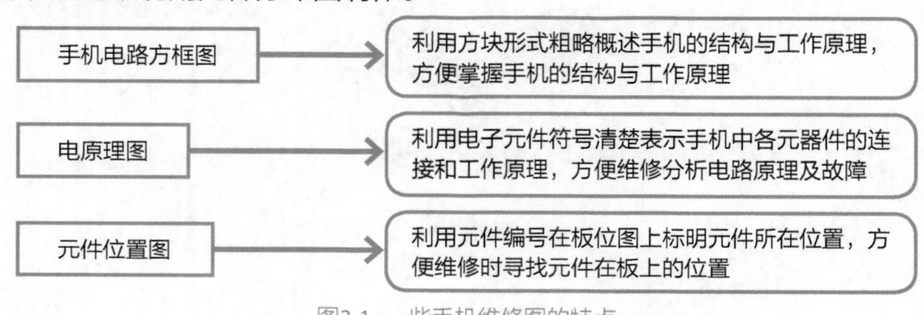

图3-1 一些手机维修图的特点

手机维修流程图就是手机工作或者判断的过程示意图，如图3-2所示。

3.1.2 识读手机原理图的基础

识读手机原理图的基础就是要了解元件、看懂文字、掌握规律，如图3-3所示。

看懂文字，主要是能够看懂英语、缩语、术语等。有的图上英语是组合使用的，例如antsw就是ant（天线）与sw（开关）的组合，其含义为天线开关。

有的英语术语只出现在某一特定电路中，则可以判断出该电路的类型。例如ant（天线）往往在手机射频电路中出现。再例如，元件编号一般采用一定字母开头：

侧键类——编号常以S为开头

电池类——编号常以B为开头

屏蔽罩——编号常以SH为开头

振动器——编号常以M为开头

3.1.3 点线识读法

手机维修原理图的识读可以说就是一个点线的识读，并且根据识读需要可以简化点线，也就是说根据维修需要针对性选择相应节点与缩短线或者把线看长一些。线就是节

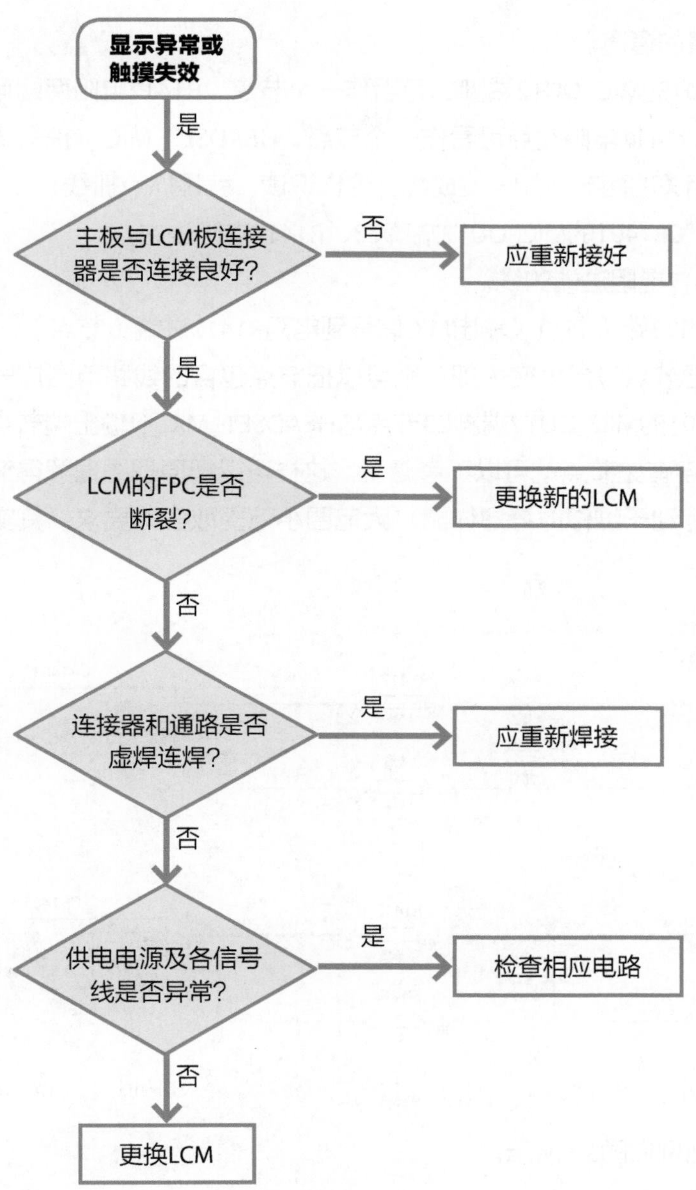

图3-2 手机维修流程图

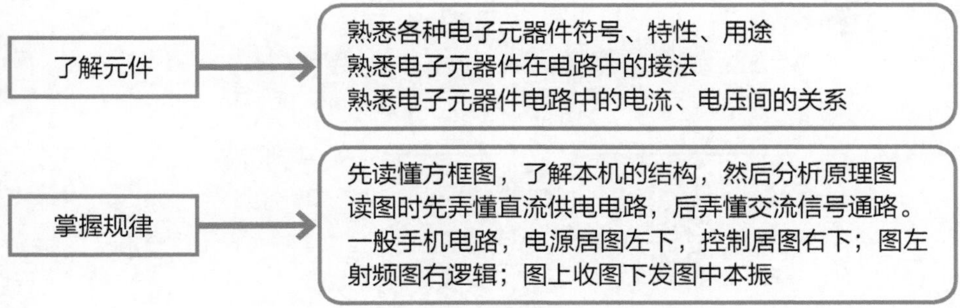

图3-3 识读手机原理图的基础

点间的信号或者物理量的通道。

例如图3-4，CR1401的MIC_OUT2端脚C3可看作一个节点，R1417电阻两端可以分别看作一个节点，C1522与R1417电阻交点可看作一个节点，HEADSET_MIC_N信号输出点可看作一个节点。然后，相关的两节点间连接成线。这样识读，就是抓点抓线：

抓点——两节点：CR1401的MIC_OUT2端脚C3、R1417电阻进端。

抓线——C3与R1417电阻进端的线。

识读——CR1401的C3端（节点）输出MIC信号到电阻R1417进端（节点）。

如果维修不需要把节点考虑太密太细，则可以把节点包含的线路范围广一些。例如图3-4中可以考虑CR1401的MIC_OUT2端脚C3节点与HEADSET_MIC_N输出端节点，中间的R1417电阻、C1522电容有关节点就可以不考虑了。这样可以把原理图理解得细，也能够理解得灵活，同时，有利于维修时考虑详略、大范围小范围取舍的要求。其实这也就是点线识读的等效。

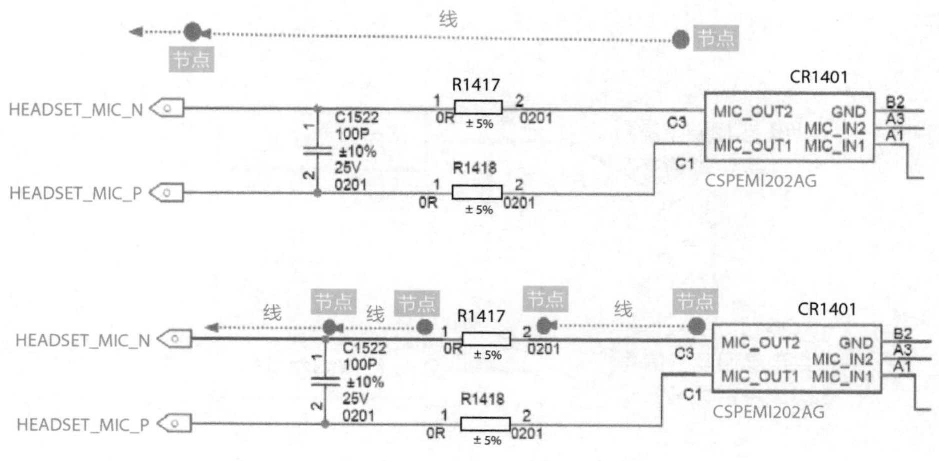

图3-4 点线识读

点线识读的等效图例如图3-5所示。

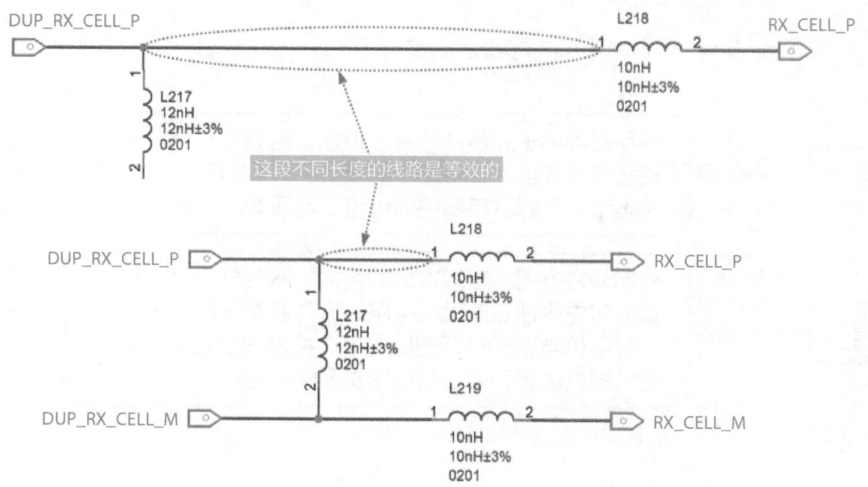

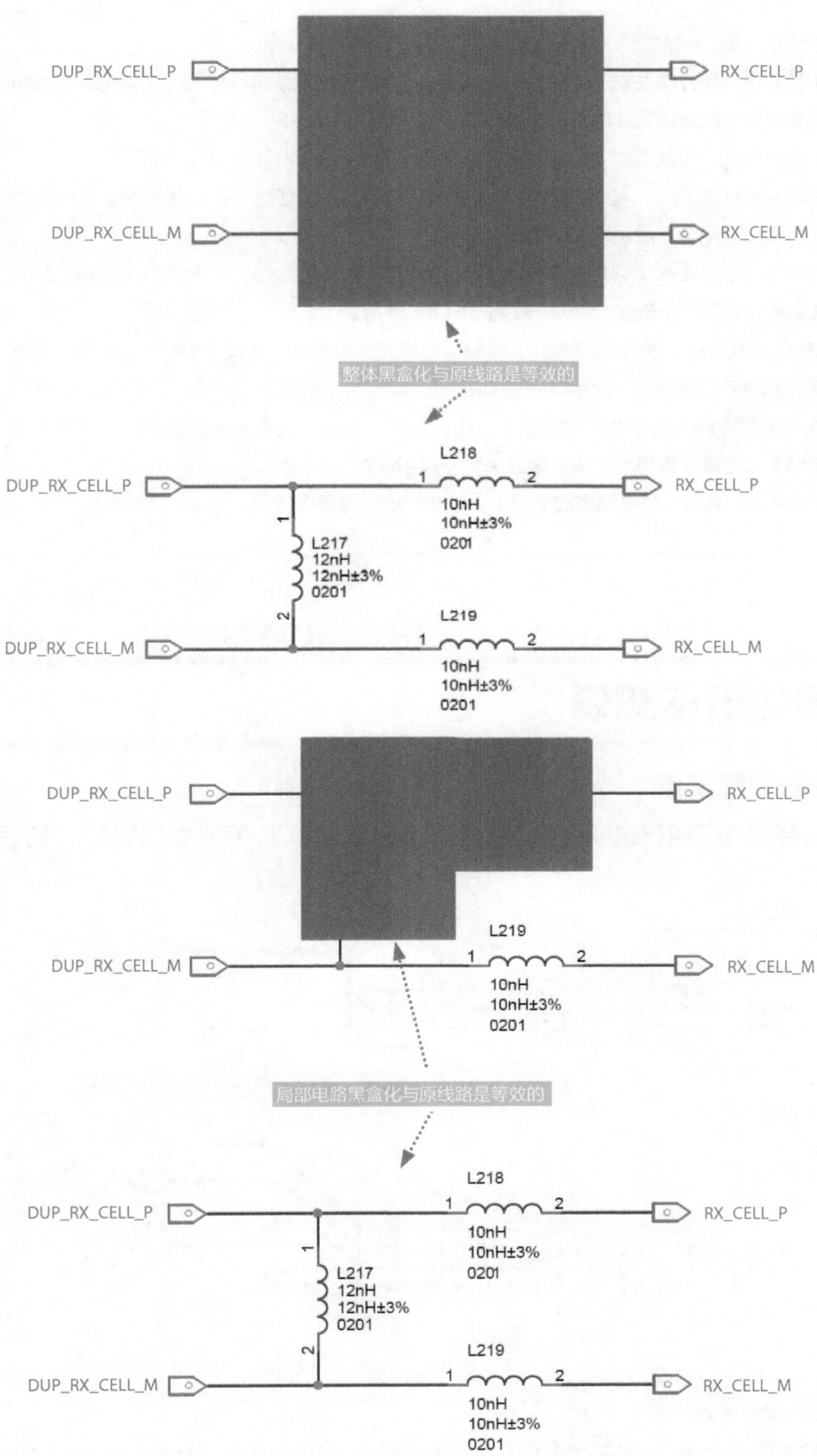

图3-5 点线识读的等效图例

知识拓展

手机充电电路点线识读要点如下：

① 首先确定手机充电电路几个关键节点——电源集成块、充电接口（尾插）、CPU（或电源集成电路）、充电集成块（或电源集成电路）、电池等。

② 根据手机充电电路几个关键节点，找到充电电路所在的图纸。

③ 两节点：充电接口（尾插）、电源集成电路（充电集成电路）。线路：外电输入线。方向：由充电接口（尾插）到电源集成块（充电集成电路）。

④ 两节点：外电输入线、CPU（或电源集成电路）。线路：充电检测线。方向：由外电输入线到CPU（或电源集成电路）。充电检测线一般用CHECK等表示。

⑤ 两节点：CPU（或电源）、充电集成电路。线路：充电开关控制线。方向：CPU（或电源）到充电集成电路。充电开关控制线一般用CHARG-ON等表示。

⑥ 两节点：充电集成电路（或电源集成电路）、电池端脚。线路：充电输出线。方向：充电集成电路（或电源集成电路）到电池端脚。电池端脚一般用VBATT等表示。

⑦ 两节点：电池端脚、CPU（或电源集成电路）。线路：电池电量取样线。

3.2 具体的识读知识

3.2.1 总线的表示与识读

总线的画法经常是采用一条粗线，并且这条粗线等效若干独立的支线，如图3-6所示。

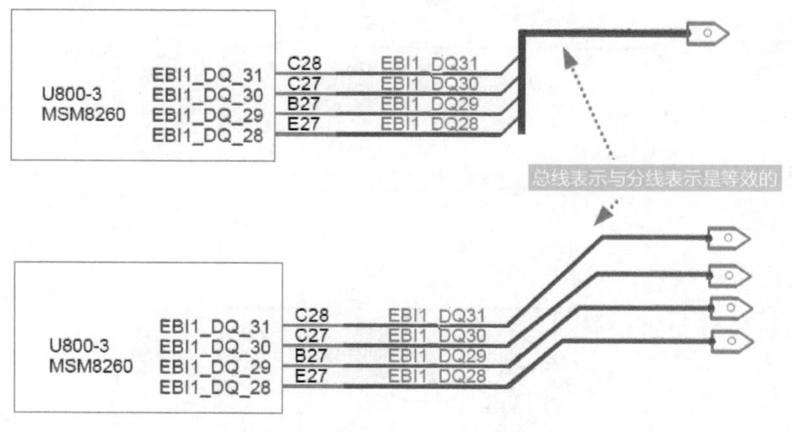

图3-6 总线的等效识读

3.2.2 箭头的表示与识读

手机维修原理图中的箭头表示方向，具体表现为信号的方向、安装的方向、连接的方向等，如图3-7所示。手机维修原理图箭头的表示类型多，不同厂家的原理图不完全一样，但是表示含义基本一样。

表示MIC输出信号的方向
HEADSET_MIC_N
HEADSET_MIC_P
C1522
100p
±10%
25V
0201
R1417
0R
± 5%
0201
R1418
0R
± 5%
0201
CR1401
C3
C1
MIC_OUT2
MIC_OUT1
GND
MIC_IN2
MIC_IN1
CSPEMI202AG

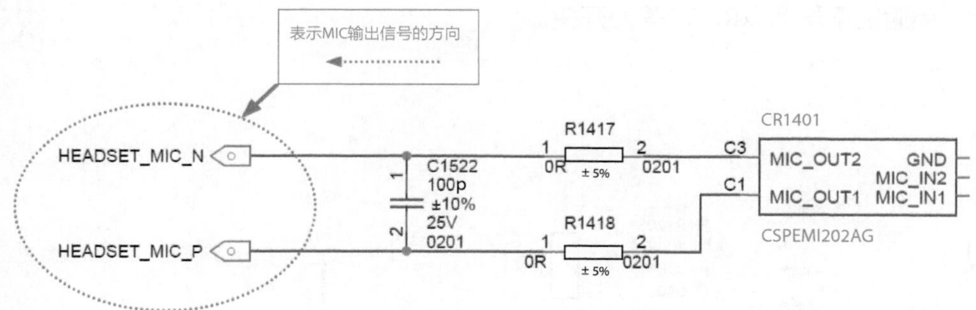

图3-7 手机维修原理图中的箭头

3.2.3 电容的表示与识读

不同厂家手机维修原理图电容的表示与符号有差异，常见的电容表示与识读图解如图3-8所示。电容的编号常以C等字母为开头。

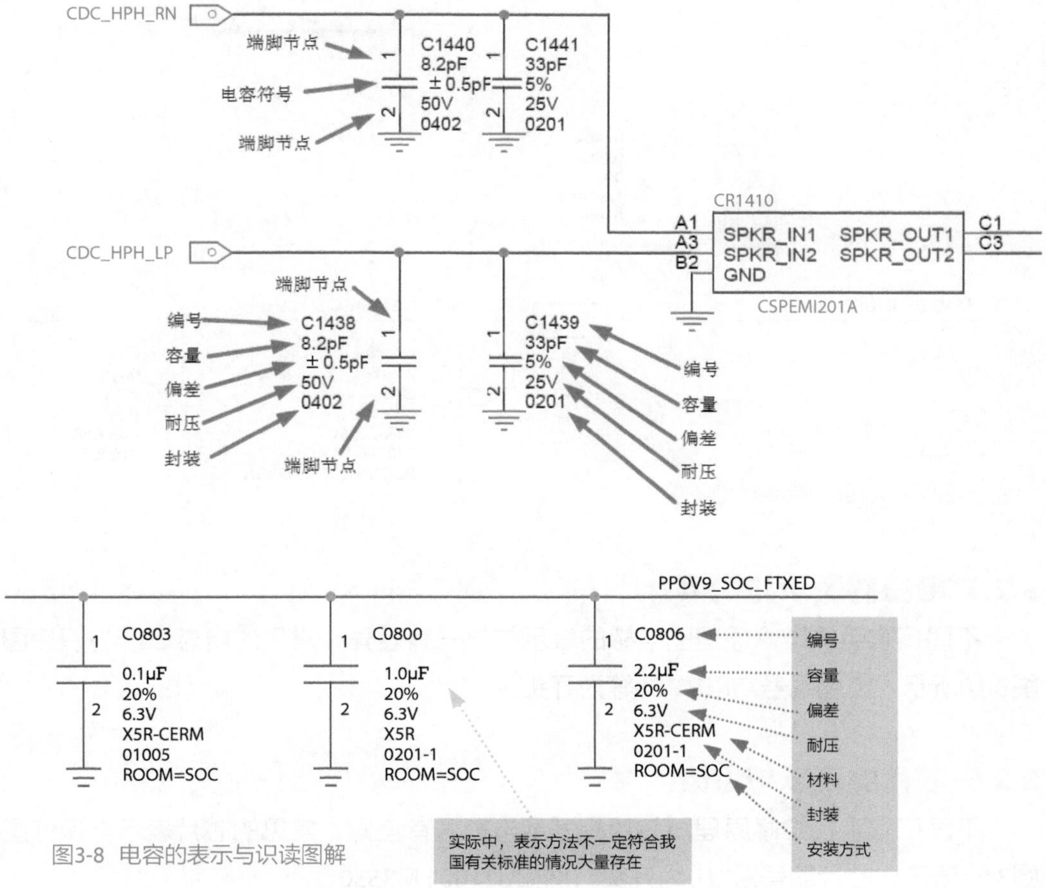

CDC_HPH_RN
端脚节点
电容符号
端脚节点
C1440
8.2pF
±0.5pF
50V
0402
C1441
33pF
5%
25V
0201
CR1410
A1
A3
B2
SPKR_IN1
SPKR_IN2
GND
SPKR_OUT1
SPKR_OUT2
C1
C3
CSPEMI201A
CDC_HPH_LP
端脚节点
编号
容量
偏差
耐压
封装
C1438
8.2pF
±0.5pF
50V
0402
端脚节点
C1439
33pF
5%
25V
0201
编号
容量
偏差
耐压
封装
PPOV9_SOC_FTXED
C0803
0.1μF
20%
6.3V
X5R-CERM
01005
ROOM=SOC
C0800
1.0μF
20%
6.3V
X5R
0201-1
ROOM=SOC
C0806
2.2μF
20%
6.3V
X5R-CERM
0201-1
ROOM=SOC
编号
容量
偏差
耐压
材料
封装
安装方式
实际中，表示方法不一定符合我国有关标准的情况大量存在

图3-8 电容的表示与识读图解

3.2.4 电阻的表示与识读

不同厂家手机维修原理图电阻的表示与符号有差异，常见的电阻表示与识读图解如图3-9所示。电阻的编号常以R、VR等为开头。

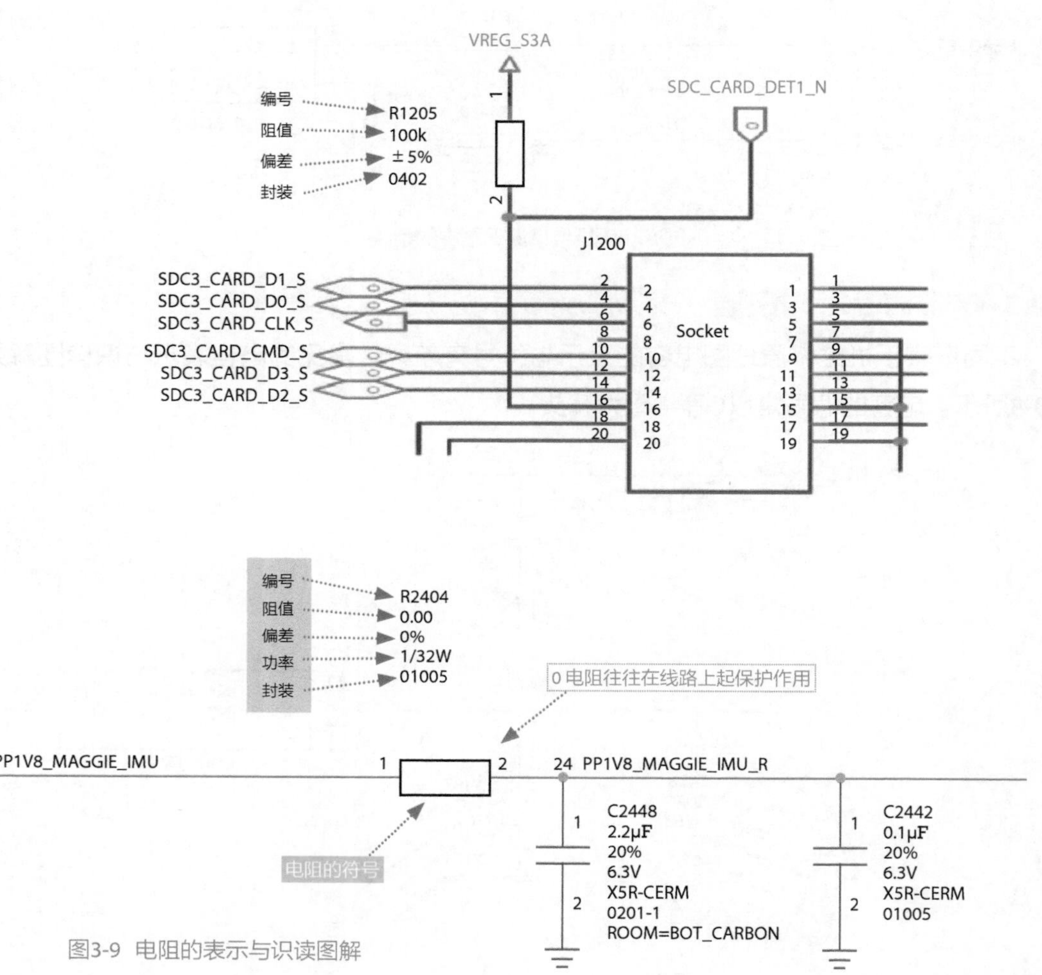

图3-9 电阻的表示与识读图解

3.2.5 电感的表示与识读

不同厂家手机维修原理图电感的表示与符号有差异，常见的电感表示与识读图解如图3-10所示。电感编号常以L、FL等为开头。

3.2.6 芯片的表示与识读

不同厂家手机维修原理图芯片的表示与符号有差异，常见的芯片表示与识读图解如图3-11所示。芯片编号常以U为开头，例如U1100 LM3530。

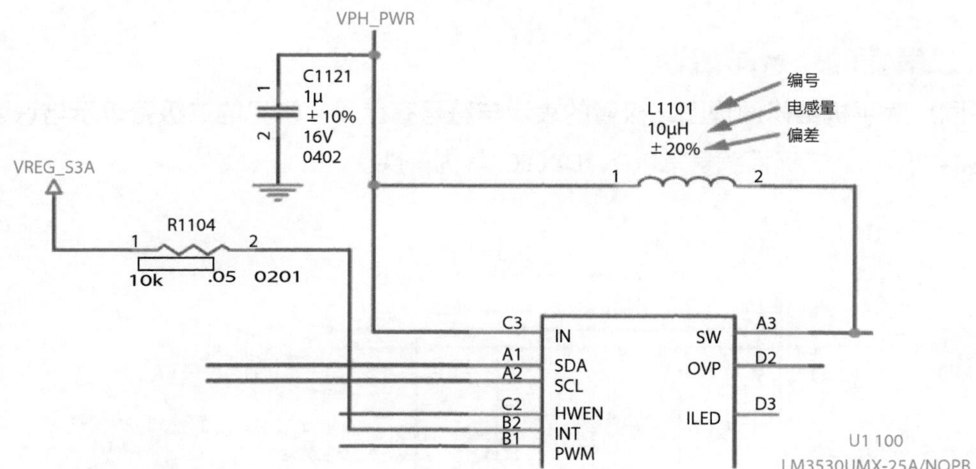

图3-10 电感的表示与识读图解

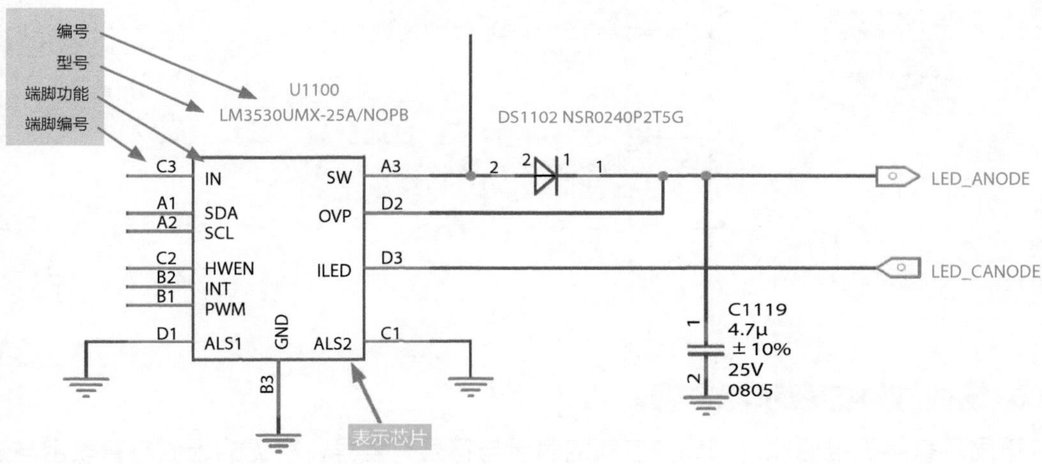

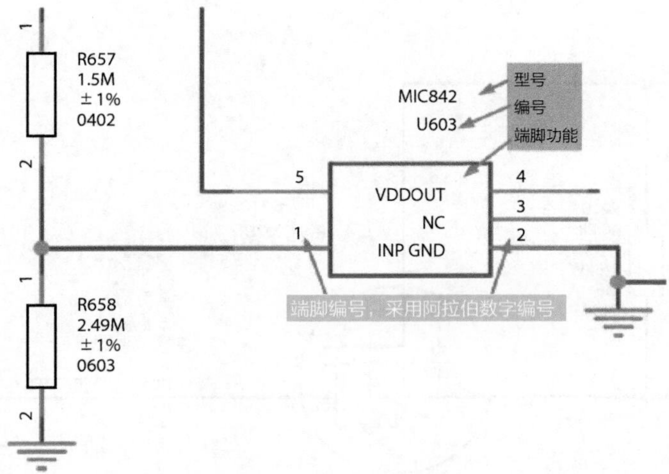

图3-11 芯片的表示与识读图解

3.2.7 二极管的表示与识读

不同厂家手机维修原理图二极管的表示与符号有差异，常见的二极管表示与识读图解如图3-12所示。二极管编号常以D、DZ、CR等为开头。

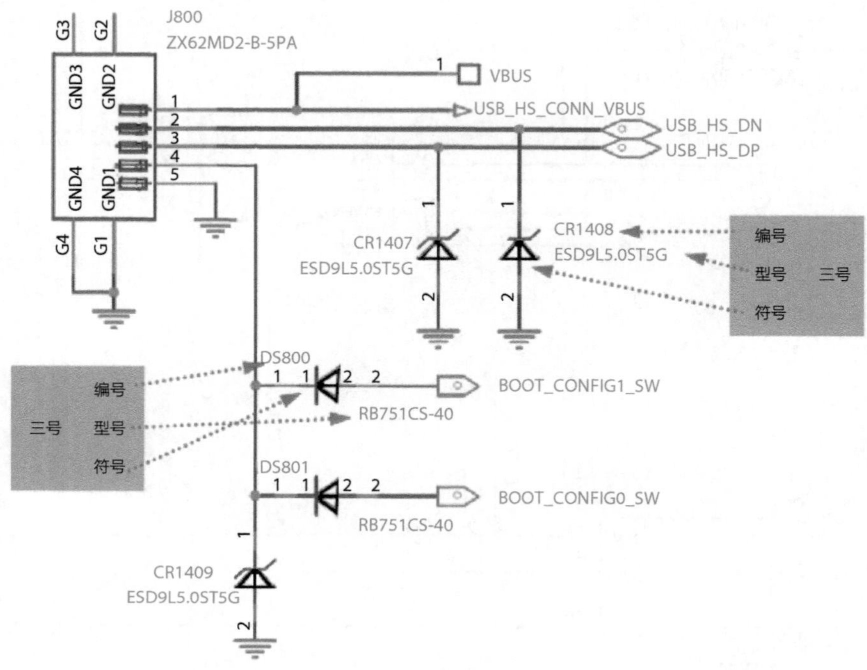

图3-12 二极管的表示与识读图解

3.2.8 场效应管的表示与识读

不同厂家手机维修原理图场效应管的表示与符号有差异，常见的场效应管表示与识读图解如图3-13所示。场效应管编号常以Q等为开头。

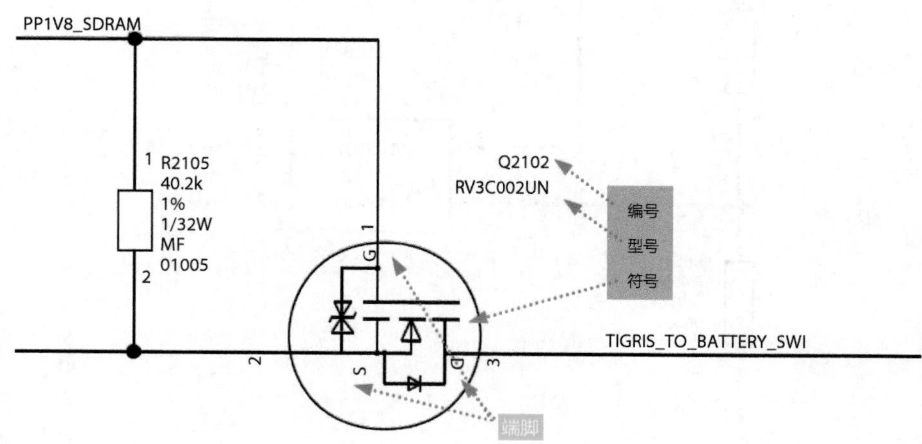

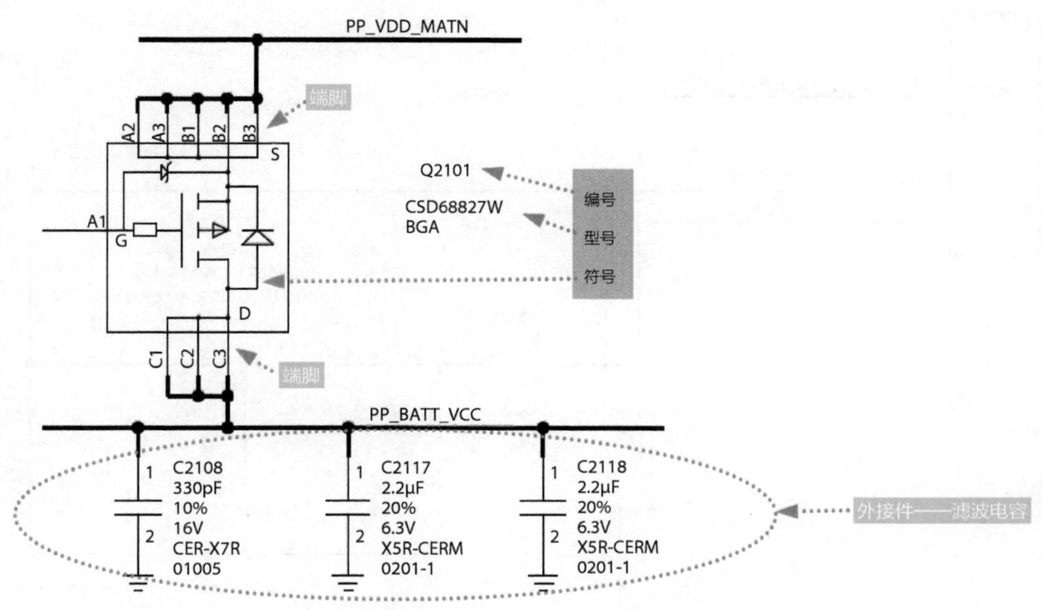

图3-13 场效应管的表示与识读图解

3.2.9 晶振的表示与识读

不同厂家手机维修原理图晶振的表示与符号有差异，常见的晶振表示与识读图解如图3-14所示。

晶振编号常以X、Y等为开头，例如X901 26M晶体、Y0700 24M晶体等。

晶振电路一些读图要点如下：

①首先确定手机晶振电路的几个关键节点——晶振、CPU等。

②晶振电路所在哪个电路部位，就在哪个部位找。例如CPU、射频等。

③两节点：电源、晶振。线路：供电线。方向：电源到晶振。供电线一般用SYNCLK-VCC、XVCC等表示。

④两节点：晶体、中频，或者晶体、CPU等。线路：晶振回路线。

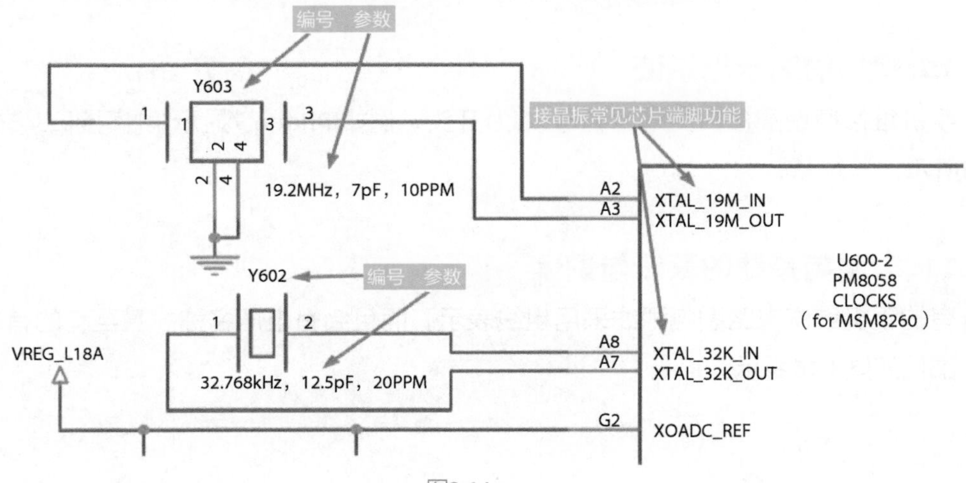

图3-14

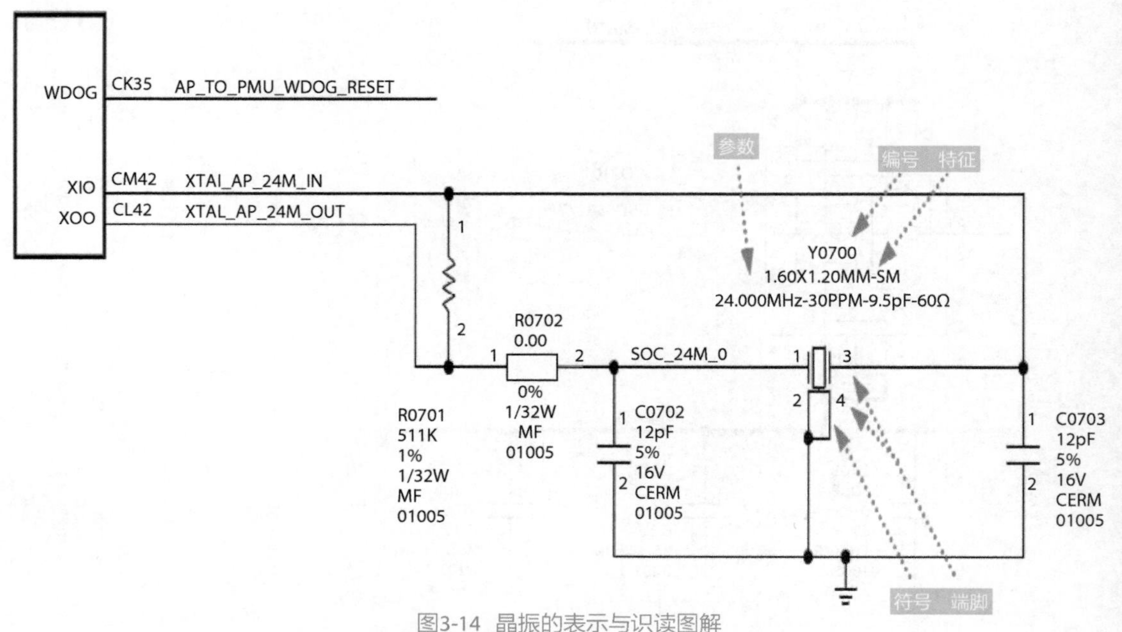

图3-14 晶振的表示与识读图解

知识拓展

手机常见的晶体（晶振）有19.2MHz晶体、0.032768MHz晶体、26MHz晶体、32MHz晶体等，其异常引起的一些故障如下：

19.2MHz晶体损坏引起的常见故障有射频指标差、不开机等。

0.032768MHz晶体损坏引起的常见故障有不能开机等。

26MHz晶体损坏引起的常见故障有Wi-Fi传输故障等。

32MHz晶体损坏引起的常见故障有蓝牙故障等。

晶振电路其实涉及手机的时钟。手机时钟分为快时钟、慢时钟，它们具体表现如下：

快时钟例如GSM-13MHz、PHS-19.2MHz、CDMA-19.2/19.68/19.8MHz、WCDMA-19.2MHz等。

慢时钟例如32.768kHz。慢时钟具有低功耗、实时时钟等特点。

3.2.10 接口的表示与识读

手机维修原理图接口类常用编号以J为开头，例如iPhone 7显示/触摸接口J4502如图3-15所示。

3.2.11 电源与接地的表示与识读

有的手机维修电路图电源线采用粗线表示，而且会有电压名称，甚至有的有电压数值，图例如图3-16所示。

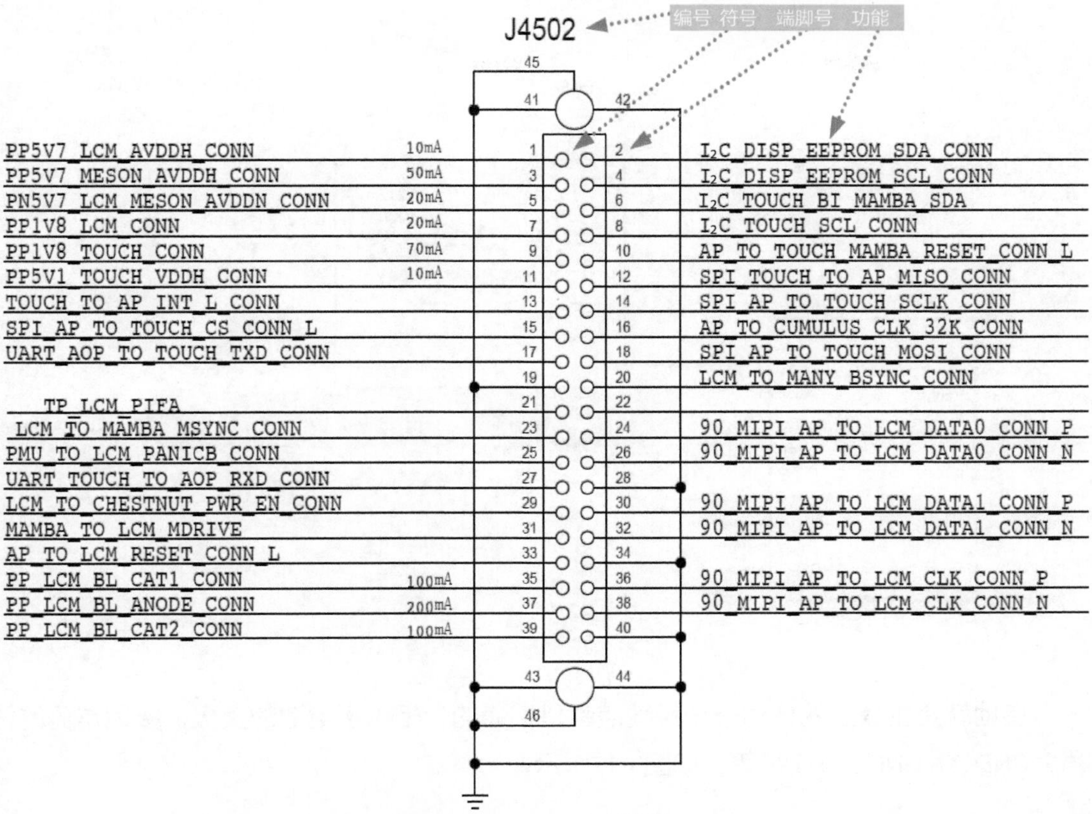

编号 符号 端脚号 功能

J4502

PP5V7_LCM_AVDDH_CONN 10mA 1 2 I2C_DISP_EEPROM_SDA_CONN
PP5V7_MESON_AVDDH_CONN 50mA 3 4 I2C_DISP_EEPROM_SCL_CONN
PN5V7_LCM_MESON_AVDDN_CONN 20mA 5 6 I2C_TOUCH_BI_MAMBA_SDA
PP1V8_LCM_CONN 20mA 7 8 I2C_TOUCH_SCL_CONN
PP1V8_TOUCH_CONN 70mA 9 10 AP_TO_TOUCH_MAMBA_RESET_CONN_L
PP5V1_TOUCH_VDDH_CONN 10mA 11 12 SPI_TOUCH_TO_AP_MISO_CONN
TOUCH_TO_AP_INT_L_CONN 13 14 SPI_AP_TO_TOUCH_SCLK_CONN
SPI_AP_TO_TOUCH_CS_CONN_L 15 16 AP_TO_CUMULUS_CLK_32K_CONN
UART_AOP_TO_TOUCH_TXD_CONN 17 18 SPI_AP_TO_TOUCH_MOSI_CONN
19 20 LCM_TO_MANY_BSYNC_CONN
TP_LCM_PIFA 21 22
LCM_TO_MAMBA_MSYNC_CONN 23 24 90_MIPI_AP_TO_LCM_DATA0_CONN_P
PMU_TO_LCM_PANICB_CONN 25 26 90_MIPI_AP_TO_LCM_DATA0_CONN_N
UART_TOUCH_TO_AOP_RXD_CONN 27 28
LCM_TO_CHESTNUT_PWR_EN_CONN 29 30 90_MIPI_AP_TO_LCM_DATA1_CONN_P
MAMBA_TO_LCM_MDRIVE 31 32 90_MIPI_AP_TO_LCM_DATA1_CONN_N
AP_TO_LCM_RESET_CONN_L 33 34
PP_LCM_BL_CAT1_CONN 100mA 35 36 90_MIPI_AP_TO_LCM_CLK_CONN_P
PP_LCM_BL_ANODE_CONN 200mA 37 38 90_MIPI_AP_TO_LCM_CLK_CONN_N
PP_LCM_BL_CAT2_CONN 100mA 39 40

41 42 43 44 45 46

图3-15 iPhone 7显示/触摸接口

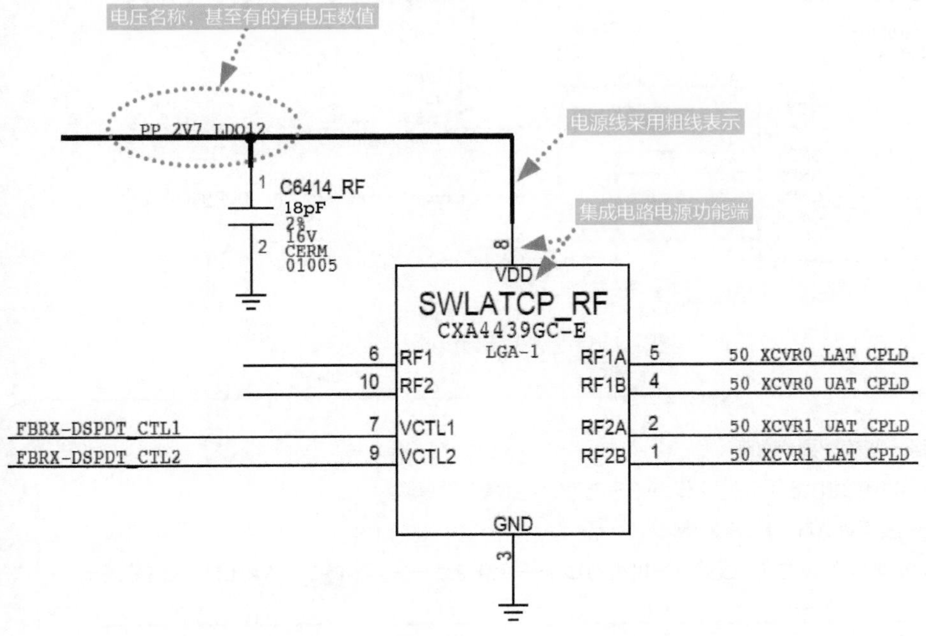

图3-16

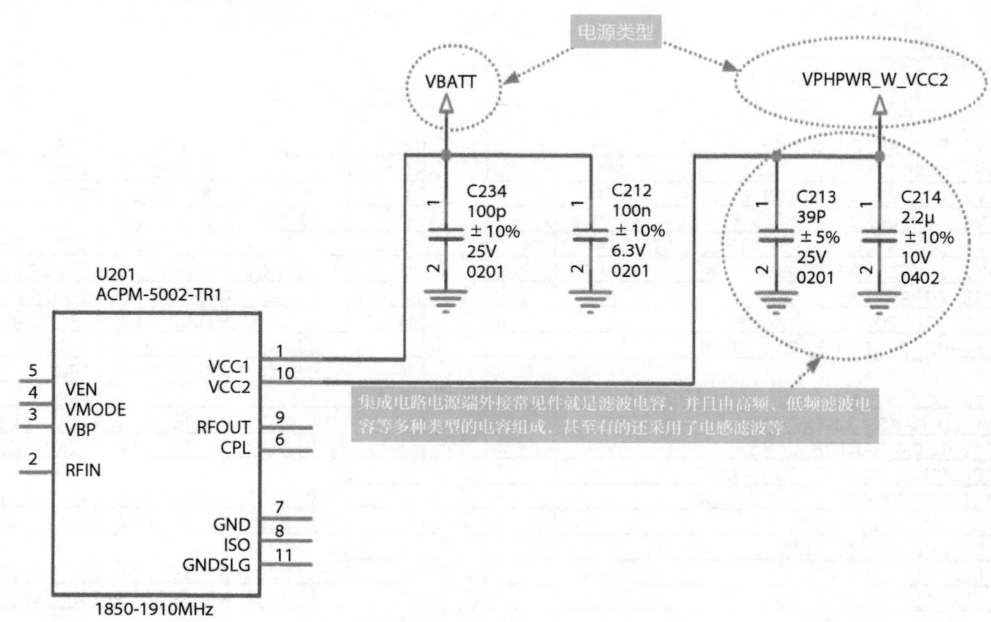

图3-16 电源的表示与识读

接地就是主板上的任何一个接地点都是相通的，相当于电池的负极。接地常见的符号为GND、A GND、D GND等，如图3-17所示。

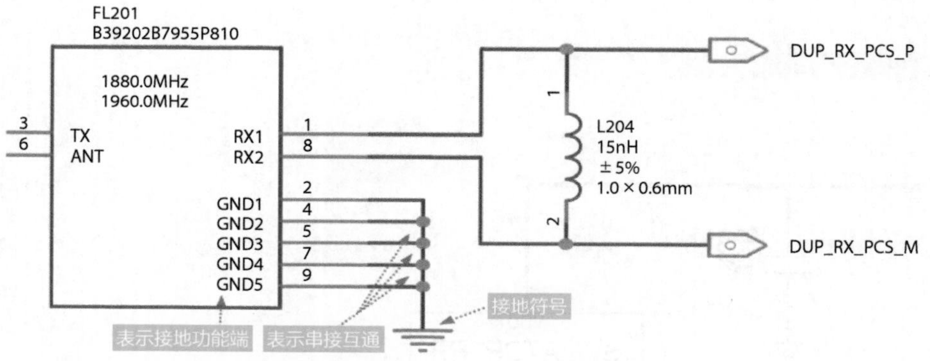

图3-17 接地的表示与识读

知识拓展

手机电源电路一些读图要点如下：

① 首先确定手机电源电路几个关键节点——电池、电源集成块等。

② 电池电压一般用VBATT、B+等表示。

③ 两节点：CPU与电源集成块。线路：开机维持线。开机维持线一般用WD-CP、WATCCH DOG等表示。

④ 电源集成块开机触发线一般用ON/OFF等表示。

⑤ 电池电压一般直接供到电源集成块、充电集成块、背光灯、功放、振铃、振动等电路。

⑥ 根据电压类型标注，得知具体电压路径。

⑦ 一些电压类型标注如下：

3VTX——发射电压供电。

AVCC——音频电压供电。

SIM-VCC——SIM卡电路电压供电。

SYN-VCC（XVCC）——时钟电压，给13M电路供电。

SYN-VCC——频合电压供电。

VDD——逻辑电压给CPU、字库、暂存等电路供电。

VREF——中频电压供电。

VRTC——实时时钟电压供电。

3.2.12 空点的表示与识读

空点主要包括元件空脚、空焊点、空连接点等。空点常用NC、X等表示。维修时，对于空点不必补充其应用，以免增加维修难度。空点如图3-18所示。

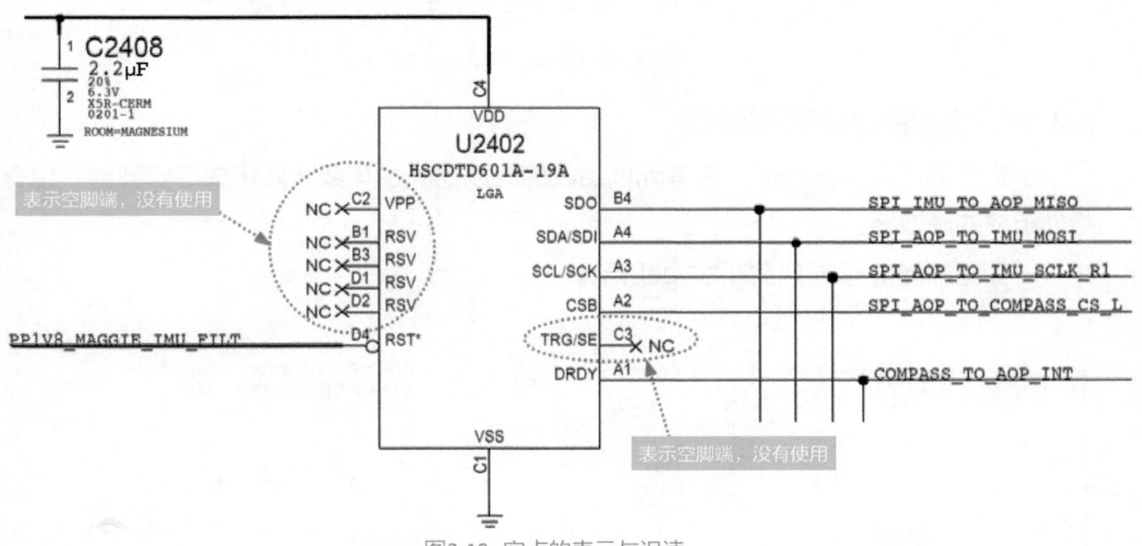

图3-18 空点的表示与识读

3.2.13 信号说明的表示与识读

信号说明主要抓住两节点，然后说明信号贯通两节点。图例如图3-19所示。PP_VDD_BOOST为一节点，LP5907SNX-2.75的4脚VIN为一节点，然后说明信号贯通两节点，即电压PP_VDD_BOOST进入LP5907SNX-2.75的4脚。LP5907SNX-2.75的1脚VOUT为一节点，PP2V75_MAMBA_CONN为一节点，然后说明信号贯通两节点，即电压PP2V75_

MAMBA_CONN从LP5907SNX-2.75的1脚输出到PP2V75_MAMBA_CONN。

对于集成电路或者一些单元，可以具体说出具体的处理。对于维修不是很重要的情况，集成电路或者一些单元可以笼统地均定义为“经过处理”。图例中4个节点连贯的分析原理如下：电压PP_VDD_BOOST进入LP5907SNX-2.75的4脚，然后经过LP5907SNX-2.75处理后，由其1脚输出电压PP2V75_MAMBA_CONN。

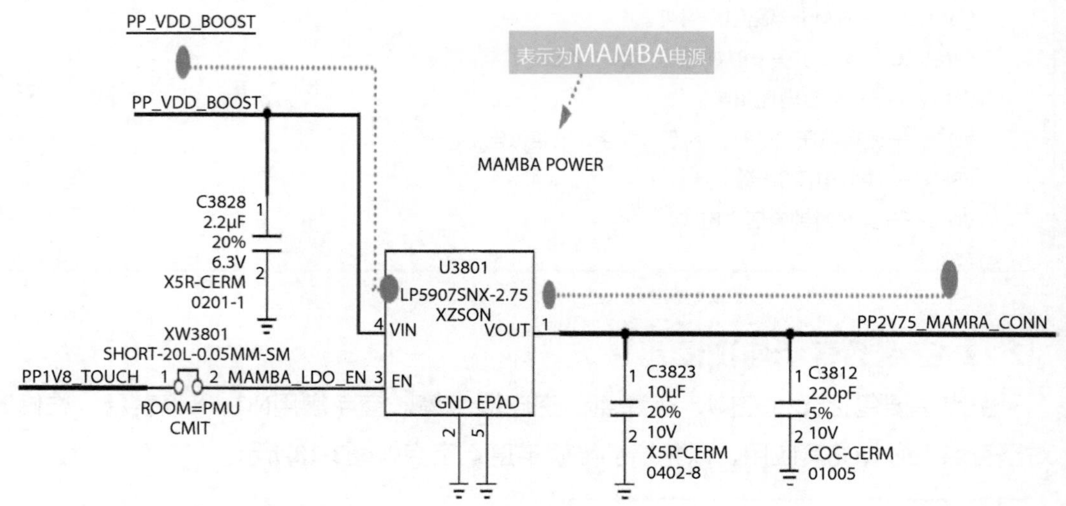

图3-19 信号说明的表示与识读

3.2.14 滤波器的表示与识读

手机中的滤波器比较多，有单元件组成的滤波器，也有多元件组成的滤波器，也有组件组成的滤波器。

一些滤波器符号与识读如图3-20所示。

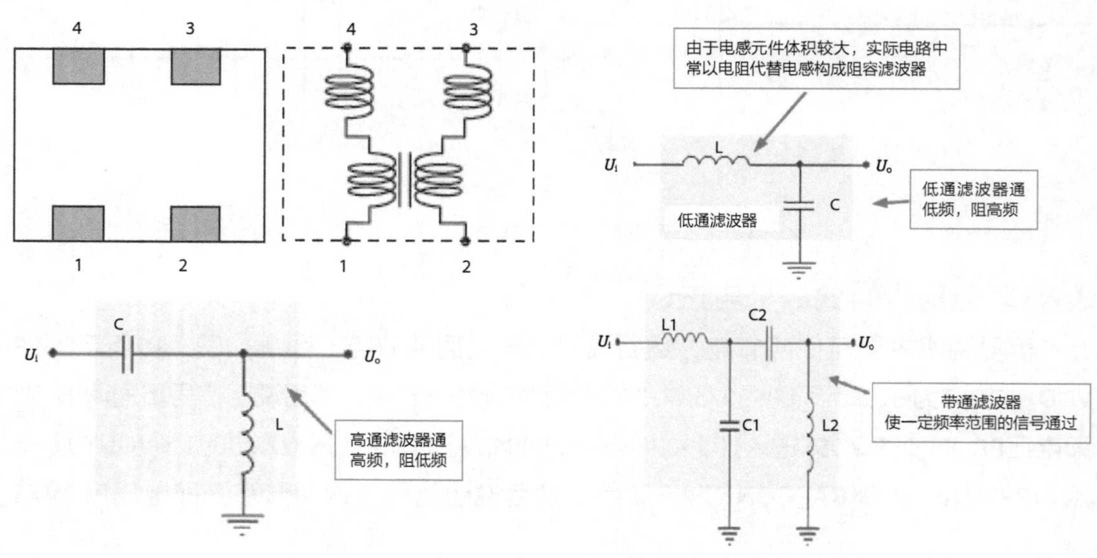

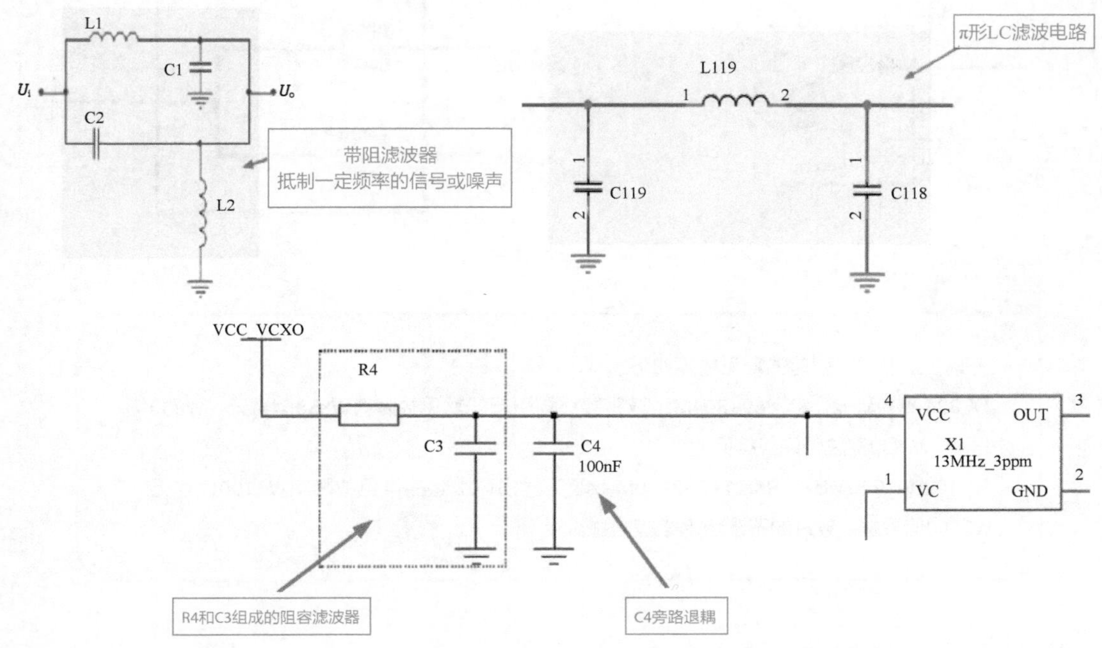

图3-20 一些滤波器符号与识读

知识拓展

一些滤波器损坏引起的常见故障如下：

869.5MHz陶瓷滤波器损坏引起的常见故障有不注册W850 网络等问题。

SAW -1575.42MHz滤波器损坏引起的常见故障有GPS信号弱、GPS无信号等问题。

SAW -1950MHz滤波器损坏引起的常见故障有不注册W2100 网络等问题。

SAW -836.5MHz滤波器损坏引起的常见故障有不注册W850 网络等问题。

SAW -897.5MHz滤波器损坏引起的常见故障有不注册GSM网络等问题。

SAW-2140MHz滤波器损坏引起的常见故障有不注册W2100 网络等问题。

SIM卡ESD_EMI滤波器损坏引起的常见故障有不识SIM卡等问题。

3.2.15 双工器的表示与识读

双工器就是可以同时使信号出、入，而互不干扰的一种电路或装置。手机在发射的同时，还需要接收信号，则就必须使用双工器。

手机双工器有独立的器件，也有被集成化的。

目前，许多智能手机的射频前端器件通过模块化技术将PA、滤波器、开关、双工器等器件封装于一体。

一些双工器符号如图3-21所示。

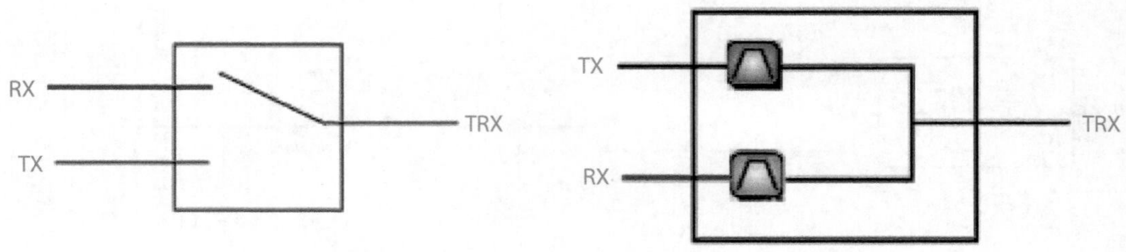

图3-21 一些双工器符号

知识拓展

一些双工器损坏引起的常见故障如下：

TX 824~849MHz、RX 869~894MHz双工器损坏引起的常见故障有W850信号无、W850信号弱、W850不注册网络等问题。

TX 1920~1980MHz、RX 2110~2170MHz双工器损坏引起的常见故障有W2100信号无、W2100信号弱、W2100不注册网络等问题。

3.2.16 匹配网络的表示与识读

匹配网络图解如图3-22所示。

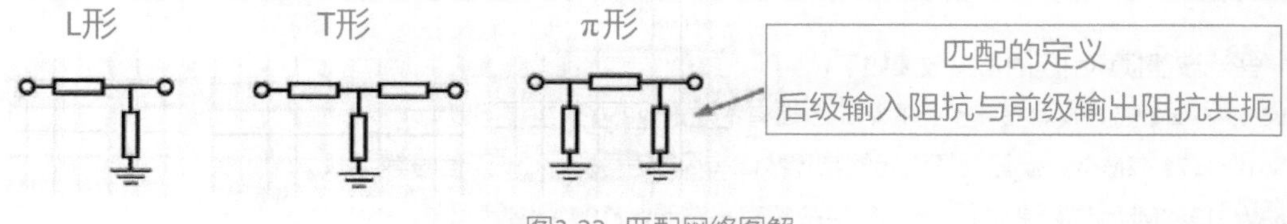

图3-22 匹配网络图解

3.2.17 衰减网络的表示与识读

衰减网络图解如图3-23所示。

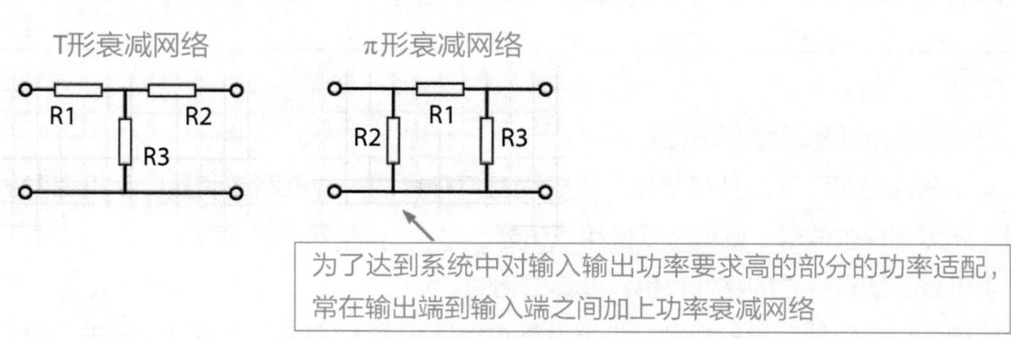

图3-23 衰减网络图解

04 搞懂智能手机原理与模块电路

4.1 手机原理基础

4.1.1 手机原理框图与基本流程

如果拿到一台手机之后不知该如何下手维修，没有任何维修思路，则说明对于手机整机原理与基本流程缺乏了解，对于具体电路的原理与维修需要加强学习。

无论手机是普通智能手机，还是高端智能手机，无论手机是GSM网络、3G网络、4G网络，还是5G网络，手机始终就是个通信接收器，也就是具有接听电话、打出电话、发短信、上网等功能的通信接收器。

手机本身外需要的协助，由相关部门或者单位完成。例如手机从空中收发的信号，由手机卡通信营运商负责，这也就是手机要交费的主要原因。

5G网络、4G网络、3G网络、GSM网络主要是手机收发信号在空中传输频率的差异。对于手机本身而言，均是接收、处理转换、输出信号。

手机GSM网络的组成如图4-1所示。

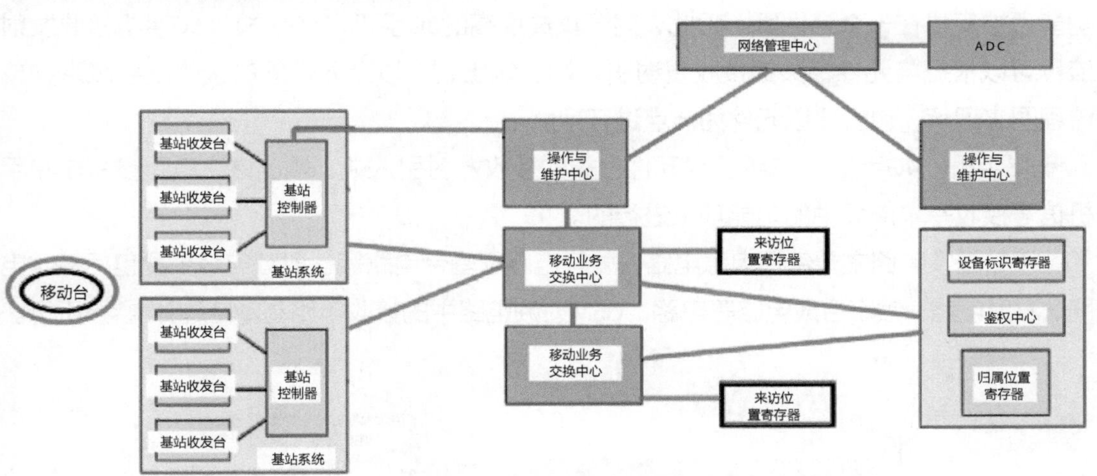

图4-1 手机GSM网络的组成

手机基本功能就是信号接收（实现接听、收看功能）、信号发射（实现打出、发出功能）。GSM手机信号接收基本流程如图4-2所示。GSM手机信号发射基本流程如图4-3所示。后面出现的5G手机、4G手机、3G手机接收发射基本流程与GSM手机接收发射基本流程基本一样，不同的是频率的处理不同，具体采用的元件不同。如果是多频段手机，可以每个频段设计一个完整的接收发射流程通道（线路）。但是，这样手机线路会增多，与手机需要移动轻便化相冲突。为此，实际上多频段手机，对于多频段前期处理是分通道（线路）的，对于后面的处理采用的是共用通道（线路）。

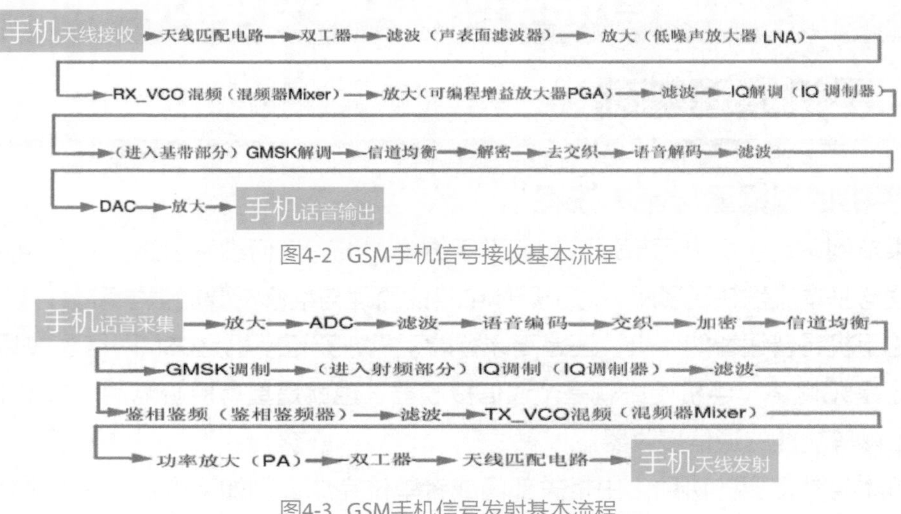

图4-2 GSM手机信号接收基本流程

图4-3 GSM手机信号发射基本流程

实际的手机由于采用的元件不同，元件的集成度不同，手机硬件方案不同。因此，实际手机接收发射流程通道（线路）元件并不是与接收发射基本流程功能项是一一对应的关系。随着后面5G手机、4G手机、3G手机元件集成度的增加，许多接收发射基本流程功能项被集成在一个元件里。因此，对于集成度高的3G手机、4G手机、5G手机接收发射流程可以根据与元件相关的接收发射引入端、输出端，以及元件间的接收发射联系构成流程图来理解，也就是以元件为节点进行理解。

5G手机、4G手机、3G手机找元件相关的接收发射引入端、输出端，就是参考GSM手机信号接收基本流程中的功能项来进行的。

手机基本电路主要包括电源电路、射频电路、基带电路等。射频电路主要包括接收电路、发射电路、频率合成电路等电路。GSM射频电路中的接收电路基本结构如图4-4所示。

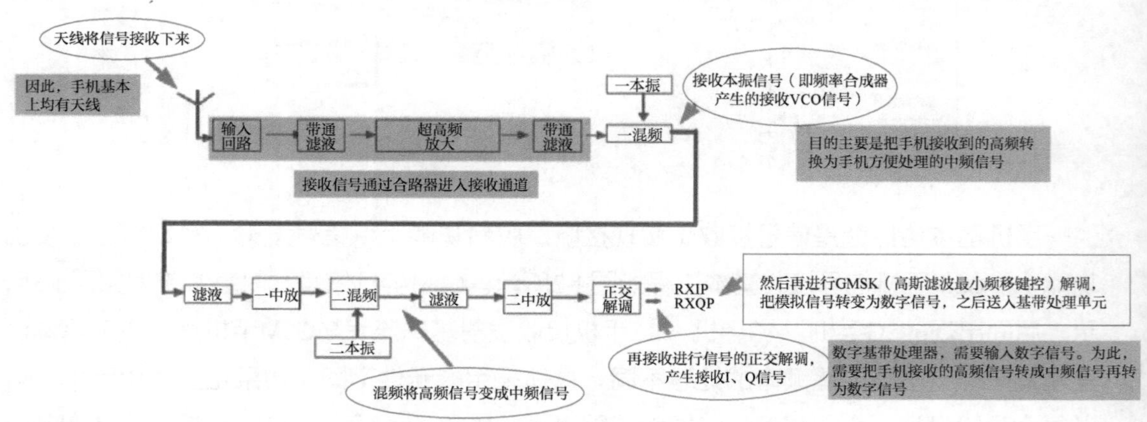

图4-4 GSM射频电路中的接收电路基本结构

接收电路以元件为节点进行理解，如图4-5所示。

天线
接收/发射双工
合成器
第一声表面高频
滤波器
线性低噪声放大器
第二声表面高频
滤波器
不平衡变压器
射频信号处理IC
基带
本振 VCO

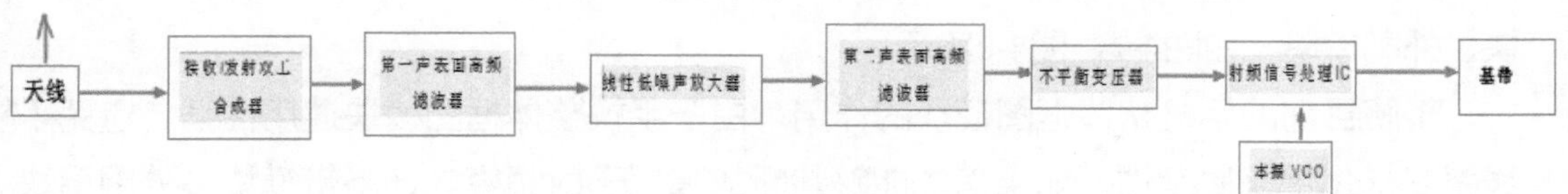

图4-5 根据元件为节点理解信号接收

对于其他电路，也可以根据元件为节点理解信号处理主线路径，以及主线路径附属线路的辅助作用。这样，可以避免复杂线路带来的不知从哪里下手维修的困惑。

4.1.2 手机开机过程

一手机平台的开机过程（基本流程）如图4-6所示。

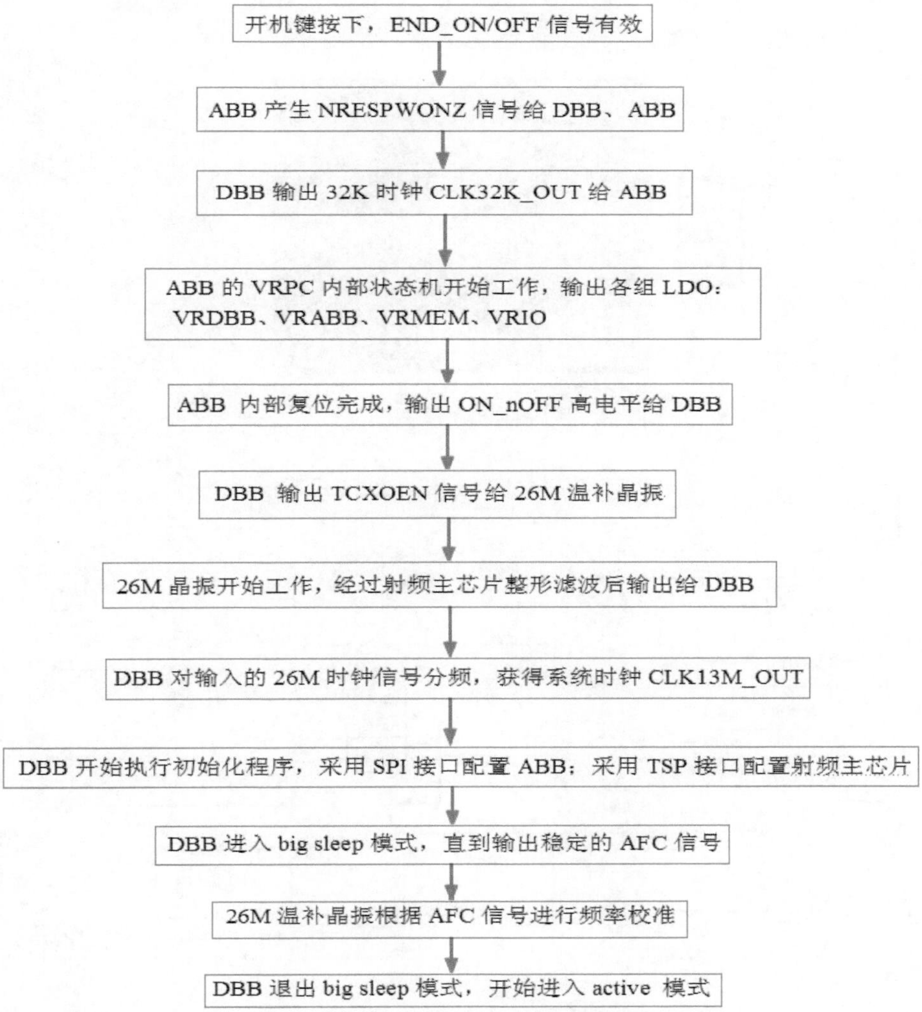

开机键按下，END_ON/OFF 信号有效
ABB 产生 NRESPWONZ 信号给 DBB、ABB
DBB 输出 32K 时钟 CLK32K_OUT 给 ABB
ABB 的 VRPC 内部状态机开始工作，输出各组 LDO：
VRDBB、VRABB、VRMEM、VRIO
ABB 内部复位完成，输出 ON_nOFF 高电平给 DBB
DBB 输出 TCXOEN 信号给 26M 温补晶振
26M 晶振开始工作，经过射频主芯片整形滤波后输出给 DBB
DBB 对输入的 26M 时钟信号分频，获得系统时钟 CLK13M_OUT
DBB 开始执行初始化程序，采用 SPI 接口配置 ABB；采用 TSP 接口配置射频主芯片
DBB 进入 big sleep 模式，直到输出稳定的 AFC 信号
26M 温补晶振根据 AFC 信号进行频率校准
DBB 退出 big sleep 模式，开始进入 active 模式

图4-6 一手机平台的开机过程（基本流程）

4.1.3 手机整机模块

目前的手机整体框图模块（电路）大概可以分为三大部分，即射频模块、基带模块、外围模块，如图4-7、图4-8所示。

了解目前的手机整体框图模块的作用：由于手机整体框图模块通用性强，避免手机线路多样化带来复杂性。如果首先能够判断故障属于射频模块、基带模块、外围模块中的哪块模块，则直接可以把故障范围缩得很小了。

实际手机结构往往以元件为核心节点组成逻辑图，例如iPhone 4电路结构如图4-9所示。

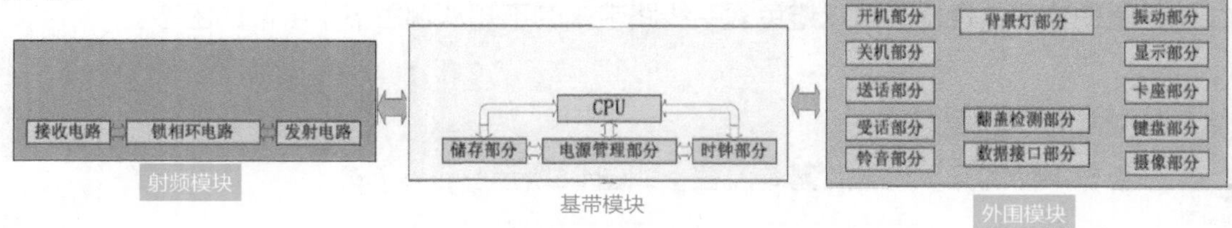

图4-7 手机整体框图模块一

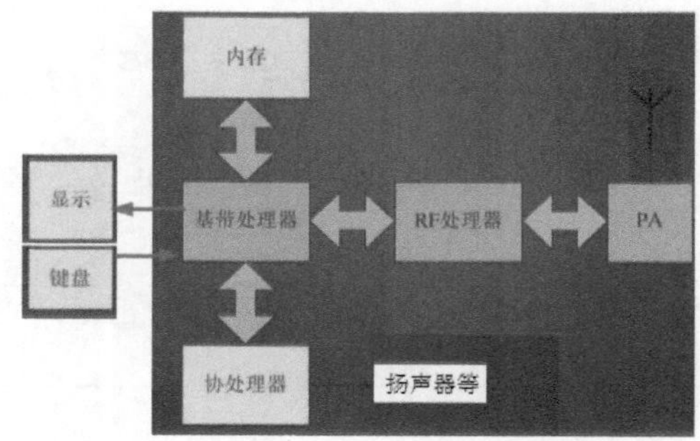

图4-8 手机整体框图模块二

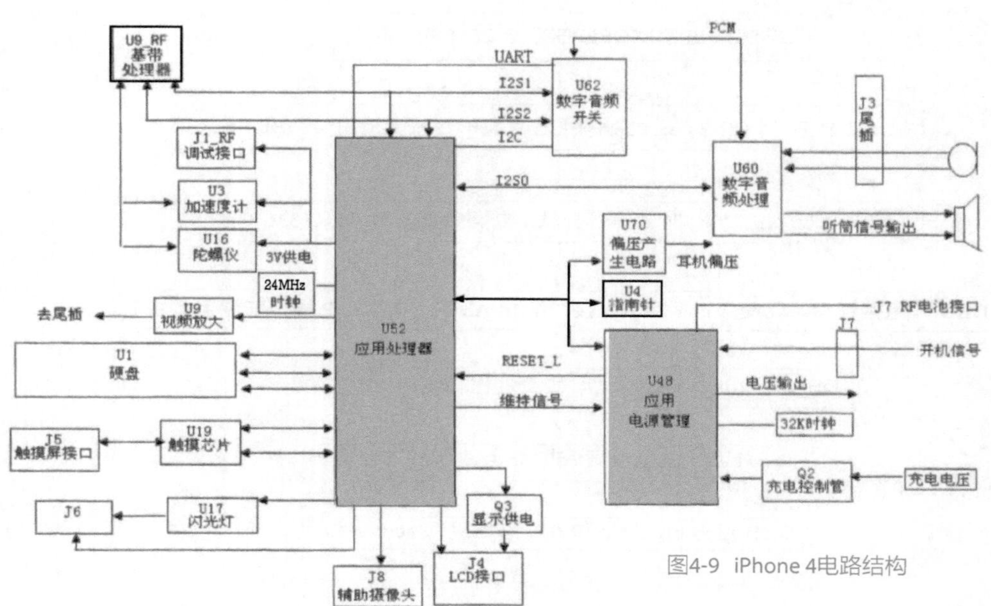

图4-9 iPhone 4电路结构

4.2 具体模块与电路

4.2.1 射频模块

射频模块框图又可以分为接收电路、发射电路、锁相环电路等。接收电路、发射电路的类型如图4-10所示。

图4-10 接收电路、发射电路的类型

一些接收电路的框图如图4-11所示。一些发射电路的框图如图4-12所示。

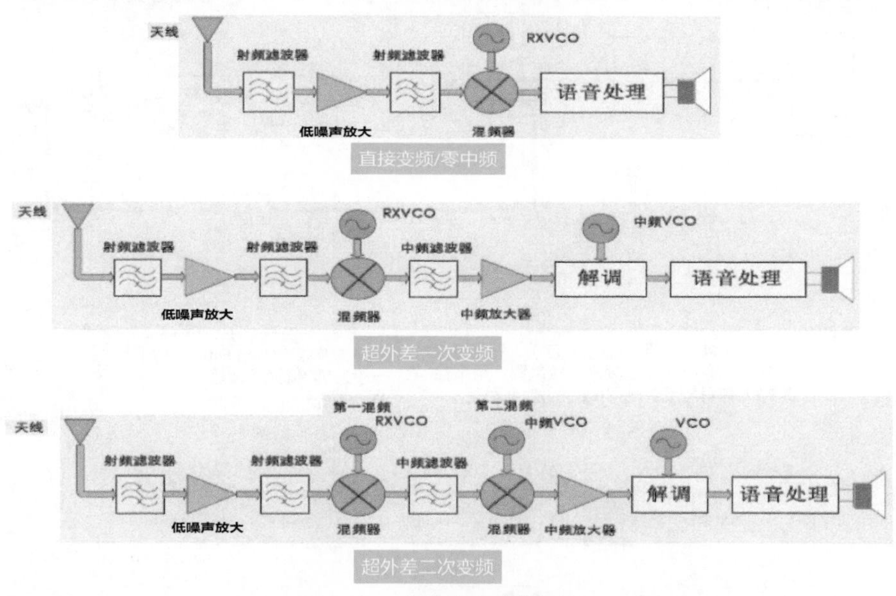

图4-11 一些接收电路的框图

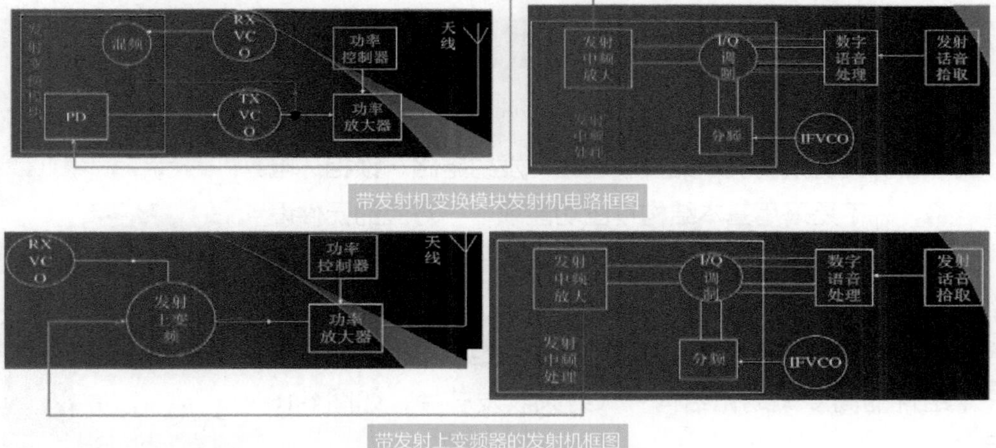

图4-12

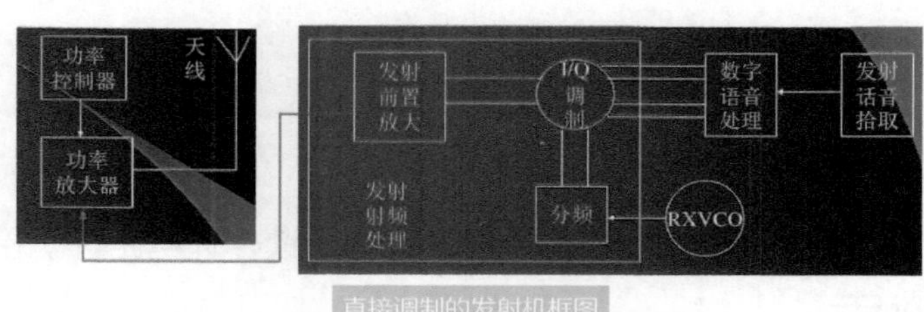

图4-12　一些发射电路的框图

频率合成器往往采用锁相环电路稳定频率。频率合成器为射频模块接收电路、发射电路提供变频所需要的本振信号。频率合成器结构框图如图4-13所示。锁相环电路结构如图4-14所示。锁相环电路与手机其他模块电路的联系如图4-15所示。

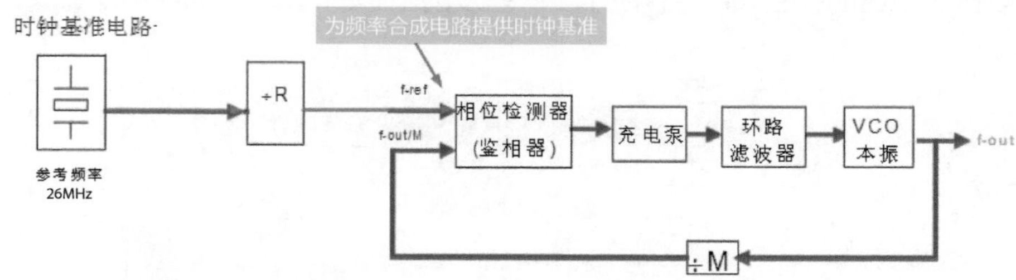

图4-13　频率合成器结构框图

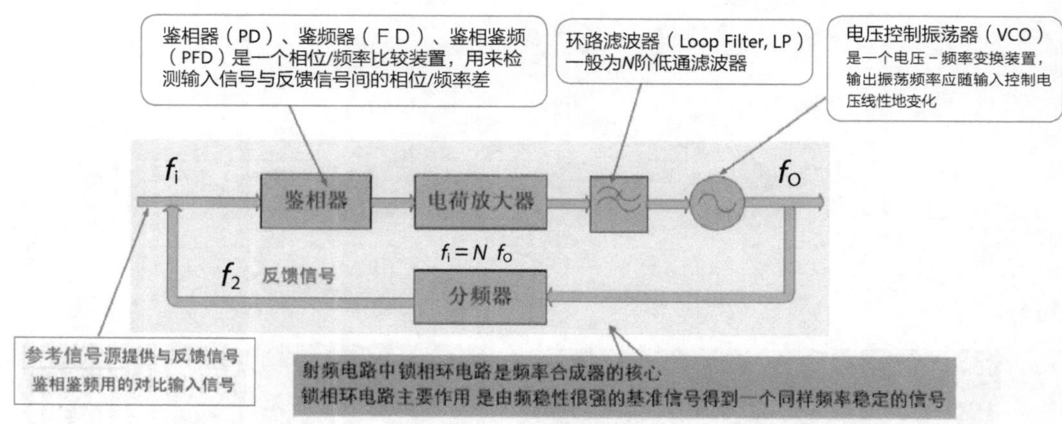

图4-14　锁相环电路结构

实际手机的射频模块中的接收电路、发射电路、锁相环电路等电路，并不是采用基本结构框图功能项一一对应的元件设置，而是采用元件（芯片）方案进行设置的。因此，一些集成电路、组件集成了许多基本功能项，使得手机成了以元件为节点的联系图。目前，射频模块发展成为接收电路与发射电路合为一个组件的高度集成化结构——射频收发芯片，如图4-16所示。

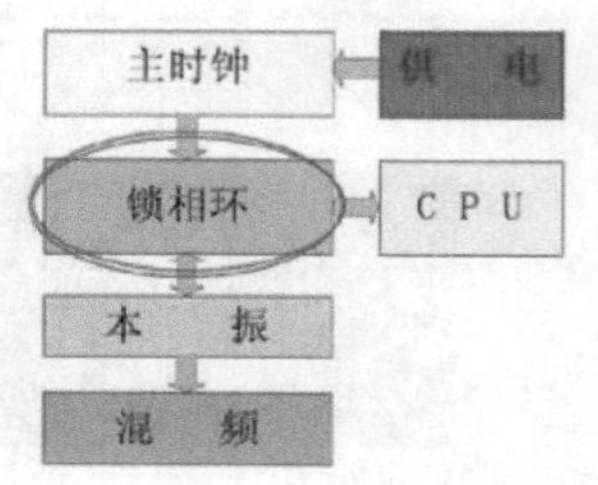

图4-15　锁相环电路与手机其他模块电路的联系

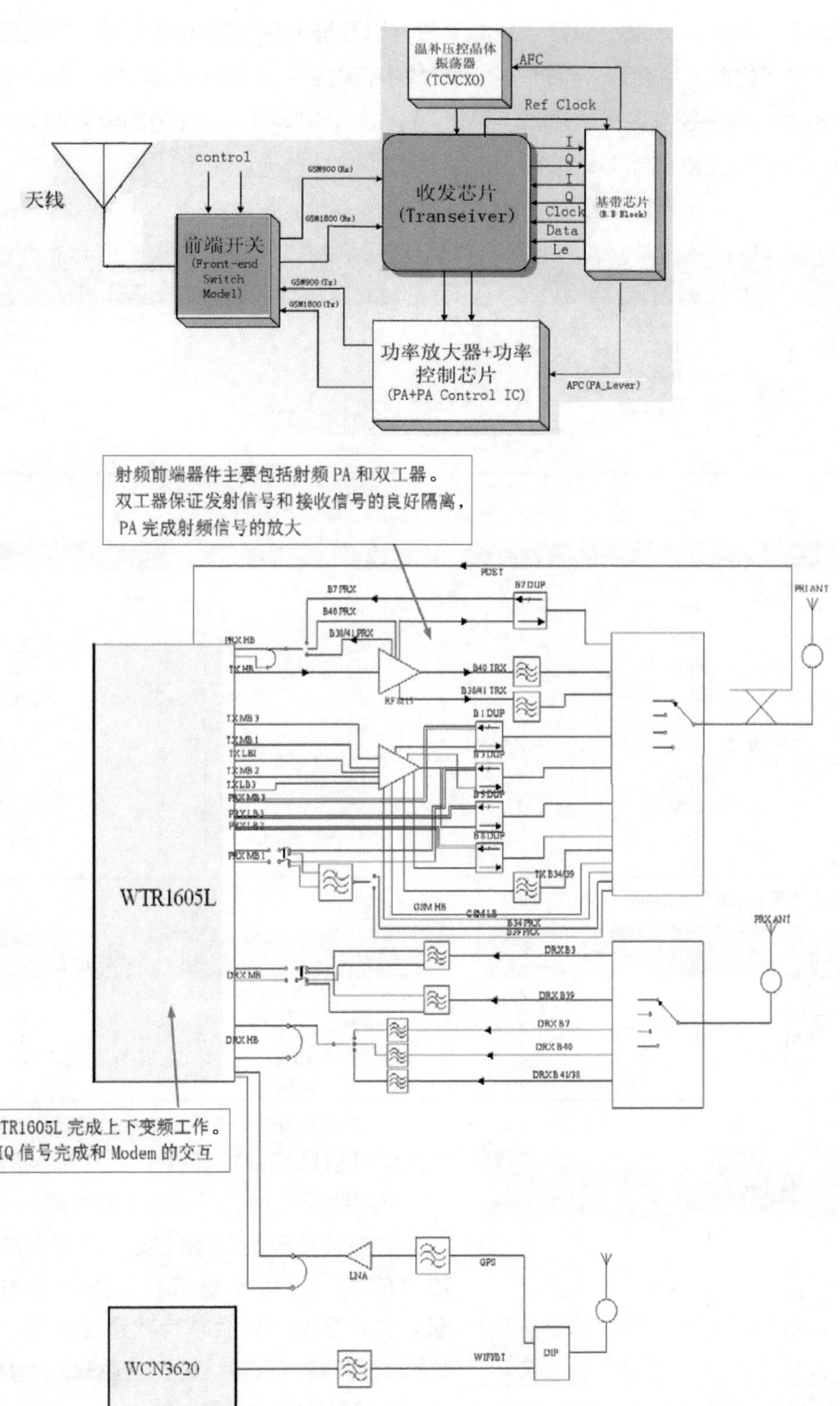

图4-16 射频收发芯片组成的射频模块

由于目前手机具有2G、3G、4G、4G+频率段，以及马上具有的5G频率段，也就是手机需要处理多频。为此，目前许多手机在射频模块中有射频开关进行逻辑控制。例如华为G610-C00手机射频开关控制主天线逻辑表见表4-1。iPhone 5s射频开关控制电路如图4-17所示。iPhone 5s射频开关控制逻辑见表4-2。

表4-1 华为G610-C00手机射频开关控制主天线逻辑表

项目	ANT_SEL0（GPIO75）	ANT_SELI（GP1O74）	ANT_SEL2（GPIO73）	ANT_SEL3（GPIO72）
GSM850/900TX	1	0	0	1
GSM1800/1900TX	1	0	1	1
GSM1800 RX	0	1	0	1
GSM1900 RX	0	1	0	1
GSM900 RX	0	1	1	0
CDMA CELL	0	1	0	0

表4-2 iPhone 5s射频开关控制逻辑

频段	PA POWER MODE	PA_BS	PA_CTL1	PA_CTL0	PA_R1
OFF	X	X	0	0	0
B1	HPM	X	1	0	0
B1	LPM	X	1	0	1
B34	HPM	1	0	1	0
B34	LPM	1	0	1	1
B39	HPM	0	0	1	0
B39	LPM	0	0	1	1
B38	HPM	1	1	1	0
B38	LPM	1	1	1	1
B40	HPM	0	1	1	0
B40	LPM	0	1	1	1

注：0表示低电平，1表示高电平，X表示不涉及。

频段	PA POWER MODE	PA_BS	PA_ON_B2_B3	PA_R1
OFF	X	X	0	X
B3	HPM	0	1	0
B3	LPM	0	1	1
B2	HPM	1	1	0
B2	LPM	1	1	1

注：0表示低电平，1表示高电平，X表示不涉及。

频段	PA POWER MODE	PA_BS	PA_ON_B20_B7	PA_R1
OFF	X	X	0	X
B20	HPM	0	1	0
B20	LPM	0	1	1
B7	HPM	1	1	0
B7	LPM	1	1	1

注：0表示低电平，1表示高电平，X表示不涉及。

频段	PA POWER MODE	PA_BS	PA_ON_B5_B8	PA_R1
OFF	X	X	0	X
B5	HPM	0	1	0
B5	LPM	0	1	1
B8	HPM	1	1	0
B8	LPM	1	1	1

注：0表示低电平，1表示高电平，X表示不涉及。

手机射频模块电路中，还有重要的芯片，就是射频芯片、射频功率放大器。

射频芯片负责射频收发、频率合成、功率放大，然后与基带芯片进行有关通信。也就是说，射频芯片就是发射机、接收机。有的射频芯片还为处理器芯片提供26MHz的系统时钟信号。

例如F5180手机采用了MT6166射频处理器。MT6166芯片具有集成了WCDMA、GSM

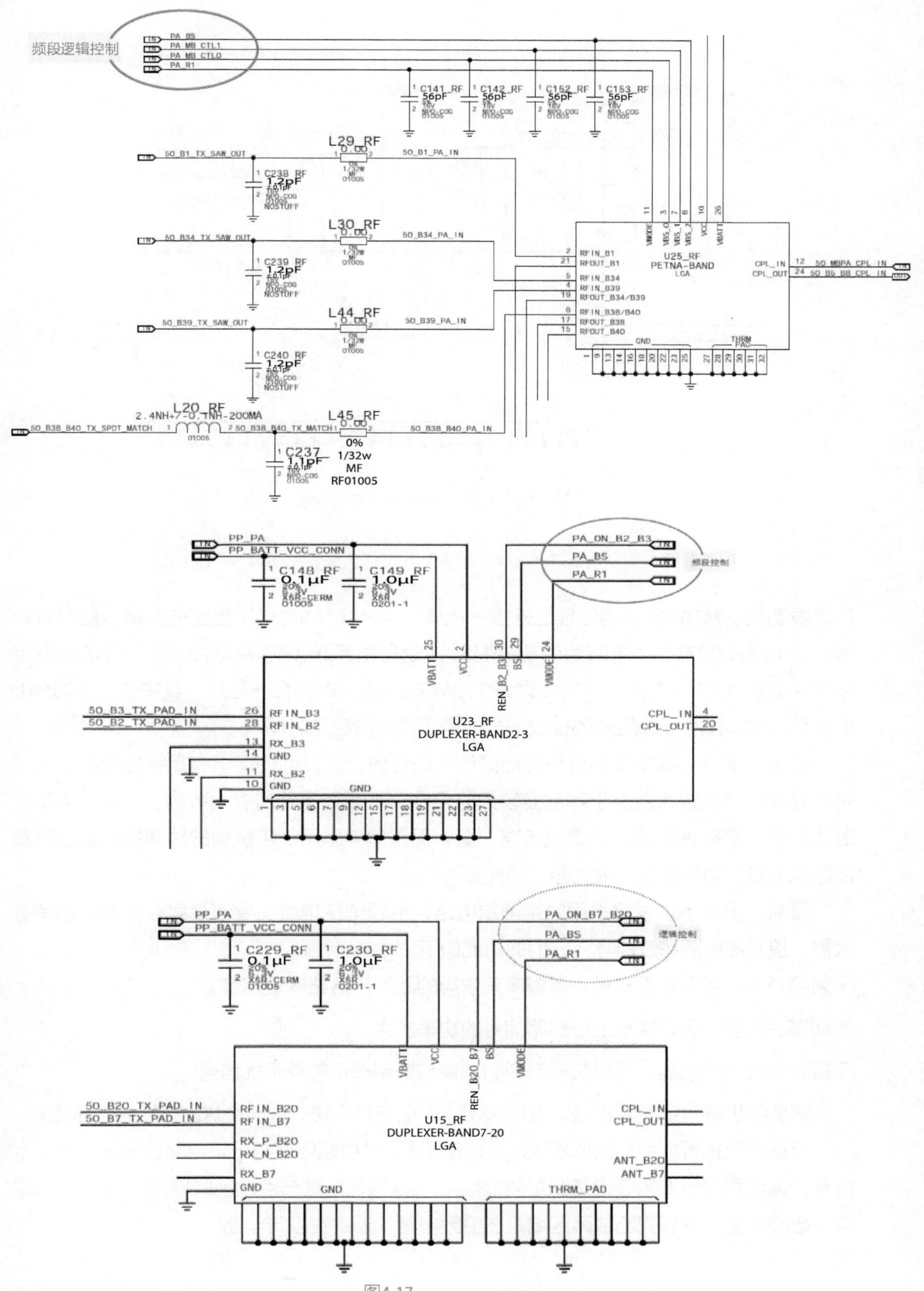
频段逻辑控制
PA_BS
PA_MB_CTL1
PA_MB_CTL0
PA_R1
C141_RF 56pF
C142_RF 56pF
C152_RF 56pF
C153_RF 56pF
L29_RF
50_B1_TX_SAW_OUT
50_B1_PA_IN
C238_RF 1.2pF
L30_RF
50_B34_TX_SAW_OUT
50_B34_PA_IN
C239_RF 1.2pF
L44_RF
50_B39_TX_SAW_OUT
50_B39_PA_IN
C240_RF 1.2pF
L20_RF
2.4NH+/-0.1NH-200MA
50_B38_B40_TX_SPDT_MATCH
50_B38_B40_TX_MATCH
L45_RF
50_B38_B40_PA_IN
C237 1.1pF
0%
1/32w
MF
RF01005
U25_RF
PETNA-BAND
LGA
RFIN_B1
RFOUT_B1
RFIN_B34
RFIN_B39
RFOUT_B34/B39
RFIN_B38/B40
RFOUT_B38
RFOUT_B40
VMODE
VBS_0
VBS_1
VBS_2
VCC
VBATT
CPL_IN
CPL_OUT
50_MBPA_CPL_IN
50_B5_B8_CPL_IN
GND
THRM PAD
PP_PA
PP_BATT_VCC_CONN
C148_RF 0.1μF
C149_RF 1.0μF
PA_ON_B2_B3
PA_BS
PA_R1
频段控制
VBATT
VCC
REN_B2_B3
BS
VMODE
50_B3_TX_PAD_IN
50_B2_TX_PAD_IN
RFIN_B3
RFIN_B2
RX_B3
GND
RX_B2
GND
U23_RF
DUPLEXER-BAND2-3
LGA
CPL_IN
CPL_OUT
PP_PA
PP_BATT_VCC_CONN
C229_RF 0.1μF
C230_RF 1.0μF
PA_ON_B7_B20
PA_BS
PA_R1
逻辑控制
VBATT
VCC
REN_B20_B7
BS
VMODE
50_B20_TX_PAD_IN
50_B7_TX_PAD_IN
RFIN_B20
RFIN_B7
RX_P_B20
RX_N_B20
RX_B7
GND
U15_RF
DUPLEXER-BAND7-20
LGA
CPL_IN
CPL_OUT
ANT_B20
ANT_B7
GND
THRM_PAD

图4-17

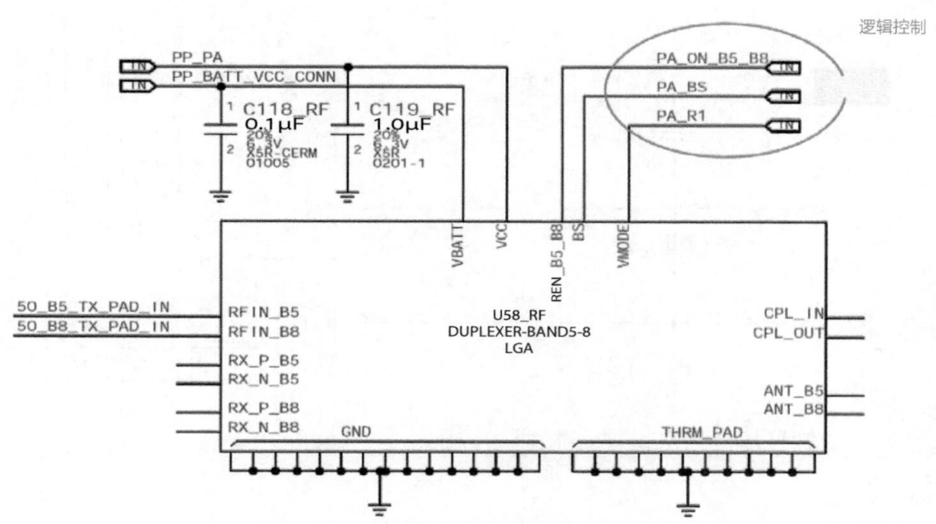

图4-17 iPhone 5s射频开关控制电路

的收发功能。MT6166射频处理器外接一晶体，为MT6166提供了稳定的26MHz的时钟信号，并且通过MT6166内部后输出26M时钟信号给系统AP芯片MT8382，以及预留给MT6627的26M时钟信号。MT6627为GPS、Wi-Fi、BT、FM四合一芯片，其需要一个26MHz的外部TCXO时钟，以保证GPS接收信号的稳定性与冷启动时间。

射频功率放大器主要作用是对射频信号进行放大，从而使手机有足够的功率发射信号给基站。功率放大器属于耗电量较大的元件，需要有足够的放大系数。因此，手机中的功率放大器往往不被其他集成电路内置，而是单独采用。手机中的功率放大器往往集成匹配电路、功率检测、放大器、滤波器等电路。

目前，很多手机发展采用射频前端电路。射频前端电路主要包括射频开关、功率放大器、接收端射频滤波器等，它们的功能如下：

①射频开关。可以实现双模、多模多频信号的上下行链路的复用等。

②功率放大器。可以实现上行链路信号的功率放大。

③接收端射频滤波器。可以实现频率的选择与抑制携带的外干扰信号。

智能手机射频电路维修法，可以采用“一信三环”法，即一个I/Q信号、三个环路。

一信就是指智能手机的I/Q信号。I/Q信号是手机射频电路与逻辑电路的分界“握手”信号。通过利用示波器等设备测量射频电路I/Q信号输出端节点输出I/Q信号的情况，可以缩小故障范围，达到判断故障区域是在射频电路，还是在基带电路。

三环就是指智能手机的射频电路中的三个环路，即系统时钟环、功率控制环、PLL锁相环。

（1）系统时钟环

智能手机系统时钟环中的基准时钟晶体为逻辑电路提供时钟信号，为频率合成器电路提供基准信号。因此，系统时钟环中的基准时钟晶体好坏是检测的重点。检测基准时钟晶体有关电路可以采用示波器测时钟信号波形，或者万用表测电压，或者频率计测时钟频率等方法来判断。

（2）功率控制环

智能手机属于移动通信设备，因此，智能手机与基站的距离有远近之分，也就是说智能手机与基站接收发射的功率不同，不采用功率控制，会出现与基站近功率太大造成干扰，或与基站远功率太小造成信号太弱。为此，智能手机需要设计功率控制环。

智能手机的功率控制环就是一个自动功率控制电路。检测功率控制环的节点有功率控制电压（APC）输入端信号、功率控制电压（APC）输出信号等。

（3）PLL锁相环

锁相环的作用是使压控振荡输出的振荡频率与规定的基准信号频率、相位均相同，也就是同步。

有的手机锁相环由参考晶体振荡器、鉴相器、低通滤波器、压控振荡器、分频器等部分组成。有的集成度高的手机锁相环基本都集成在集成电路的内部，外接元件较少。

检修时，可以根据测量到的工作频率与波形来判断。PLL锁相环常检测的节点有VC调谐电压、时钟线、数据线、启动信号等。

另外，射频模块维修往往还涉及天线、RF连接线/器（OPPO R7s RF连接线如图4-18所示）、分集接收天线、分集天线开关等。它们引起的故障如下：

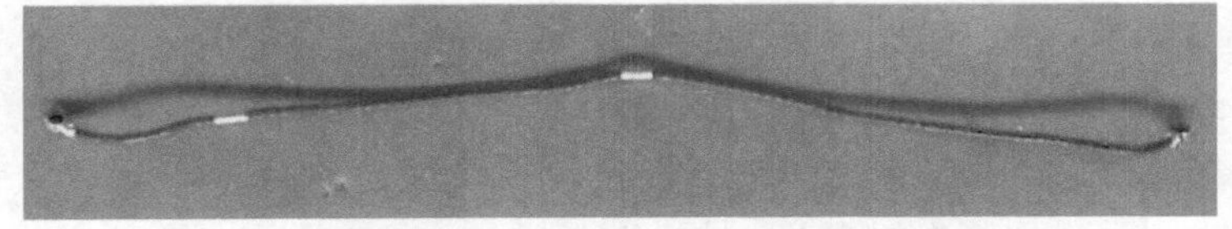

图4-18 OPPO R7s RF连接线

主天线弹片损坏引起的常见故障有信号弱、无法注册网络、无信号等。

主天线RF同轴线连接器损坏引起的常见故障有无信号、信号差、不注册网络等。

分集接收天线弹片损坏引起的常见故障有信号弱等。

分集天线连接器损坏引起的常见故障有通话质量受影响、无信号、4G信号弱、收信号差等。

4.2.2 基带模块

模拟基带与基带处理器为核心的基带模块手机框图如图4-19所示，该方案的手机属于早期手机。早期手机以多芯片为主，多芯片包括了数字基带芯片、模拟基带芯片、电源芯片等。

后来出现了双芯片手机，也就是数模基带混合芯片＋电源芯片，或者数字基带芯片＋模电混合芯片等。后来出现了单芯片手机。

模拟基带芯片主要完成IQ信号、语音信号、其他部分信号的调制解调，以及AD/DA转换、滤波处理等。

数字基带芯片一般集成了ARM、单个或多个DSP于一体，并且往往含有背光、大量GPIO、USC、JTAG、模拟基带芯片接口、射频部分接口等。数字基带芯片的作用主要是数据处理、功能控制、多媒体应用等。另外，随着智能手机的发展，多模多频基带芯片应用会越来越广泛。

多芯片手机框图如图4-20所示。双芯片基带模块结构框图如图4-21所示。

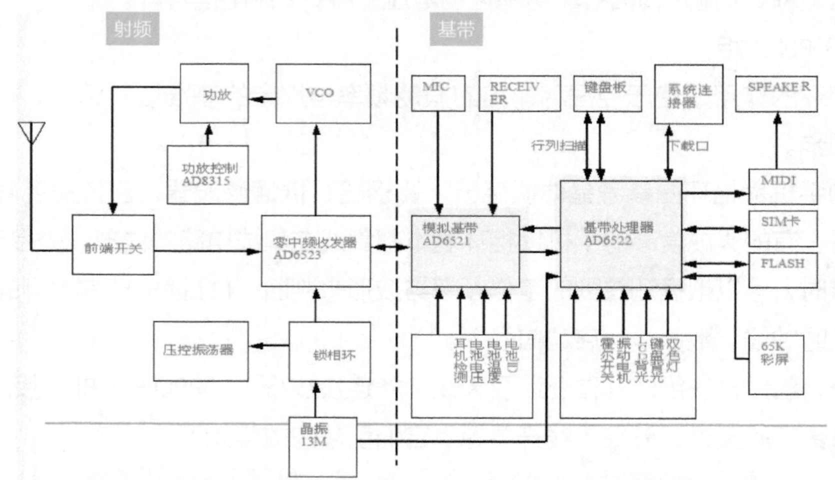

图4-19 模拟基带与基带处理器为核心的基带模块手机框图

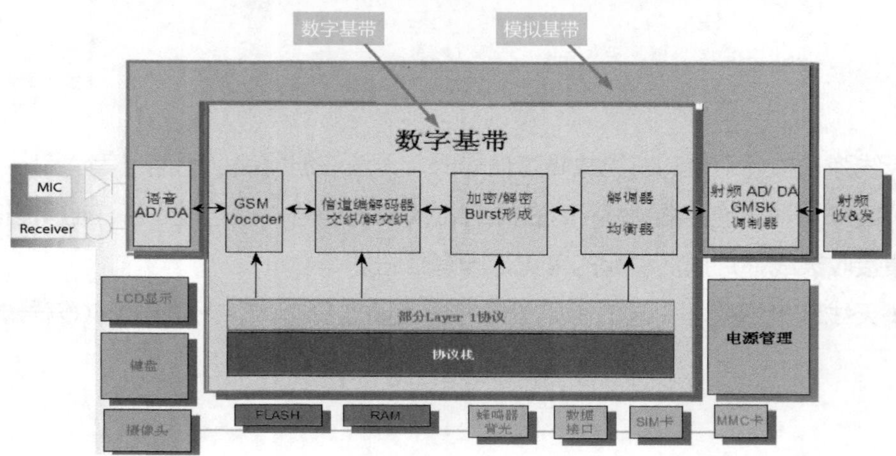

图4-20 多芯片手机框图

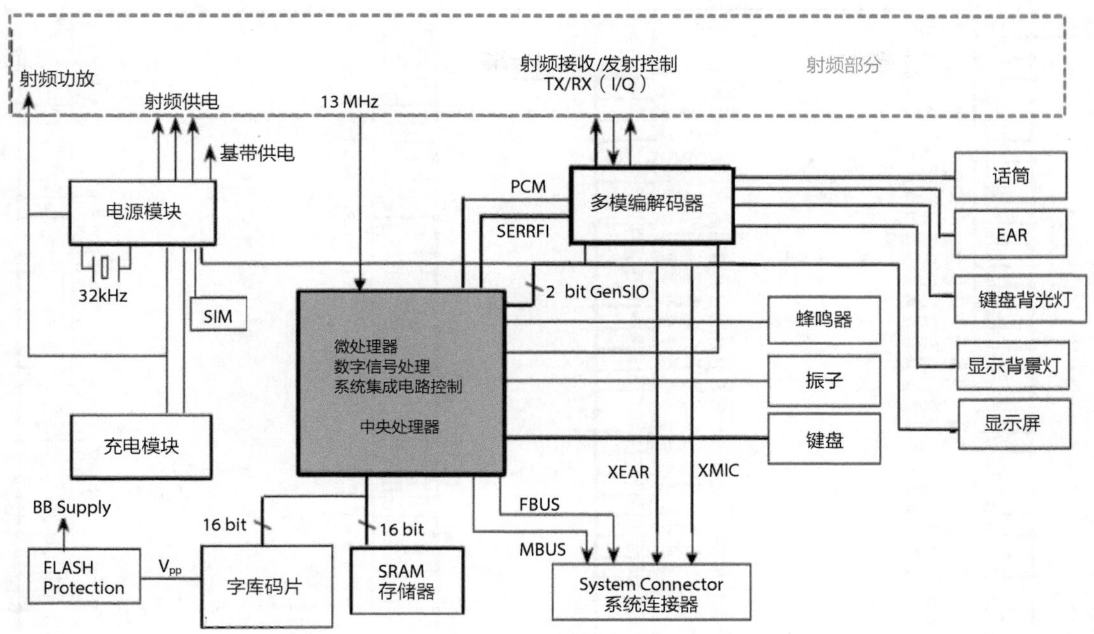

图4-21 双芯片基带模块结构框图

手机中基带电源端与接地端比较多，例如iPhone 7基带电源端与接地端如图4-22所示。

目前，许多智能手机基带处理器与AP应用处理器是二合一的，例如图4-23。

若智能手机基带电路有故障，为快速找到故障点，可以检测三个关键点、三条线。三个关键点就是供电端点、时钟端点、复位端点。三条线就是指基带电路的地址线、数据线、控制线。

基带电路的供电端点多，供电电压层次多，供电一般来自电源管理芯片或者内置了电源管理芯片的集成电路。基带电路有的电源端脚是串接连接同一供电的。

许多基带电路供电端，只要手机按下开机按键后，这些电压会持续存在。

系统时钟是基带电路正常工作的必要条件之一，因此，也就是检修关键点。基带电路系统时钟采用的系统时钟一般为13MHz或26MHz。如果系统时钟异常，则会引起手机不开机、无信号、无基带等故障。系统时钟的检测，可以采用示波器测波形。检测接触点往往是系统时钟输出端，也可以采用代换晶体法来判断是否是晶体异常引起的。另外，基带电路系统时钟路径的可靠性也是检测的重点。

复位信号是基带电路工作的必要条件之一，因此，也就是检修关键点。目前，许多基带电路复位信号来源于电源管理芯片。开机瞬间，复位信号引入到基带电路复位端脚。开机后，基带电路复位信号为高电平。检测复位信号，可以采用示波器测波形，注意观察复位信号的有无以及时机。

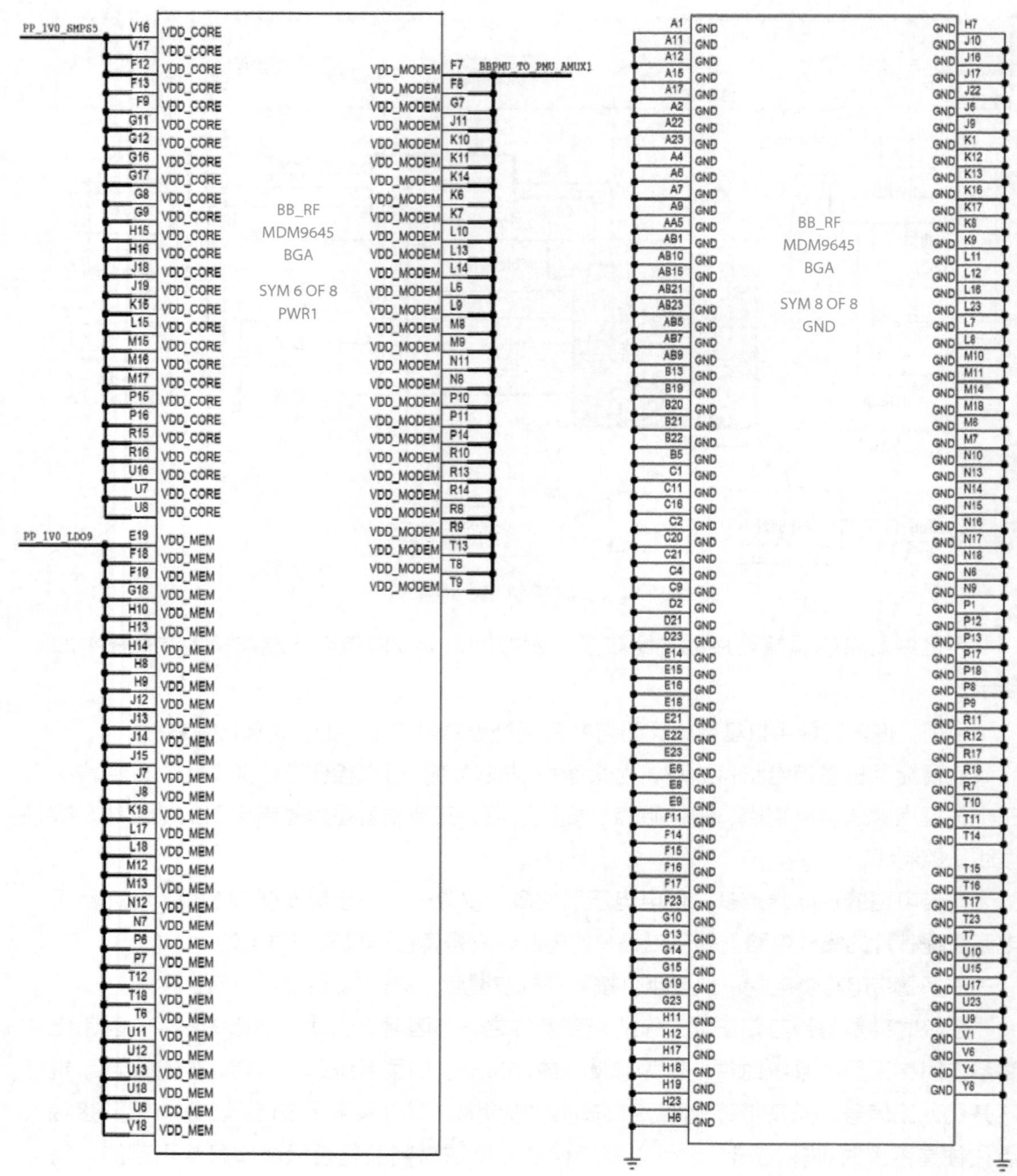
PP_1V0_SMPS5
PP_1V0_LDO9
BBPMU_TO_PMU_AMUX1
BB_RF
MDM9645
BGA
SYM 6 OF 8
PWR1
VDD_CORE
VDD_MEM
VDD_MODEM
BB_RF
MDM9645
BGA
SYM 8 OF 8
GND

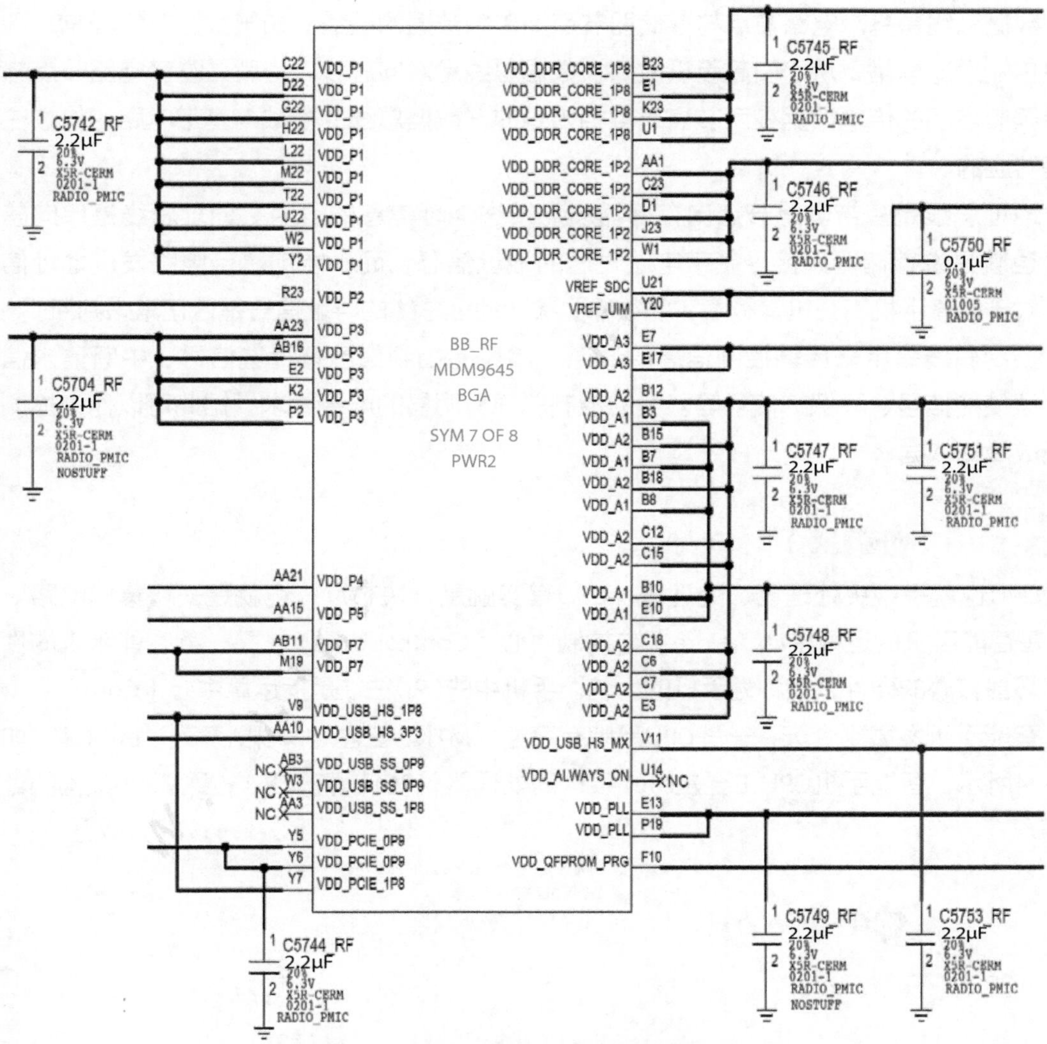

图4-22 iPhone 7基带电源端与接地端

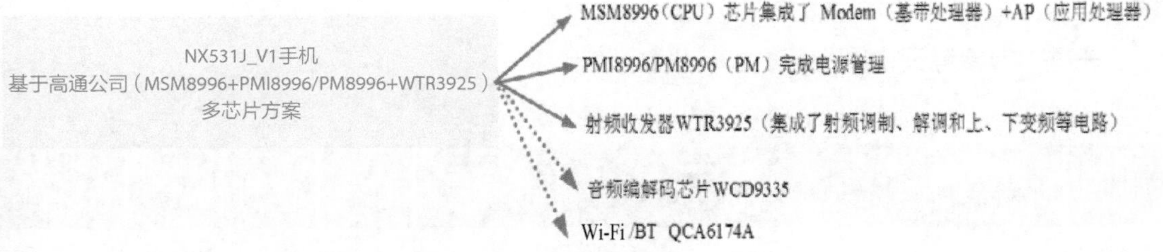

图4-23 基带处理器与AP应用处理器二合一

数据总线是基带电路节点与存储器节点间传输数据的通道。如果数据总线异常，则就是传输通道异常，从而引起手机故障。数据总线是双向总线，也就是基带电路节点与存储器节点间的传输数据在两节点是互相传输的。数据总线的根数与基带电路的位数往往是对应的。

地址总线是基带电路节点向存储器节点发送地址信息的通道。地址总线是单向总线，也就是说存储器只接受基带电路发送的地址信息，而不能向基带电路发送地址信息。对于检修手机不开机等故障，往往需要检测地址总线的寻址信号是否正常来判断。

控制总线是用来传输控制信息的通道，常见的控制信息有片选信号、中断请求信号、读使能信号、写保护信号等。有的控制总线有明显的电平要求，据此可以作为检测判断故障的依据。

4.2.3 CPU（处理器）

CPU也就是中央处理器、处理器。CPU其实就是一块芯片，也就是一块集成电路。CPU是智能手机的运算中心（Core）与控制中心（Control Unit），是一款智能手机的性能好坏最核心的硬件，被称为手机的大脑。手机中的CPU往往是指运算中心（Core）。

智能手机发展到今天，一些CPU品牌有高通、MTK、三星、苹果A系列、intel等，如图4-24所示。智能手机CPU主要是ARM架构的处理器，PC计算机CPU主要是x86架构的处理器。

(a) 高通　(b) 三星　(c) 联发科　(d) 苹果　(e) 英特尔　(f) 英伟达　(g) 德州仪器

图4-24　一些CPU品牌

一些CPU参考天梯图见表4-3。

表4-3　一些CPU参考天梯图

性能	骁龙400	骁龙600	骁龙800	三星	联发科	华为	苹果	intel	德州仪器
高↑			骁龙845	Exynos 9810			A11		

续表

性能	骁龙400	骁龙600	骁龙800	三星	联发科	华为	苹果	intel	德州仪器
↑			骁龙835 (MSM8998)	Exynos 8895		麒麟 970			
							A10		
							A9X		
		骁龙710				麒麟 960			
			骁龙821 (MSM8996 Pro)		Helio X30				
			骁龙820 (MSM8996)						
			骁龙820 降频版 (MSM8996)	Exynos 8890			A9		
					Helio P60				
		骁龙660			Helio X27	麒麟955			
		骁龙636				麒麟950			
		骁龙630	骁龙810 (MSM8994)	Exynos 7420	Helio X25		A8X		
					Helio X23				
		骁龙653 (MSM8976 Pro)			Helio X20				
					Helio P30		A8		
		骁龙652 (MSM8976)			Helio P25				
					Helio P23				
		骁龙650 (MSM8956)			Helio P20				
			骁龙808 (MSM8992)		Helio X10 MT6795	麒麟935			
					Helio P15 MT6755T				
				Exynos 5433	Helio P10 MT6755	麒麟930			
						麒麟655			
		骁龙626 (MSM8953 Pro)	骁龙805 (APQ8084)			麒麟650			
		骁龙625 (MSM8953)	骁龙801 (MSM8x74AC)	Exynos 5430				Z3590	
			骁龙801 (MSM8x74AB)	Exynos 7870				Z3580	
			骁龙801 (MSM8x74AA)	Exynos 7580	MT6752/M			Z3570	

续表

性能	骁龙400	骁龙600	骁龙800	三星	联发科	华为	苹果	intel	德州仪器
↑				Exynos 5433	MT6753			Z3560	
					MT6750				
					MT6739				
	骁龙450				MT6735				
				Exynos 5800					
				Exynos 5430				Z3530	
				Exynos 5422		麒麟620			
	骁龙435 (MSM8940)	骁龙617 (MSM8952)	骁龙800 (MSM8974)	Exynos 5420	MT6595/T	麒麟928	A7	Z3480	
	骁龙430 (MSM8937)	骁龙616 (MSM8939 v2)		Exynos 5410	MT6592	麒麟925		Z3460	
	骁龙427 (MSM8920)	骁龙615 (MSM8939)				麒麟920			
	骁龙425 (MSM8917)	骁龙600 (APQ8064T)		Exynos 5260	MT6582	K3V2+ (麒麟 910)			
								Z3580	
		骁龙610 (MSM8936)							
	骁龙412 (MSM8916 v2)			Exynos 5250			A6X		
	骁龙410 (MSM8916)			Exynos 4412			A6	Atom Z3480	
	骁龙400 (MSM8x30)					K3V2E		Atom Z2580	
						K3V2			
								Z2480	
	骁龙400 (骁龙8x26)				MT6589		A5X	Z2460	
							A5		
				Exynos 4210 /4212				Z2420	OMAP4430 /4440 /4460 /4470
					MT6577/6572				
									OMAP3610 /3620 /3630 /3640
				Exynos 3475	MT6515/6175				

续表

性能	骁龙400	骁龙600	骁龙800	三星	联发科	华为	苹果	intel	德州仪器
↑					MT6515M		A4		
				Exynos 3110					OMAP3410/3420/3430/3440
				S5PC 100					
				S5L8900	MT6573/13				OMAP2420/2430
低					MT6516				OMAP1710

注：该表仅为粗略比较，仅供参考。

一些OPPO智能手机应用的CPU见表4-4。

表4-4 一些OPPO智能手机应用的CPU

型号	CPU
OPPO R11s	高通骁龙™ 660
OPPO R11s Plus	高通骁龙™ 660
OPPO R15	Helio P60
OPPO R15梦境版	骁龙 660
OPPO A79	MTK6763T
OPPO A83	MT6763T
OPPO A73	MT6763T

一些华为智能手机应用的CPU见表4-5。

表4-5 一些华为智能手机应用的CPU

型号	CPU
华为畅享7S	Hisilicon Kirin 659
华为CAZ-TL10（移动全网通定制版）	MSM8953
华为ATU-AL10	MSM8937
华为VTR-AL00（全网通版）	麒麟960
华为TRT-AL00A	MSM8940（高通骁龙435）
华为BLA-AL00	麒麟970

CPU的一些概念如下：

（1）主频

主频也就是CPU内核工作的时钟频率。CPU的主频单位一般为MHz或者GHz。主频用来表示CPU的运算速度与处理数据的速度。一般而言，主频越高，CPU处理数据运算能力越快。

例如，一些手机CPU的主频如下：

华为ATU-AL10 CPU主频4 × Cortex-A53 1.4GHz + 4 × Cortex-A53 1.1GHz。

华为CAZ-TL10（移动全网通定制版）CPU主频4 × 2.0 GHz + 4 × 2.0 GHz。

华为TRT-AL00A的CPU主频4 × Cortex A53 1.4GHz + 4 × Cortex A53 1.1GHz。

华为VTR-AL00（全网通版）CPU主频4 × Cortex A73 2.4GHz + 4 × Cortex A53 1.8GHz。

华为畅享7S CPU主频4 × Cortex-A53 2.36GHz + 4 × Cortex-A53 1.7GHz。

（2）核数

核数也就是一块CPU上面能处理数据的芯片组的核心数量。核心数量也就是内核数量。一般而言，核数越多CPU性能越强。

（3）运算位数

运算位数也就是CPU的位宽，即CPU一次执行指令的数据带宽。

（4）制造工艺

制造工艺也就是CPU的制程或者晶体管门电路的尺寸。目前，手机CPU一般采用纳米制造工艺。一般而言，纳米数值越低CPU制造工艺越先进。

手机CPU中主要的分类为AP应用处理器、BP基带处理器、CP多媒体加速器等。AP应用处理器主要是手机系统运作、APP运行的器件。苹果A5~ A11处理器就是AP应用处理器，如图4-25所示。

图4-25 苹果AP应用处理器

手机CPU中BP基带处理器主要处理手机Wi-Fi、蓝牙、NFC等意外的一切无线信号。手机是否支持5G、4G等网络，均是BP基带处理器决定的。

CP多媒体加速器主要用于手机视频解码、音频处理、增强现实、处理虚拟现实、图像处理等任务。苹果把CP多媒体加速器叫作协处理器，高通820把CP多媒体加速器叫作低功率岛。随着集成电路的发展，有的应用处理器集成了CP多媒体加速器。

智能手机双处理器结构中，AP应用处理器是主处理器，BP基带处理器是从处理器。

主处理器与从处理器间一般是通过串口、总线、USB等方式进行通信的。

智能手机单处理器结构中，处理器负责智能手机的基本通信、应用软件的处理等工作，往往集成了射频、电源管理、SRAM、模拟基带、数字基带等电路。

4.2.4 GPU图形处理器

GPU的作用是图形处理、显示核心、显示芯片，也就是手机中专门负责图形处理的芯片。

一些OPPO智能手机应用的GPU见表4-6。

表4-6 一些OPPO智能手机应用的GPU

型号	GPU
OPPO R11s	Adreno512
OPPO R11s Plus	Adreno512
OPPO R15	Mali G72 MP3
OPPO R15梦境版	Adreno512
OPPO A79	Mali-G71
OPPO A83	ARM Mali G71 MP2
OPPO A73	ARM Mali G71 MP2 770MHz

一些华为智能手机应用的GPU见表4-7。

表4-7 一些华为智能手机应用的GPU

型号	GPU
华为畅享7S	MaliT830-MP2
华为CAZ-TL10（移动全网通定制版）	Adreno™ 506
华为ATU-AL10	Adreno 505
华为VTR-AL00（全网通版）	Mali G71 MP8
华为TRT-AL00A	Adreno 505
华为BLA-AL00	Mali-G72 MP12

对于集成电路或者一些单元电路可以采用黑箱法检测，也就是把集成电路或者一些单元电路当作黑箱，集成电路内部或者一些单元电路结构具体情况不去理会，而是抓住其端脚、输入节点、输出节点即可。

4.2.5 电源电路

手机各级负载的工作电压、电流不同，这样设计可以避免负载间通过电源产生寄生振荡。电源电路中重要的芯片为电源管理芯片。电源管理芯片（PMU）可以为手机供电提供分层的管理、输出多路不同的电压，也就是为手机各电路提供不同的电压电流。

电源管理芯片也就是为手机提供各种稳压稳流的一种控制器。

电源管理芯片稳压器（regulator）有两种不同的电源，也就是LDO、Sd，其中LDO适合电压要求比较稳但功率不是很大的电源需求。Sd适合功率要求比较大但是可以接受较小的纹波的电源需求。

电源管理芯片（PMU）还可以集成充电器、电池、音频功放等。

手机装上电池后，电池电压会先送到手机电源电路中，也就是由电池这一“电压提供源”，把电压输送给电压管理总站的电源电路，此时使手机处于待命状态。如果此时按下手机开机按键，则手机会立即执行开机程序。

手机电压管理总站中的电源管理芯片管理电压的主要任务，就是转换成不同的电压，然后输送到各负载电路中。

按下手机开机按键后，手机的电压管理总站电源管理芯片会输出各路工作电压到逻辑电路部分、应用处理器电路部分等“用户”上。逻辑电路部分一旦上电，则往往需要持续稳定电压，以便配合持续稳定工作的需求。有的电路需要逻辑控制或者省电，为此，其工作电压通过CPU智能控制。

手机各路电源，不仅要关注电源电压，也要关注电源电流。一般手机工作电压低，少数升压电路电压高一点，并且手机电压变化幅度不明显。手机工作电流变化幅度大，可以从10mA到1000mA变化。变化幅度明显的物理量，判断观察也方便一些。

iPhone 6s的PMU–LDOs如图4-26所示。iPhone 6s的PMU–LDOs规格见表4-8。

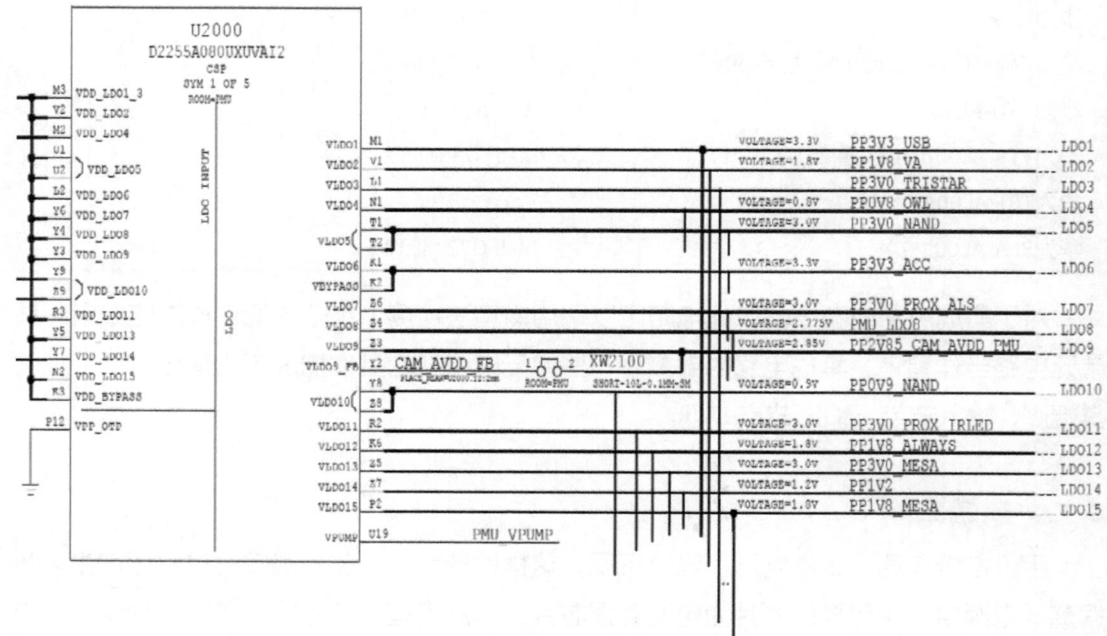

图4-26 iPhone 6s的PMU–LDOs

表4-8 iPhone 6s的PMU – LDOs规格

LDO#	电压范围/ V	偏差	最大电流/mA
LDO1 (A)	2.5~3.3	±1.4%	50
LDO2 (B)	1.2~2.0	±2.5%	50
LDO3 (A)	2.5~3.3	±1.4%	50
LDO4 (D)	0.7~1.2	±2.5%	100
LDO5 (F)	2.5~3.3	±2.5%	1000
LDO6 (C1)	1.2~3.6	±2.5%	150
LDO7 (C)	2.5~3.3	±25mV	250
LDO8 (C)	2.5~3.3	±25mV	250
LDO9 (C)	2.5~3.3	±25mV	250
LDO10 (G)	0.7~1.2	±5.5%	1335
LDO11 (C)	2.5~3.3	±25mV	250
LDO12 (E)	1.8	±5%	10
LDO13 (C)	2.5~3.3	±25mV	250
LDO14 (H)	0.8~1.5	±2.5%	250
LDO15 (B)	1.2~2.0	±2.5%	50

iPhone SE的PMU–LDOs如图4-27所示。iPhone SE的PMU–LDOs规格见表4-9。

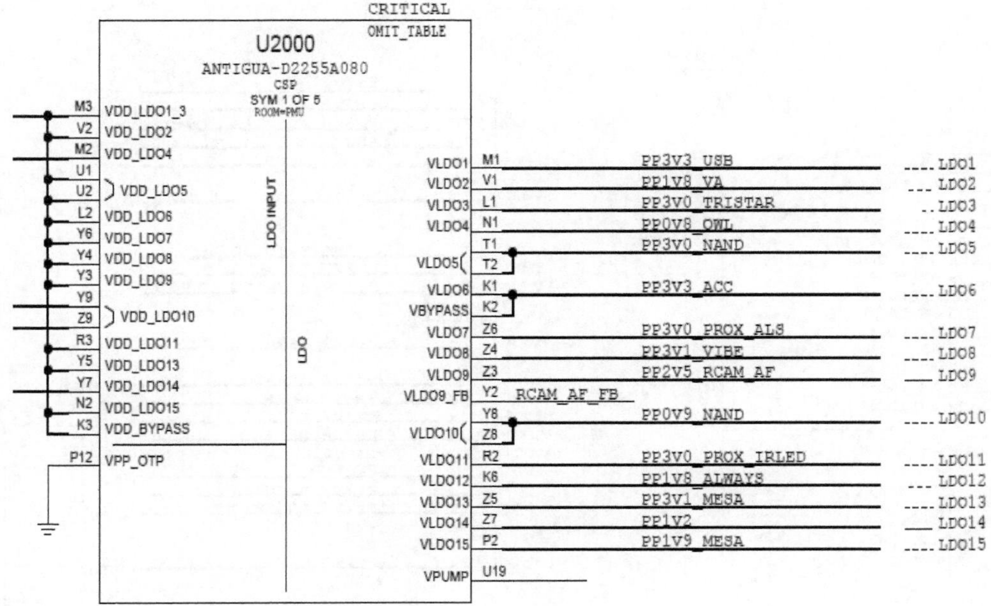

图4-27 iPhone SE的PMU – LDOs

表4-9 iPhone SE的PMU－LDOs规格

LDO#	电压范围/V	偏差	最大电流/mA
LDO1 (A)	2.5~3.3	±2.5%	50
LDO2 (B)	1.2~1.9	±2.5%	50
LDO3 (A)	2.5~3.3	±2.5%	50
LDO4 (D)	0.7~1.2	±2.5%	50
LDO5 (F)	2.5~3.3	±2.5%	1000
LDO6 (C1)	1.2~3.6	±2.5%	150
LDO7 (C)	2.5~3.3	±25mV	200
LDO8 (C)	2.5~3.3	±25mV	200
LDO9 (C)	2.5~3.3	±25mV	250
LDO10 (G)	0.7~1.2	±2.5%	1335
LDO11 (C)	2.5~3.3	±25mV	250
LDO12 (E)	1.8	±5%	10
LDO13 (C)	2.5~3.3	±25mV	250
LDO14 (H)	0.8~1.5	±2.5%	250
LDO15 (B)	1.2~2.0	±2.5%	50

iPhone 7的PMU–LDOs如图4-28所示。iPhone 7的PMU–LDOs规格见表4-10。

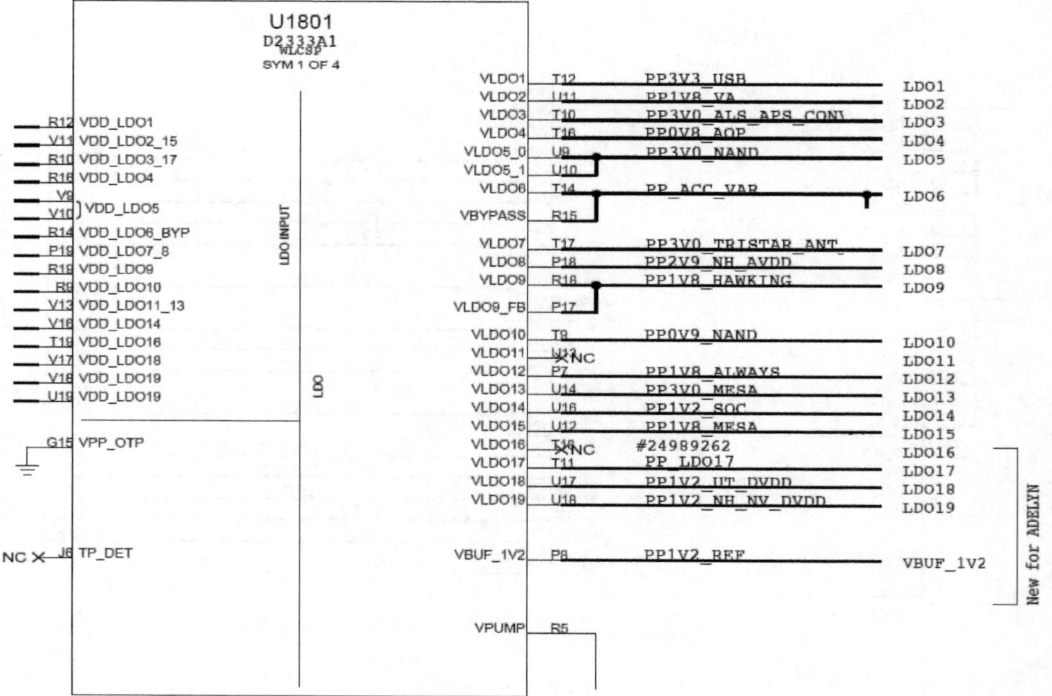

图4-28 iPhone 7的PMU－LDOs

表4-10 iPhone 7的PMU-LDOs规格

LDO#	低压调整范围/V	高压调整范围/V	偏差	最大电流/mA
LDO1 (Ca)	1.2~2.475	2.4~3.675	±1.4%	50
LDO2 (Ca)	1.2~2.475	2.4~3.675	±2.5%	50
LDO3 (Ca)	1.2~2.475	2.4~3.675	±2.5%	50
LDO4 (D)	0.7~1.2		±2.5%	60
LDO5 (F)	2.5~3.6		±75mV	1000
LDO6 (Cb)	1.2~2.475	2.4~3.675	±2.5%	250 (旁路500mA/100mA)
LDO7 (Cb)	1.2~2.475	2.4~3.675	±30mV	250
LDO8 (Cb)	1.2~2.475	2.4~3.675	±30mV	250
LDO9 (Cb)	1.2~2.475	2.4~3.675	±25mV	250
LDO10 (Ga)	0.7~1.2		±4.5%	1150
LDO11 (Cb)	1.2~2.475	2.4~3.675	±30mV	250
LDO12 (E)	1.8		±5%	10
LDO13 (Cb)	1.2~2.475	2.4~3.675	±30mV	250
LDO14 (Gb)	0.7~1.4		±3.0%	400
LDO15 (Ca)	1.2~2.475	2.4~3.675	±2.5%	50
LDO16 (Cb)	1.2~2.475	2.4~3.675	±30mV	250
LDO17 (Ca)	1.2~2.475	2.4~3.675	±2.5%	50
LDO18 (Gb)	0.7~1.4		±3.0%	400
LDO19 (Gb)	0.7~1.4		±3.0%	400
LDO_RTC	2.5		±2.0%	10
BUF_1V2	1.2		±5.0%	10

高通MSM8939的上电原理，全部由高通的代码控制。上电过程中将VHP_PWR主电源电压通过PM8916电源管理单元转换得到的各种电压见表4-11。

表4-11 PM8916电源管理单元转换得到的各种电压

项目	类型	电压/V	可编程范围/V	指定范围/V	额定电流/mA
S1	SMPS	1.15	0.375~1.562	0.5~1.35	2500
S2	SMPS	1.15	0.375~1.562	0.9~1.35	3000
S3	SMPS	1.3	0.375~1.562	1.25~1.35	1800
S4	SMPS	2.1	1.55~2.325	1.85~2.15	1500
L1	NMOS LDO	1.2875	0.375~1.525	1.0~1.225	250
L2	NMOS LDO	1.2	0.375~1.525	1.2	400
L2	NMOS LDO	1.15	0.375~1.525	0.75~1.35	350
L4	PMOS LDO	2.05	1.75~3.337	1.8~2.1	150
L5	PMOS LDO	1.8	1.75~3.337	1.8	175

续表

项目	类型	电压/V	可编程范围/V	指定范围/V	额定电流/mA
L6	PMOS LDO	1.8	1.75~3.337	1.8	150
L7	PMOS LDO	1.8	1.75~3.337	1.8~1.9	110
L8	PMOS LDO	2.9	1.75~3.337	2.9	400
L9	PMOS LDO	3.3	1.75~3.337	3.3	600
L10	PMOS LDO	2.7	1.75~3.337	2.8	150
L11	PMOS LDO	2.8	1.75~3.337	2.95	800
L12	PMOS LDO	2.8	1.75~3.337	1.8/2.95	50
L13	PMOS LDO	3.075	1.75~3.337	3.075	50
L14	PMOS LDO	1.8	1.75~3.337	1.8/3.3	55
L15	PMOS LDO	1.8	1.75~3.337	1.8/3.3	55
L16	PMOS LDO	1.8	1.75~3.337	1.8/3.3	55
L17	PMOS LDO	2.85	1.75~3.337	2.85	450
L18	PMOS LDO	2.7	1.75~3.337	2.7	150
VREF	—	0.6125	—	—	
MPP1	—	1.250	—	—	
VREG_XO	Low noise LDO	1.8	1.38~2.22	1.8	5
VREG_RF_CLK	Low noise LDO	1.8	1.38~2.22	1.8	5

电源管理芯片损坏引起的常见故障有发热、大电流、不开机、漏电、音频类异常等。

电源电路除了电源管理芯片外，还有一些相关的电路。电源集成电路电压输出端往往外接一些滤波电容，例如iPhone 7电压输出端外接一些滤波电容如图4-29所示。

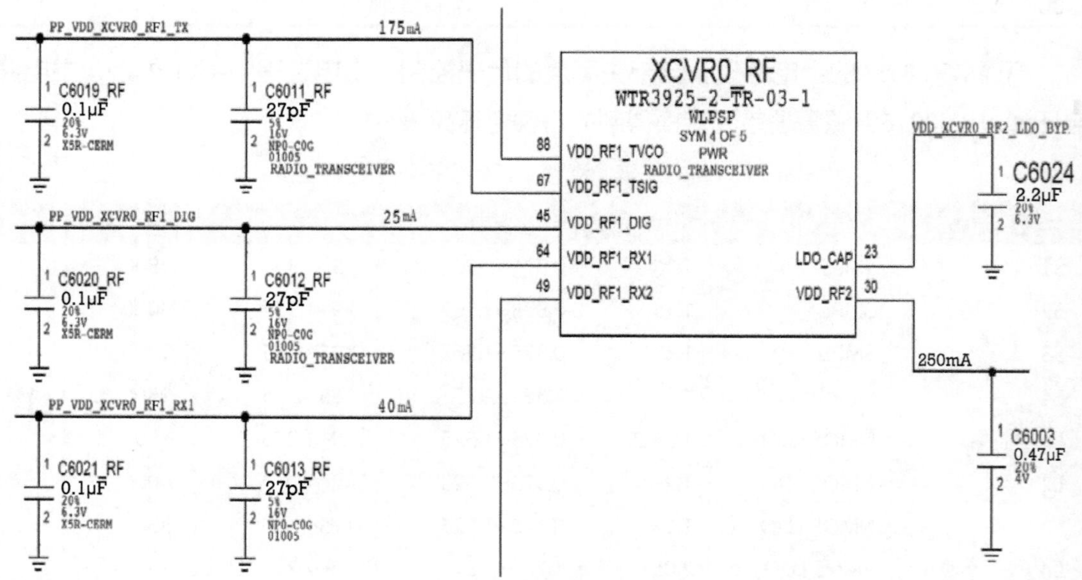

图4-29 iPhone 7电压输出端外接一些滤波电容

4.2.6 存储器

存储器的类型很多，一些分类见表4-12。

表4-12 存储器的分类

依据	分类
存储器内置外置	内置存储器、外置存储器
动态存储器	单管动态存储器、三管动态存储器、四管动态存储器、EDO DRAM（快速页面模式动态存储器）、SDRAM（同步的方式进行存取动态存储器）、DDR SDRAM（双倍数据速率同步内存动态存储器）、DDR DRAM（双通道动态存储器）、DDR2 SDRAM（采用锁相技术的双通道动态存储器）
根据工艺	双极型存储器、MOS型存储器
根据功能	随机存储器（RAM）、只读存储器（ROM）
容量大小	小容量块存储器、中容量块存储器、大容量块存储器
闪速存储器	NOR闪存存储器、NAND闪存存储器
随机存储器（RAM）	静态RAM（SRAM）、PSRAM（伪静态RAM）、LPSDRAM（低功耗SDRAM）、动态RAM（DRAM/ iRAM）
体积大小	小块存储器、大块存储器
只读存储器（ROM）	掩膜式ROM（PROM）、可编程ROM（PROM）、可擦除PROM（EPROM）、电可擦除PROM（EEPROM）、闪速存储器（Flash Memory）

不同存储器的比较见表4-13。

表4-13 不同存储器的比较

项目	E^2PROM	Flash	SRAM
存取速度	慢	快	快
存储容量	小	最大	大
掉电后数据保存	能	能	不能
可否按字节擦除	能	不能	能

RAM是随机存储器，用于运行内存，相当于PC电脑的内存，其决定运行游戏、程序速度的快慢。RAM也就是动态内存器。RAM又可以分为静态RAM（SRAM）、动态RAM（DRAM）等。SRAM，只要手机电源开着，就会保存数据。只有正常关机，才会写入。DRAM在手机上用得不多，因为保留数据时间很短。DDR RAM也就是DDR SDRAM，即同步动态随机存储器。DDR技术发展经过了DDR、DDR2、DDR3等。

手机用DDR RAM主要引脚端有地址输入端、选择地址端、数据输入/输出端、片选端、写使能端、电源端、接地端、时钟端等。

手机RAM越大，则该手机运行性能越好。目前，许多手机RAM达到GB级。例如华为畅享7S运行内存（RAM）为3GB、华为CAZ-TL10（移动全网通定制版）的RAM为3GB。

ROM为只读内存，也就是机身内存、文件内存。ROM是只读不能写的存储器，手机系统安装在ROM里面，ROM里面的内容是无法修改的，只能通过特殊手段来修改。因此，ROM里面存放系统是很安全的，可以防止用户或者恶意软件破坏系统。

手机ROM越大，则该手机越能够装更多的软件。

字库也是手机的一种存储器，其是指ROM里的所有数据与硬件本身，而不是仅仅指字体文件。字库储存主机主程序、操作系统、字库信息、网络信息、录音、加密信息、序列号（IMEI码）等。

字库大致工作流程如下：手机开机时，CPU会传出一个复位信号REST到字库，从而使系统复位。等CPU再把字库的读写端、片选端选择后，CPU会从字库内取出指令，并且经过CPU运算、译码后，CPU输出各部分协调的工作命令，从而使手机完成各自功能、任务。

手机还有一块存储器EEPROM，俗称“码片”，其以二进制代码的形式存储着手机的资料。码片存储的是系统可调节的一些参数：

生产厂家而言，码片存储的是手机调试的各种工作参数、维修相关的参数等。

手机用户而言，存储的是电话号码本、语音记事本、各种保密选项、手机本身（串号）等。手机在出厂前，都要上调校台对手机的各种工作进行调试，以便手机工作在最佳状态，并且调试的结果存在码片中。

iPhone 7基带存储器如图4-30所示。iPhone 7基带存储器采用CAT24C08C4A。CAT24C08C4A供电电压PP_1V8_LDO6送到基带处理器存储器CAT24C08C4A的A1端，存储器通过I2C SDA、SCL总线与基带处理器进行通信。

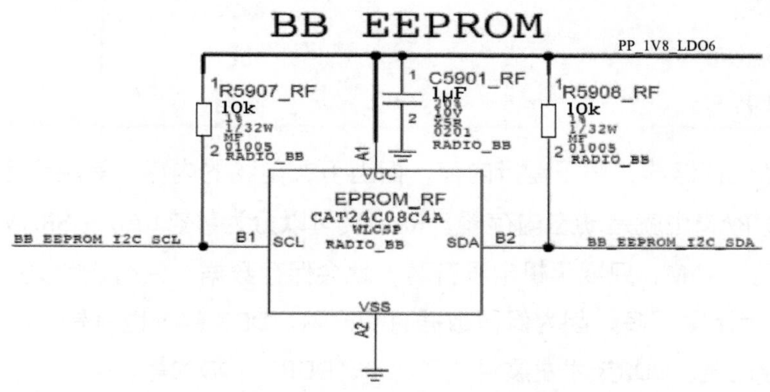

图4-30 iPhone 7基带存储器

有的手机的基带存储器与基带处理器是通过SPI（串行外设接口）总线进行通信的。SPI接口常见的信号如下：

①MOSI。主器件数据输出，从器件数据输入。

②MISO。主器件数据输入，从器件数据输出。

③SCLK。时钟信号，一般由主器件产生。

④NSS。从器件使能信号，一般由主器件控制，有的集成电路标注的是CS。

手机存储器芯片损坏引起的常见故障有不开机、死机等。

4.2.7 microSD卡与microSD卡座线路

microSD卡又称为T卡、TF卡，其是SanDisk闪迪公司发明的一种极细小的快闪存储器卡。

不同手机最高支持microSD卡容量不同。例如华为畅享7S最大支持扩展外部存储扩展microSD卡为256GB（非标配）。华为CAZ-TL10（移动全网通定制版）外部存储扩展microSD卡最高支持128GB。

SD卡线路图如图4-31所示。SD卡座损坏引起的常见故障有不识别SD卡等。

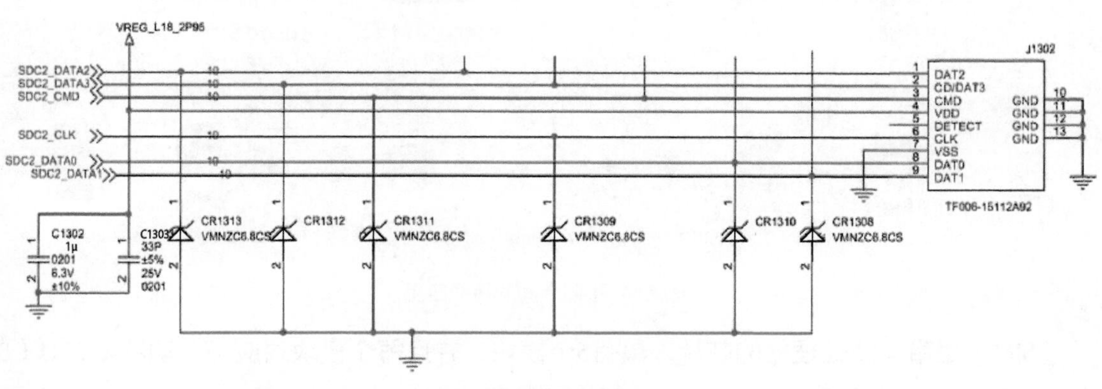

图4-31 SD卡线路图

一些手机microSD卡座如图4-32所示。

手机不识别microSD卡的一些可能原因如下：

①microSD卡损坏。

②microSD卡与手机装配异常。

③卡座焊接不良。

④卡座损坏。

⑤基带芯片虚焊或异常。

手机不识别microSD卡检测常涉及的信号如下：

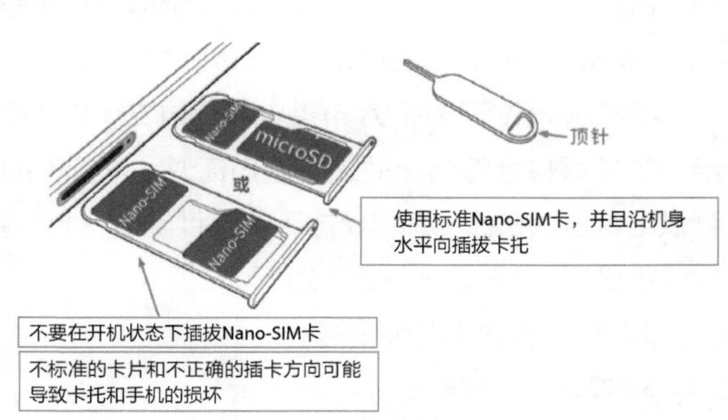

图4-32 一些手机microSD卡座

①SD_CARD_DET_N——microSD卡在位检测信号。

②VDD——microSD卡电源。

4.2.8 SIM卡座与SIM卡线路

SIM卡可以分为普通SIM（即大卡）、microSIM卡（即小卡）、nanoSIM卡（即微型卡）、eSIM卡（即虚拟卡）等，如图4-33所示。不同卡间的转换应用如图4-34所示。

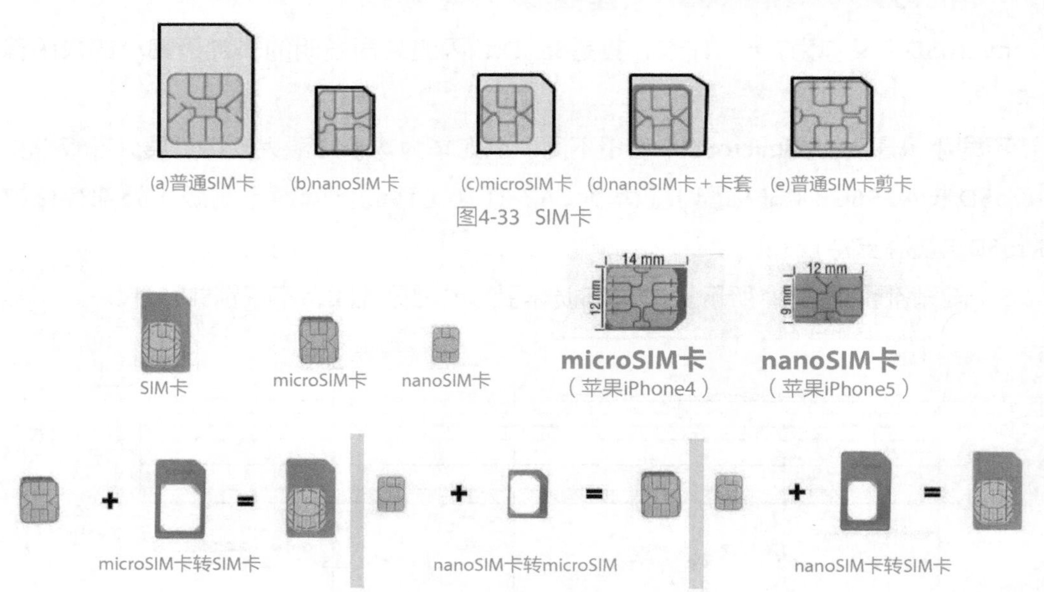

图4-33 SIM卡

图4-34 不同卡间的转换应用

SIM卡是带有微处理器的芯片，具有5个模块，并且每个模块对应一个功能：CPU（8位/16位/32位）、程序存储器ROM、工作存储器RAM、数据存储器EEPROM、串行通信单元。

SIM卡在与手机连接时，最少需要5个连接端：电源（VCC）、时钟（CLK）、数据I/O口（Data）、复位（RST）、接地端（GND），如图4-35所示。

SIM卡电路如图4-36所示。

手机开机过程中，Vsim供电会通过SIM卡I/O口由CPU检测SIM卡。如果没有检测到卡，软件很快会将Vsim关闭。换句话说，手机不插卡的状态下，仅能够在开机瞬间测试到供电电压。在插卡开机状态下，该供电电压会一直存在。

手机SIM卡有关一些信号如下：

SCLK——SIM卡时钟信号。

SIMCLK——时钟信号。

SIMDATA——数据信号。

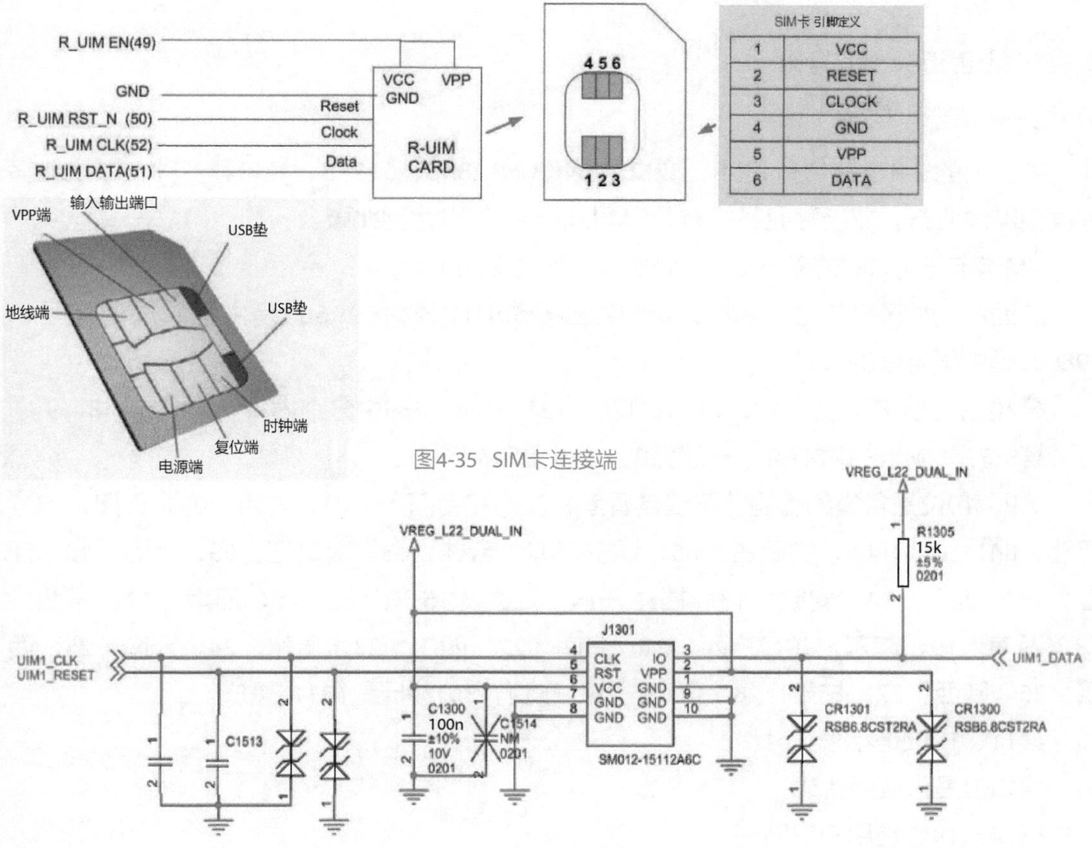

图4-35 SIM卡连接端

图4-36 SIM卡电路

SIMRST——复位信号。

SIMSEL——SIM卡供电电压选择信号。

SIMVCC——SIM卡供电使能信号。

SIO——数据信号。

SRST——SIM卡复位信号。

UIM1_CLK、UIM2_CLK——UIM时钟信号。

UIM1_DATA、UIM2_DATA——UIM数据。

UIM1_RST、UIM2_RST——UIM复位信号。

VREG_L14_UIM1、VREG_L15_UIM1——SIM卡电源。

VSIM——SIM卡供电电源。

nanoSIM卡不兼容microSIM卡。iPhone X、iPhone 8、iPhone 8 Plus均采用nanoSIM卡。华为畅享7S手机的SIM卡类型也为nanoSIM卡。

一般SIM卡的IC芯片中，有128KB的存储容量，可供储存以下信息：

①1000组电话号码与其对应的姓名文字。

②40组短信息。

③5组以上最近拨出的号码。

④4位SIM卡密码（PIN）。

市面上的SIM卡芯片有16KB、32KB、64KB、128KB、512KB、1MB等多种，以及能够提供多媒体业务。非接触业务的专业SIM卡，容量可以达到兆级。

SIM卡卡号有20位数码（即ICCID号），其含义如下：

前面6位为网络代号。898600是中国移动的代号；898601是中国联通的代号；898603是中国电信的代号。

第7位是业务接入号。133、135、136、137、138、139中分别为1、5、6、7、8、9。

第8位是SIM卡的功能位。一般为0，预付费SIM卡为3。

第9、10位是各省的编码（不包含香港、澳门和台湾）。01：北京；02：天津；03：河北；04：山西；05：内蒙古；06：辽宁；07：吉林；08：黑龙江；09：上海；10：江苏；11：浙江；12：安徽；13：福建；14：江西；15：山东；16：河南；17：湖北；18：湖南；19：广东；20：广西；21：海南；22：四川；23：贵州；24：云南；25：西藏；26：陕西；27：甘肃；28：青海；29：宁夏；30：新疆；31：重庆。

第11、12位是年号。

第13位是供应商代码。

第14～19位是用户识别码。

第20位是校验位。

说明：由于运营商对ICCID管理还不很清晰，具体比较有些卡与上面规律可能会存在差异。

SIM卡卡号20位数码（即ICCID号）的含义图解如图4-37所示。

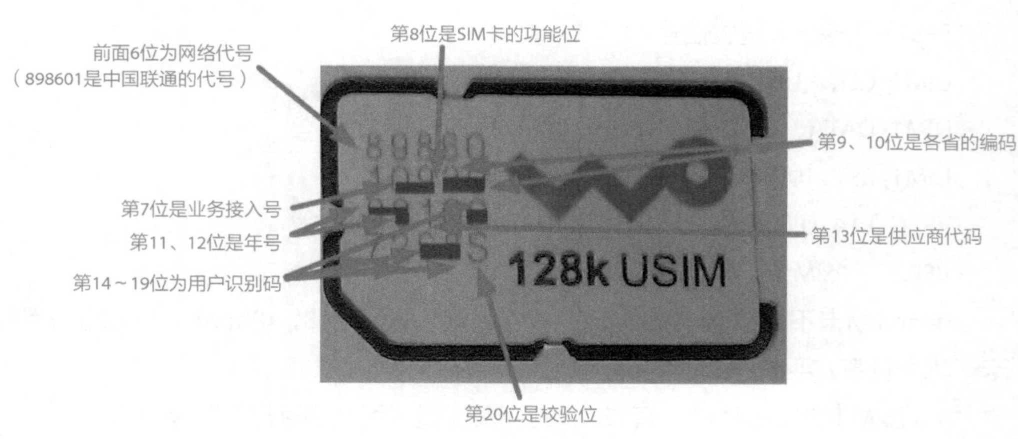

图4-37 SIM卡卡号20位数码（即ICCID号）的含义图解

SIM卡托如图4-38所示。

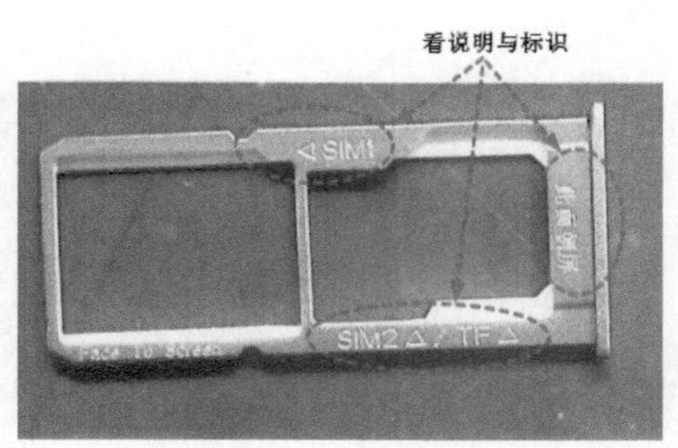

图4-38 SIM卡托

许多手机SIM卡槽采用左右排布，有的手机采用上下排列，例如OPPO Find X就是采用上下排列。手机SIM卡槽有的采用了橡胶套，以便防水。

SIM卡座损坏引起的常见故障有不识SIM卡等。

目前，许多手机具有双卡功能。例如：

华为畅享7S为双卡，其双卡双待单通，nanoSIM。

华为VTR-AL00（全网通版）采用nanoSIM卡，并且卡槽2（外卡槽）支持nanoSIM卡和microSD卡二选一。

华为TRT-AL00A卡槽1（靠内）为nanoSIM卡，卡槽2（靠外）为microSD卡和nanoSIM卡二选一。

SIM卡，还有一种虚拟SIM卡。虚拟SIM卡是一种依托于运营商网络的虚拟账号机制，通过PUK与PIK码登录，类似登录社交APP的账号与密码。虚拟SIM卡之所以称之为虚拟，是因为该卡采用了嵌入式技术，也就是在手机出厂时SIM卡会被预装在手机里面了，但是并未锁定于某个运营商网络。因此，手机用户可以通过系统界面切换运营商服务，从而省去了实体SIM卡需要拿出与更换的操作。虚拟SIM卡作为手机芯片模块的一部分，可以多次擦写。

手机各种升级前，必须把SIM卡拔出来，以免发生异常删掉SIM卡上的用户信息，并且需要备份资料。

智能手机SIM卡电路故障诊断与维修方法如下：

①首先看接触情况，是否存在SIM卡插座内的弹簧触点变形或脏污。如果弹簧触点变形，则需要调整弹簧触点。如果脏污，则需要用棉签清洁触点。如果插座接触不良，需要重新焊接插座。

②检查供电情况，SIM卡插座可能有几种供电电压，均需要检查。检查节点就是供电电压的来源点与SIM卡插座供电端脚，以及两节点间的连接线路。

③检查外接件，常见的有滤波元件等。

④检查控制信号CLK（时钟信号）、RST（复位信号）等是否正常，线路是否顺通。

4.2.9 振动电机电路

振动电机也叫作振动马达，如图4-39所示。

图4-39 振动电机

手机一些振动电机电路图解如图4-40所示。

振动电机电路常见故障有电机不振、上电电机长振等。

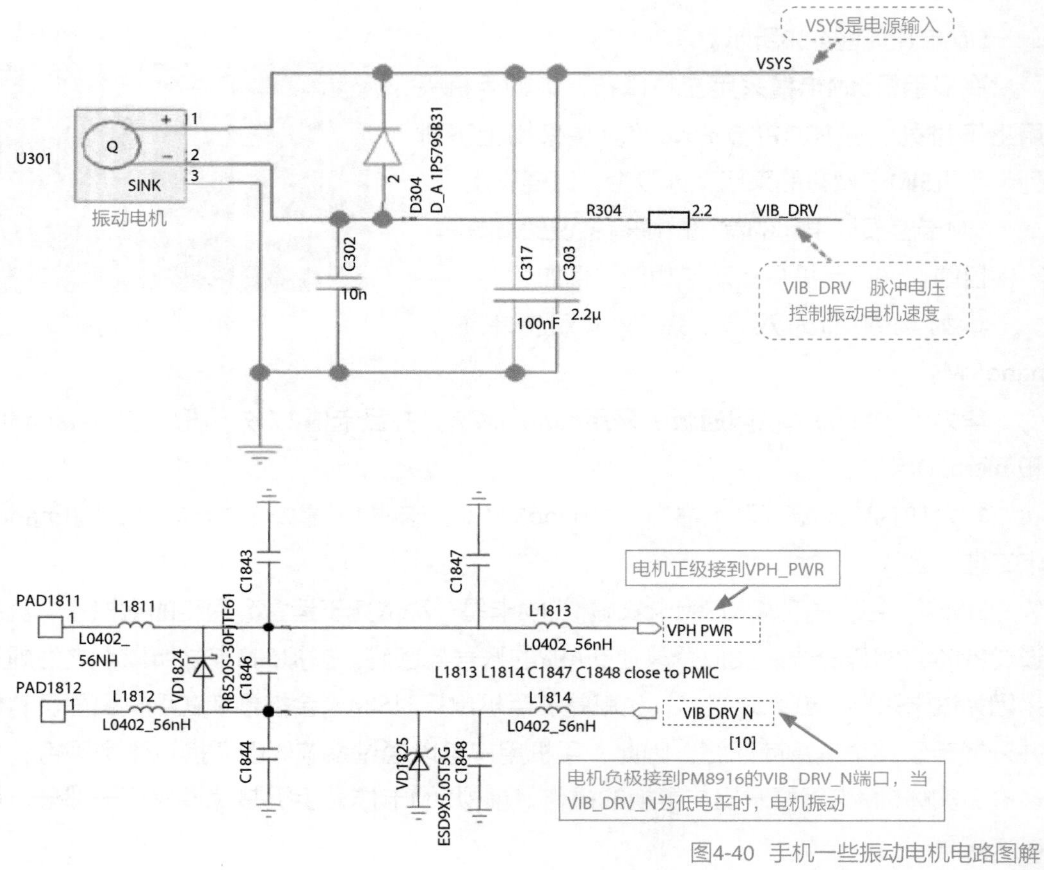

图4-40 手机一些振动电机电路图解

电机不振，可能是电机异常、电压异常等引起的。上电电机长振，可能是焊接时将电机小器件与其周边上的器件短路引起的。

检测振动电机电路常检测的信号有：VPH_PWR——电机＋；PM_VIB_DRV_N——电机－。

4.2.10 电池与电池电路

一些手机电池容量见表4-14。

表4-14 一些手机电池容量

型号	电池容量
华为CAZ-TL10（移动全网通定制版）	典型值3020mAh，最小值2920mAh
华为ATU-AL10	3000mAh（典型值）
华为VTR-AL00（全网通版）	3200mAh（典型值）
华为TRT-AL00A	4000mAh（典型值）
华为BLA-AL00	最大支持5A大电流充电4000mAh（典型值）

续表

型号	电池容量
iPhone X	电池容量为2716mAh
华为畅享7S	3000mAh（典型值）

目前，许多智能手机采用内置电池。例如华为畅享7S手机内置电池，华为CAZ-TL10（移动全网通定制版）内置电池。更换内置电池相比更换外置电池更要专业一些。

电池接口电路常见的信号功能如图4-41所示。

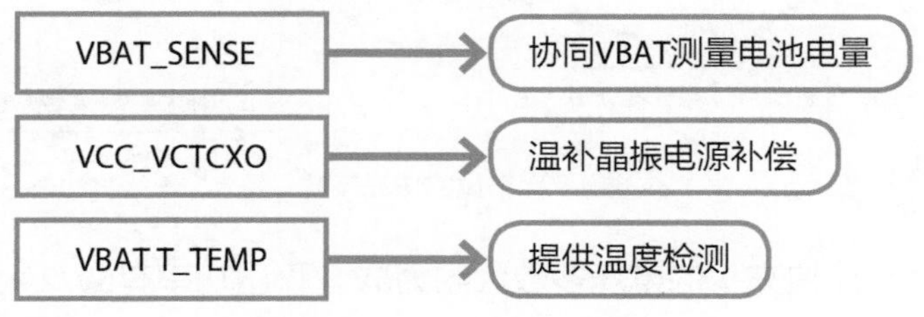

图4-41 电池接口电路常见的信号功能

电池连接器BTB座损坏引起的常见故障有不开机、插入USB反复重启等。

4.2.11 手机充电器与充电芯片

手机充电器可以分为旅行充电器、USB充电器、座式充电器、维护型充电器等种类。

手机电池充电器参数主要是电压、电流，它们的要求如图4-42所示。

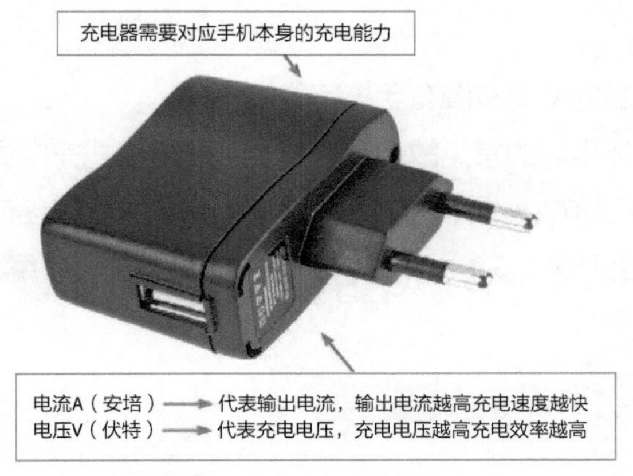

图4-42 手机电池充电器参数

目前，手机快充比较流行。手机快速电池充电器，俗称为快充头。根据功率=电流×电压可知，提高手机充电功率无非就是要么提升充电电流，要么提升充电电压，要么两者同时提升。

常见的快充技术如图4-43所示。

常见的快充头输入电压为100~240V，适合与我国市电进行连接。

常见的快充头输出功率有5V/3A、9V/3A、11V/2.4A、12V/2.25A等。目前，一般高压快充最大电流不超过3A。

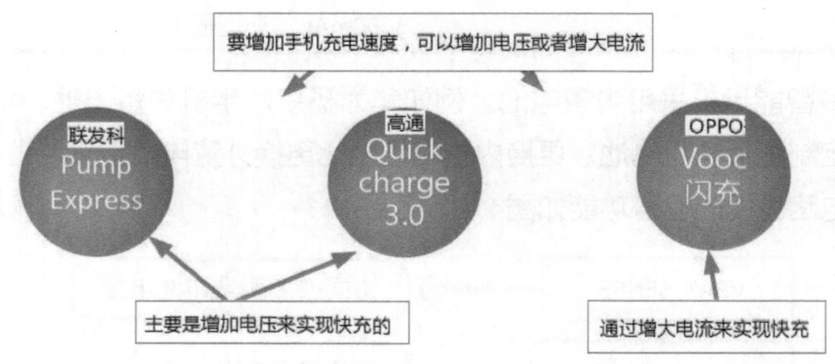

图4-43 常见的快充技术

常见的低压大电流快充头的电压多数大约为5V，输出功率有5V/2A、5V/8A、4.5V/5A等。大电流快充比高压快充充电过程中的发热量要低一些。

一些闪充充电器USB接口引脚有正极端、负极端、闪充确认开启端、空脚端，并且正极端、负极端、闪充确认开启端不止一个引脚。

一些闪充充电器USB接口引脚有D+、D－、电源端、接地端、空脚端。

一些普通充电器USB线接口引脚有正极端、负极端、空脚端，并且往往只有一个正极端、一个负极端，其余为空脚端。

如果手机闪充没有闪充标志，则用棉签＋酒精擦拭闪充确认开启端、电池引脚接触片。

闪充芯片损坏引起的常见故障有手机不能闪充等。

普通充电芯片损坏引起的常见故障有不充电、普通模式充电失败等。

一些快充头应用了RT7207识别芯片、NTMFS5C612NL（丝印5C612L）肖特基二极管、DMP2002UPS输出开关、STFU13N65M2开关管、RT7786可编程功率转换器用PWM控制器（USB PD）等元器件。

4.2.12 Wi-Fi

Wi-Fi全称为Wireless Fidelity，即无线保真。Wi-Fi属于无线电资源。简单地讲，Wi-Fi就是无线上网。

大部分国家都规定了Wi-Fi的频段。Wi-Fi频段主要工作在2.4GHz、5GHz、60GHz等频段。但是，需要注意这些频段的技术不是Wi-Fi唯一的，例如DFS雷达工作在5GHz、蓝牙工作在2.4GHz等。为此，当存在Wi-Fi干扰时，则可能是外界存在干扰引起的。

当今，Wi-Fi为使用最广的一种无线网络传输技术。只要将传统的路由器换成无线路由器，然后简单设置一下即可实现Wi-Fi无线网络共享。

第一代的Wi-Fi技术的标准化标号为802.11，最早由IEEE（美国电气电子工程师协会）在1997年制定。之后，IEEE对802.11x技术标准进行了多次升级，分别出现了802.11a、802.11b、802.11g、802.11n等版本。这些版本间的最大区别在于传输速度不断提升、信号覆盖不断扩容。之后，出现了Wi-Fi产业联盟，并且使用Wi-Fi为商标推广无线局域网技术。

Wi-Fi五代的特点见表4-15。

表4-15 Wi-Fi五代的特点

Wi Fi代数	特点
第一代802.11	IEEE于1997年制定，只运行于2.4GHz，最快为2Mbit/s
第二代802.11b	只运行于2.4GHz，最快为11Mbit/s
第三代802.11g/a	分别运行于2.4GHz、5GHz，最快为54Mbit/s
第四代802.11n	可运行于2.4GHz或5GHz，20MH$_2$和40MHz带宽下最快为72Mbit/s和150Mbit/s
第五代802.11ac	第五代802.11ac俗称为5G Wi-Fi，只能够运行于5GHz。802.11ac标准的核心技术主要基于802.11a，继续工作在5GHz频段上以保证向下兼容性，也就是能够同时覆盖5GHz与2.4GHz两大频段。5G Wi-Fi数据传输通道会大大扩充，理论传输速度最高有望达到1Gbit/s，可秒传125MB。但是，5GHz Wi-Fi穿墙能力较差，信号衰减要大于Wi-Fi 2.4G，只能够适合室内小范围覆盖与室外网桥

2.4GHz与5GHz的共存双频已经成为一种趋势，双频Wi-Fi手机更具有强的抗干扰能力、更稳定的Wi-Fi无线信号等。

Wi-Fi电路信号功能如图4-44所示。

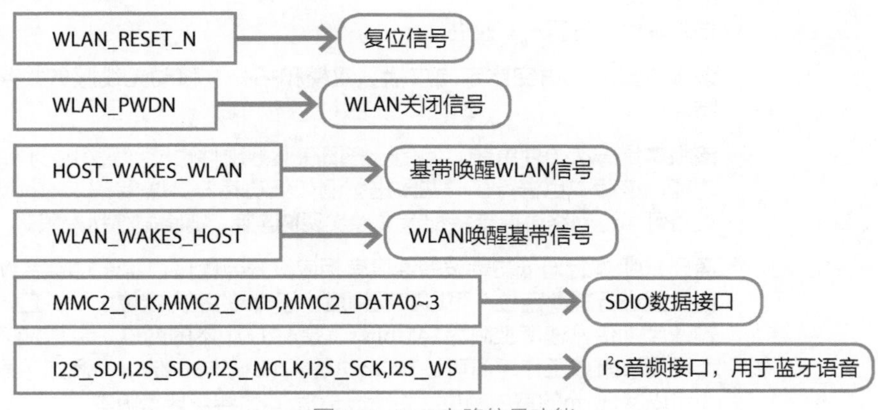

图4-44 Wi-Fi电路信号功能

Wi-Fi单芯片损坏引起的常见故障有Wi-Fi传输故障等。

Wi-Fi天线弹片（天线连接器）损坏引起的常见故障有Wi-Fi信号差、无法连接、无信号等。

4.2.13 蓝牙

蓝牙是一种短距离无线技术标准，可以实现固定设备、移动设备与个人域网之间的短距离数据交换。蓝牙一般使用2.4~2.485GHz的ISM（Industrial Scientific Medical Band，即工业、科学与医学波段）的UHF无线电波。

目前，蓝牙由蓝牙技术联盟（Bluetooth Special Interest Group，SIG）管理。

蓝牙发展的版本见表4-16。

表4-16　蓝牙发展的版本

版本	特点
1.0版本、1.0B版本	2002年获批为IEEE 802.15.1标准，1.0B版本修正了一些错误
1.2版本	1.2版本传输速度相较1.1版本提升了，高达721 kbit/s。具有自适应跳频扩频（AFH）、与三线UART的主机控制器接口（HCI）操作等功能
2.0 + EDR版本	该版本主要不同在于增强数据率（EDR）的推出。EDR的标称速率为3 Mbit/s，但是实践中的数据传输速率为2.1 Mbit/s。EDR可以通过减少工作周期提供更低的功耗。 该版本中的EDR为选择性的功能 该版本也进行了一些改进
2.1 + EDR版本	该版本最大的特点是安全简易配对（SSP），以及进行了一些改进，例如延长询问回复（EIR）、低耗电监听模式（Sniff Subrating）等
3.0 + HS版本	该版本传输速率理论上可以高达24 Mbit/s，也就是具有高速传输功能。只有标注了+HS商标的手机，才真正通过802.11高速数据传输支持蓝牙。如果没有标注+HS后缀的蓝牙3.0手机仅支持核心规格3.0版本或之前核心规范
4.0版本	蓝牙核心规格4.0包括经典蓝牙、高速蓝牙、蓝牙低功耗协议。其中，高速蓝牙基于Wi-Fi，经典蓝牙是包括旧有的蓝牙协议，蓝牙低功耗也就是以前的Wibree 该版本也进行了一些改进
4.1版本	该版本具有低占空比定向广播、双模和拓扑、移动无线服务共存信号等特点
4.2版本	该版本是一次硬件更新。但是一些旧有蓝牙硬件也能够获得蓝牙4.2的一些功能。该版本也进行了一些改进，例如低功耗安全连接、Bluetooth Smart设备可通过网络协议支持配置文件实现IP连接、链路层隐私权限等
5.0版本	蓝牙5.0版本针对低功耗设备速度有相应提升与优化，蓝牙5.0结合Wi-Fi对室内位置进行辅助定位（可以实现精度小于1m的室内定位），并且提高了传输速度（传输速度上限为24Mbit/s，是4.2LE版本的两倍），增加了有效工作距离（有效工作距离可达300m，是4.2LE版本的4倍），添加了导航功能（可以实现1m的室内定位）。蓝牙5.0版本兼容蓝牙老版本

蓝牙作为无线通信，则自然涉及收发器芯片。蓝牙芯片损坏引起的常见故障有蓝牙故障等。

目前，许多智能手机采用集成化程度高的电路，蓝牙电路与Wi-Fi电路等电路集成在一起，例如Wi-Fi/BT/FM三合一芯片。WCN3620就是一款Wi-Fi、BT、FM三合一的芯片。

Wi-Fi/BT/FM三合一芯片损坏引起的常见故障有无信号、Wi-Fi/BT/FM信号差、Wi-Fi无法上网、蓝牙无功能等。

一些vivo智能手机Wi-Fi与蓝牙见表4-17。

表4-17 一些vivo智能手机Wi-Fi与蓝牙

型号	Wi-Fi	蓝牙
vivo X20	双频Wi-Fi (2X2MIMO)，IEEE 802.11 a/b/g/n/ac	支持5.0
vivo X20 Plus	支持Wi-Fi /WAPI；802.11 a/b/g/n/ac 2.4G+5GHz	支持蓝牙5.0
vivo X21	双频Wi-Fi (2X2MIMO)，IEEE 802.11 a/b/g/n/ac	支持蓝牙5.0
vivo X21i	支持	支持
vivo Y71	支持	支持
vivo Y75	支持Wi-Fi /WAPI	支持蓝牙4.0
vivo Y75s	支持	支持蓝牙4.2
vivo Y83	支持	支持
vivo Y85	支持Wi-Fi /WAPI	支持蓝牙4.2

一些OPPO智能手机WLAN功能与蓝牙见表4-18。

表4-18 一些OPPO智能手机WLAN功能与蓝牙

型号	WLAN功能	蓝牙
OPPO R15	WLAN 2.4GHz / WLAN 5.1GHz / WLAN 5.8GHz / WLAN Display	蓝牙 4.2
OPPO R15 梦境版	WLAN 2.4GHz / WLAN 5.1GHz / WLAN 5.8GHz / WLAN Display	蓝牙 5.0
OPPO A79	WLAN 2.4GHz、5GHz	蓝牙 4.2
OPPO A83	2.4G / 5G双频Wi-Fi，IEEE 802.11 a/b/g/n	蓝牙 4.2
OPPO A73	双频Wi-Fi，IEEE 802.11 a/b/g/n	蓝牙 4.2
OPPO R11s	WLAN 2.4GHz / WLAN 5.1GHz / WLAN 5.8GHz/ WLAN Display	蓝牙 4.2
OPPO R11s Plus	WLAN 2.4GHz / WLAN 5.1GHz / WLAN 5.8GHz / WLAN Display	蓝牙 4.2

一些华为智能手机Wi Fi与蓝牙见表4-19。

表4-19 一些华为智能手机Wi-Fi与蓝牙

型号	Wi-Fi	蓝牙
华为CAZ-TL10（移动全网通定制版）	802.11 b/g/n，2.4GHz	BT4.1
华为ATU-AL10	802.11 b/g/n，2.4GHz	BT4.2

续表

型号	Wi-Fi	蓝牙
华为VTR-AL00（全网通版）	802.11a/b/g/n/ac，支持2.4GHz和5GHz双频段，支持WLAN直连	BT4.2 支持BLE
华为TRT-AL00A	802.11 b/g/n	BT4.1+BLE
华为BLA-AL00	802.11a/b/g/n/ac，2.4GHz和5GHz，支持WLAN直连	BT 4.2，支持BLE，支持aptX、aptX HD和LDAC高清音频
华为畅享7S	802.11 b/g/n，2.4GHz	BT4.2

4.2.14 GPS

手机定位的类型如图4-45所示。

GPS—— 全球定位系统的简称。其是利用GPS定位卫星，在全球范围内实时进行定位、导航的系统。

AGPS—— 辅助GPS技术，其可以提高GPS卫星定位系统的性能。

网络定位—— 通过手机网络流量定位，其只能定位到手机所在附近基站。

图4-45 手机定位的类型

①Glonass定位。Glonass（格洛纳斯）是俄语“全球卫星导航系统”（Global Navigation Satellite System的缩写。格洛纳斯卫星导航系统作用类似于美国的GPS、欧洲的伽利略卫星定位系统、中国的北斗卫星导航系统。Glonass系统由卫星、地面测控站、用户设备三部分组成。近几年，Glonass定位逐步加入智能手机芯片中。

②北斗定位。北斗卫星导航系统（BeiDou Navigation Satellite System，BDS）是我国自行研制的全球卫星导航系统。北斗卫星导航系统由空间段、地面段、用户段三部分组成。目前，北斗定位精度10m、测速精度0.2m/s、授时精度10ns。

③伽利略定位。伽利略定位系统（Galileo）也是一个卫星定位系统，该系统由欧盟（EU）通过欧空局（ESA）、欧洲导航卫星系统管理局（GSA）建造。

一些华为智能手机GPS见表4-20。

表4-20 一些华为智能手机GPS

型号	GPS
华为ATU-AL10	GPS定位、Glonass定位
华为VTR-AL00（全网通版）	GPS/Glonass/北斗/伽利略
华为TRT-AL00A	GPS/AGPS/Glonass/北斗
华为BLA-AL00	GPS/Glonass/北斗
华为畅享7S	GPS定位、Glonass定位、北斗定位、AGPS定位

GPS天线接收弹片损坏引起的常见故障有不能导航、不能定位、GPS信号弱、GPS信号无等。

4.2.15 屏幕与触摸屏

手机屏幕就是手机屏、显示屏。手机显示屏的主要参数有屏幕尺寸、屏幕分辨率与像素、屏幕PPI等。其中，屏幕尺寸图示如图4-46所示。屏幕分辨率与像素图示如图4-47所示。

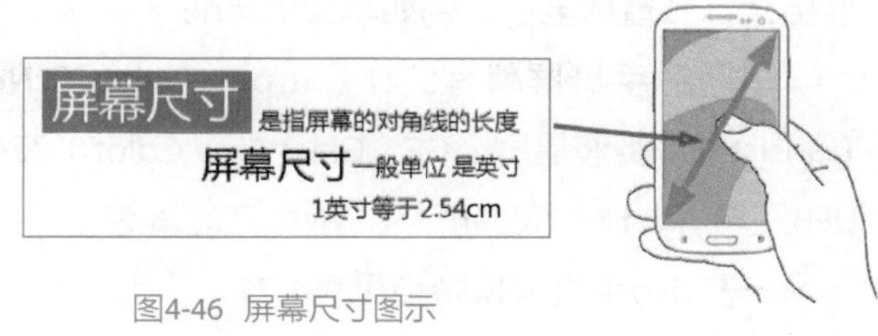

图4-46 屏幕尺寸图示

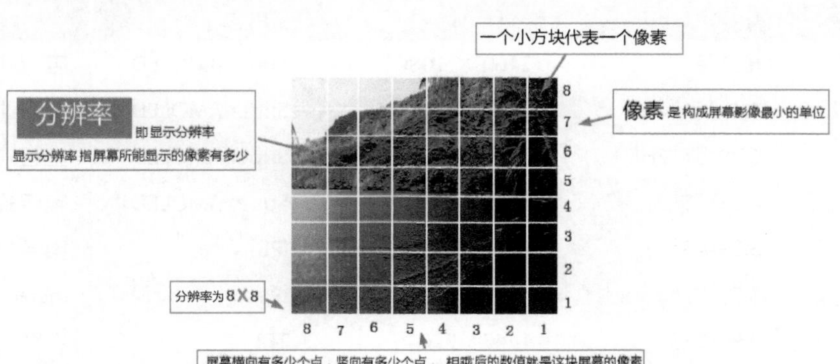

图4-47 屏幕分辨率与像素图示

屏幕720P表示为1280×720；屏幕1080P表示为1920×1080。主流2K分辨率为2560×1440。4K分辨率为3840×2160以上。8K分辨率为7680×4320以上。

屏幕PPI表示屏幕像素密度，也就是每英寸所拥有的像素数量。一般而言，PPI越高屏幕拟真度越高。

手机2.5D屏幕是一种弧面屏幕，又叫作水滴屏。2.5D屏玻璃的中心有一个平面的区域，周边以弧面过度，即在平面玻璃的基础上对边缘进行了弧度处理。2.5D屏幕能够使手机表面外观就如同盈而不溢的水滴，更具有视觉张力。也就是说，2.5D屏幕最主要的作用在于提升屏幕和机身整体的视觉效果，同时还提升了手感。

压力触控技术屏幕就是在屏幕四角配置了力度传感器，可以对按压力度进行感知，从而进行轻点、轻按、重按三层维度的动作回馈，为人机交互开拓出了全新的空间。

曲面屏幕即曲面屏，其区别于传统手机屏幕是一个平面的特征，而其是带有一定的弧度的屏幕。曲面屏幕是一种采用柔性塑料的显示屏，目前主要通过OLED面板来实现。与直面屏幕比较，曲面屏幕弹性更好，不易破碎。例如OPPO Find X手机外观采用的是曲面全景屏。

OLED屏幕就是有机发光显示器。OLED屏幕不需背光灯，采用有机材料涂层与玻璃基板。有电流通过时，这些有机材料就会发光。OLED显示屏幕可以做得更轻更薄，可视角度更大，节省耗电量。例如苹果iPhone X采用了5.8英寸的异形OLED屏幕。

早期的手机屏幕有STN（Super Twisted Neumatic）类液晶屏、TFT（Thin Film Transistor）类液晶屏、GF（Glass Fine Color）液晶屏、TFD（Thin Film Diode）液晶屏、UFB液晶屏、LTPS液晶屏、CSTN类液晶屏等。

一些vivo手机屏幕特点见表4-21。

表4-21 一些vivo手机屏幕特点

型号	屏幕尺寸	分辨率	显示屏材质	触摸屏类型
vivo X20	6.01英寸	2160 × 1080	Super AMOLED	电容式多点触控
vivo X20 Plus	6.43英寸	2160 × 1080	Super AMOLED	on cell
vivo X21	6.28英寸FHD+	2280×1080	Super AMOLED	电容式多点触控
vivo X21i	6.28英寸	2280×1080	Super AMOLED	电容式多点触控
vivo Y71	5.99英寸	1440×720（HD+）	IPS	电容屏多点触控
vivo Y75	5.7英寸	1440 × 720	IPS	Incell
vivo Y75s	5.99英寸	1440×720	TFT	电容式多点触控
vivo Y83	6.22英寸	1520×720	IPS	电容式多点触控
vivo Y85	6.26英寸	2280×1080	IPS	Incell

vivo NEX旗舰版屏幕的特点如图4-48所示。

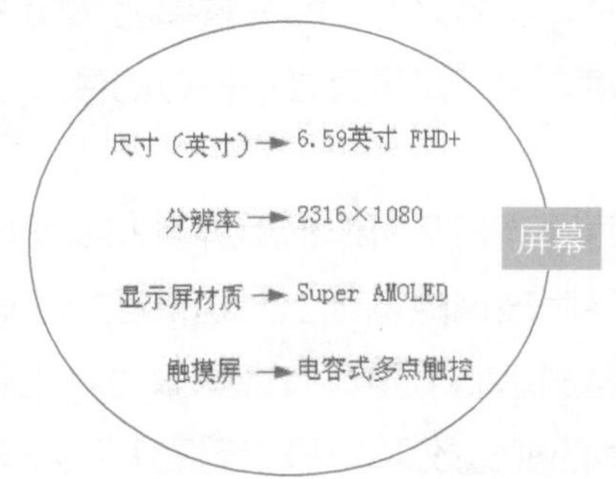

图4-48 vivo NEX旗舰版屏幕的特点

一些OPPO手机屏幕特点见表4-22。

表4-22 一些OPPO手机屏幕特点

型号	屏幕特点
OPPO A73	主屏尺寸：6.0 英寸 主屏分辨率：2160×1080 主屏色彩：1670 万色 屏幕像素密度：403PPI 主屏材质：TFT-LTPS

续表

型号	屏幕特点
OPPO A79	主屏尺寸：6.01 英寸（依据屏幕矩形直角测算） 主屏分辨率：2160×1080 主屏色彩：1600 万色 屏幕像素密度：401PPI 主屏材质：AMOLED
OPPO A83	主屏尺寸：5.7 英寸 主屏分辨率：1440×720 主屏色彩：1600 万色 屏幕像素密度：282PPI 主屏材质：TFT
OPPO R11s	主屏尺寸：6.01 英寸（依据屏幕矩形直角测算） 主屏分辨率：2160×1080 主屏色彩：1600 万色 屏幕像素密度：401PPI 主屏材质：AMOLED
OPPO R11s Plus	主屏尺寸：6.43 英寸（依据屏幕矩形直角测算） 主屏分辨率：2160×1080 主屏色彩：1600万色 屏幕像素密度：376PPI 主屏材质：AMOLED
OPPO R15	主屏尺寸：6.28 英寸（依据屏幕矩形直角测算） 主屏分辨率：2280×1080 主屏色彩：1600 万色 屏幕像素密度：401PPI 主屏材质：OLED
OPPO R15梦境版	主屏尺寸：6.28 英寸（依据屏幕矩形直角测算） 主屏分辨率：2280×1080 主屏色彩：1600万色 屏幕像素密度：401PPI 主屏材质：OLED

一些华为手机屏幕特点见表4-23。

表4-23 一些华为手机屏幕特点

型号	屏幕特点
华为CAZ-TL10 （移动全网通定制版）	屏幕尺寸：5.0英寸 屏幕色彩：1600万 屏幕材质：LTPS 屏幕涂层：防指纹涂层 屏幕贴合技术：Incell触摸屏 分辨率：1920×1080 屏幕像素密度：443PPI 触摸屏：支持多点触控的Incell触摸屏 玻璃材质：铝硅强化玻璃 按键背景灯：无

续表

型号	屏幕特点
华为ATU-AL10	屏幕尺寸：5.7英寸 屏幕色彩：1670万色 屏幕类型：TFT，IPS 分辨率：1440×720 屏幕像素密度：283PPI 触摸屏：支持多点触控的触摸屏
华为TRT-AL00A	屏幕尺寸：5.5英寸 屏幕色彩：1600万色 色彩饱和度（NTSC）：70% 屏幕类型：IPS 分辨率HD：1280×720 屏幕像素密度：267PPI 触摸屏：Incell，多点触控触摸屏
华为BLA-AL00	屏幕尺寸：6.0英寸 屏幕色彩：1670万色，色彩饱和度（NTSC）112%（典型值） 屏幕类型：OLED显示屏，对比度（典型值）70000：1 分辨率：2160×1080像素 屏幕像素密度：402 PPI 触摸屏：多点触控触摸屏，AR镀膜
华为畅享7S	屏幕尺寸：5.65英寸 屏幕色彩：1670万色 屏幕类型：TFT 分辨率：2160×1080 屏幕像素密度：428 PPI 触摸屏：支持多点触控的触摸屏

早期的手机屏幕，以LCD屏居多。LCD屏电路的工作特点如下：数字基带芯片通过图像处理芯片或者直接控制LCD的显示，信号通过主板上的板板连接器送到LCD转接FPC板，再由FPC板通过板板连接器与LCD模块相连。为减少LCD接口信号与射频之间的干扰，在数据接口中串接了EMI滤波器。

LCD接口电路信号功能如图4-49所示。

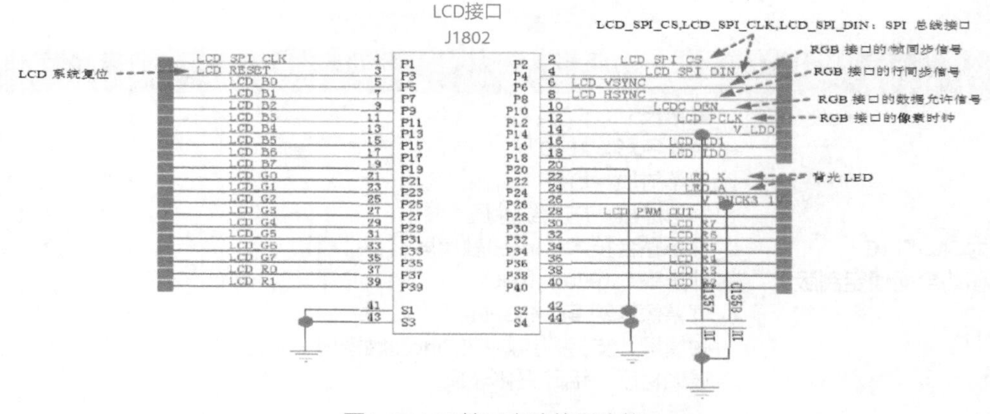

图4-49 LCD接口电路信号功能

LCD显示电路接口一些信号如下:

DSI_LCD_RST——复位信号。

LCD_ID1/LCD_ID2——ID识别信号。

LCD_TE——同步信号。

LCD_VSN—— -5V电压。

LCD_VSP——+5V电压。

LED_A——背光阳极，有的手机背光亮度越高，阳极电压值越大。

LED_K——背光阴极。

LPA0——数据线作用选择信号，即选择NLD0~NLDX线路上传输的是显示数据还是控制数据。

LPCE0B_MAIN_LCM——主屏LCD片选控制信号。

LRDB——数据读控制信号，电路中一般通过上拉电阻置为高电平。

LRSTB——复位信号。

LRWB——数据写控制信号。

MIPI_DSI0_CLK_P_LCD\ MIPI_DSI0_CLK_N_LCD——时钟信号，有的手机时钟信号为0.4V或1.2V。

MIPI_DSI0_D0_P\ MIPI_DSI0_D0_N——数据信号，有的手机数据信号为0.4V或1.2V。

NLD0－NLDX——数据信号。

VDD——供电电源。

VREG_L17_2P85——2.85V电源/冗余。

VREG_L6_1P8——1.8V电源。

目前，许多智能手机屏幕与触摸屏组成一个显示组件，例如图4-50。

触摸屏就是通过触摸可以进行控制、操作的屏。触摸屏的种类如图4-51所示。

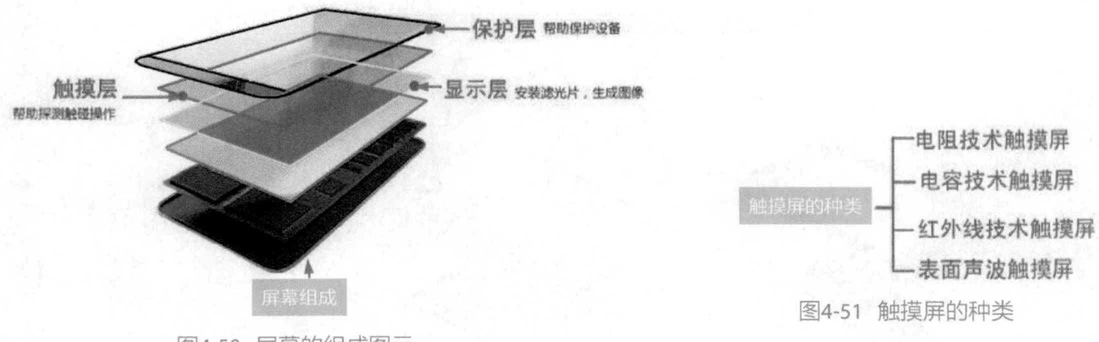

图4-50 屏幕的组成图示

图4-51 触摸屏的种类

触摸屏接口电路如图4-52所示。电容屏的结构如图4-53所示。

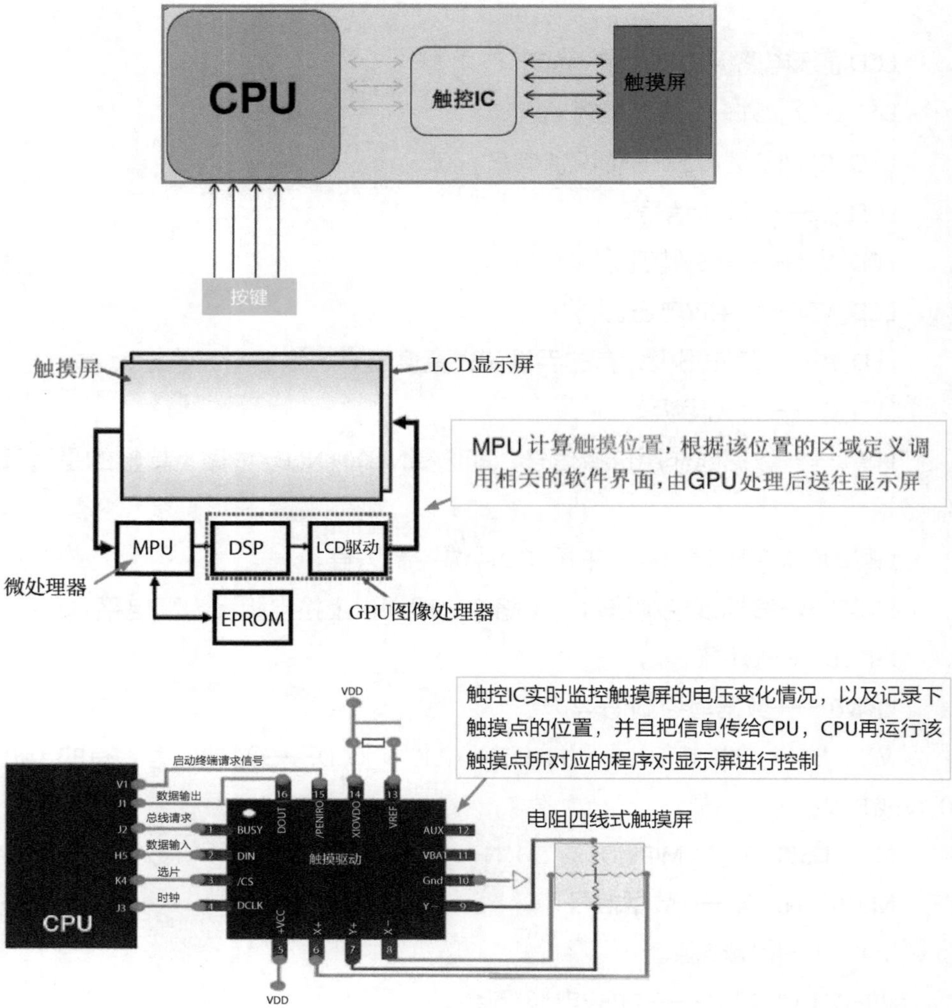

CPU
触控IC
触摸屏
按键

触摸屏
LCD显示屏
MPU 计算触摸位置，根据该位置的区域定义调用相关的软件界面，由GPU处理后送往显示屏
MPU
DSP
LCD驱动
微处理器
EPROM
GPU图像处理器

触控IC实时监控触摸屏的电压变化情况，以及记录下触摸点的位置，并且把信息传给CPU，CPU再运行该触摸点所对应的程序对显示屏进行控制
VDD
启动终端请求信号
数据输出
总线请求
数据输入
选片
时钟
CPU
BUSY
DIN
/CS
DCLK
DOUT
/PENIRQ
XIOVDD
VREF
触摸驱动
AUX
VBAT
Gnd
Y-
+VCC
X+
Y+
X-
电阻四线式触摸屏
VDD

图4-52 触摸屏接口电路

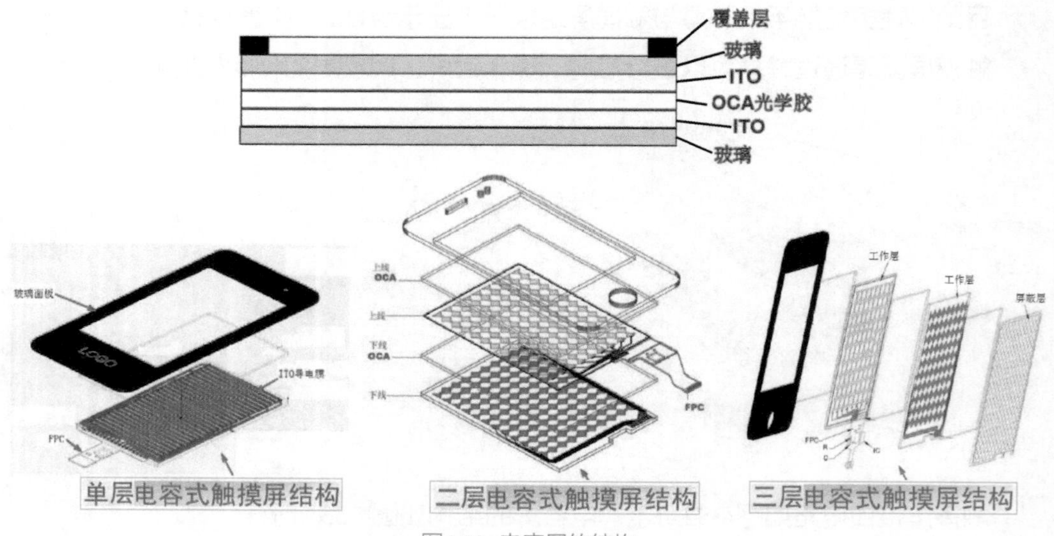

图4-53 电容屏的结构

触摸屏接口电路常见的信号功能如下：

TOUCH_ATT--->触摸屏的中断信号

TOUCH_RST--->触摸屏的复位信号

I2C_SDA --->触摸屏的 IIC 信号的数据信号

I2C_SCL -->触摸屏的 IIC 信号的时钟信号

LCD BTB连接器损坏引起的常见故障有LCD显示异常等。显示屏和触屏BTB座损坏引起的常见故障有显示屏和触屏无功能等。

按键、触摸屏BTB连接器损坏引起的常见故障有触摸屏异常、按键异常等。

4.2.16 摄像头

摄像头种类有光学变焦模组、定焦摄像头、闪光灯模块、自动微距摄像头、数字式摄像头、模拟式摄像头。智能手机一般采用数字式摄像头，并且摄像头在手机上的应用越来越受重视，如图4-54所示。

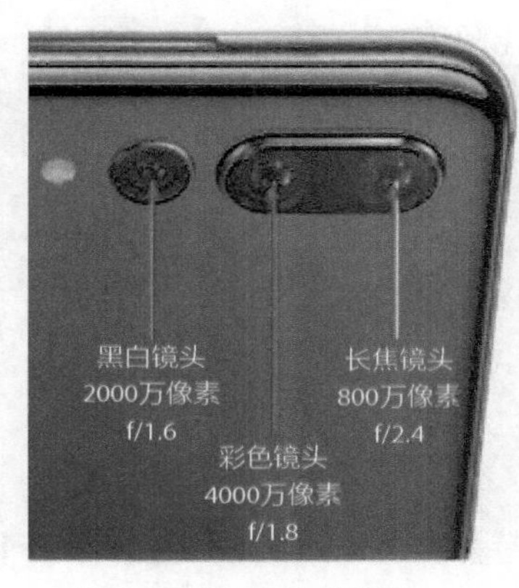

图4-54 手机上的 摄像头

模拟摄像头是将视频采集设备产生的模拟视频信号转换成数字信号，进而将其储存到主存储器中的摄像头。数字摄像头是直接将摄像单元与视频捕捉单元集成在一起，再通过串、并口或者USB接口连接到主系统上的摄像头。

摄像头的结构图示如图4-55所示。手机摄像头常用的结构主要包括镜头、基座、传感器、PCB部分等。有的手机摄像头采用双轨潜望升降摄像头结构，该结构往往采用了电机进行升降。

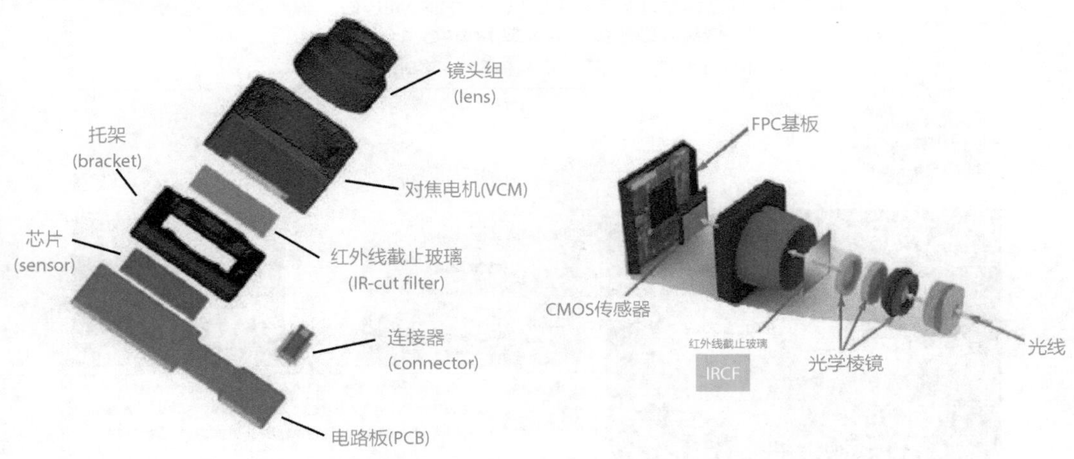

图4-55

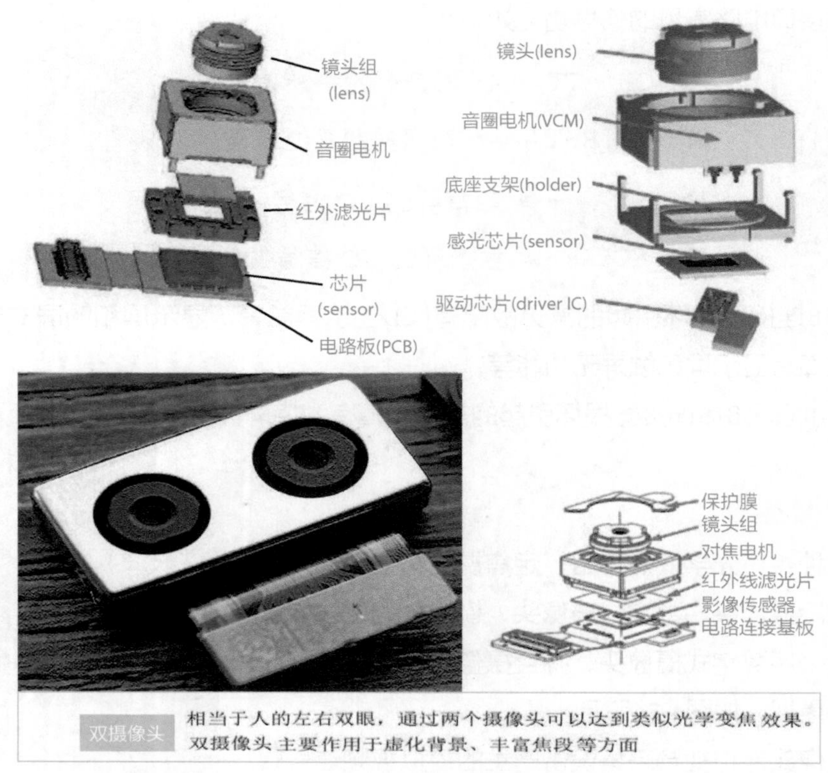

图4-55 摄像头的结构图示

摄像头的一些参数如图4-56所示。

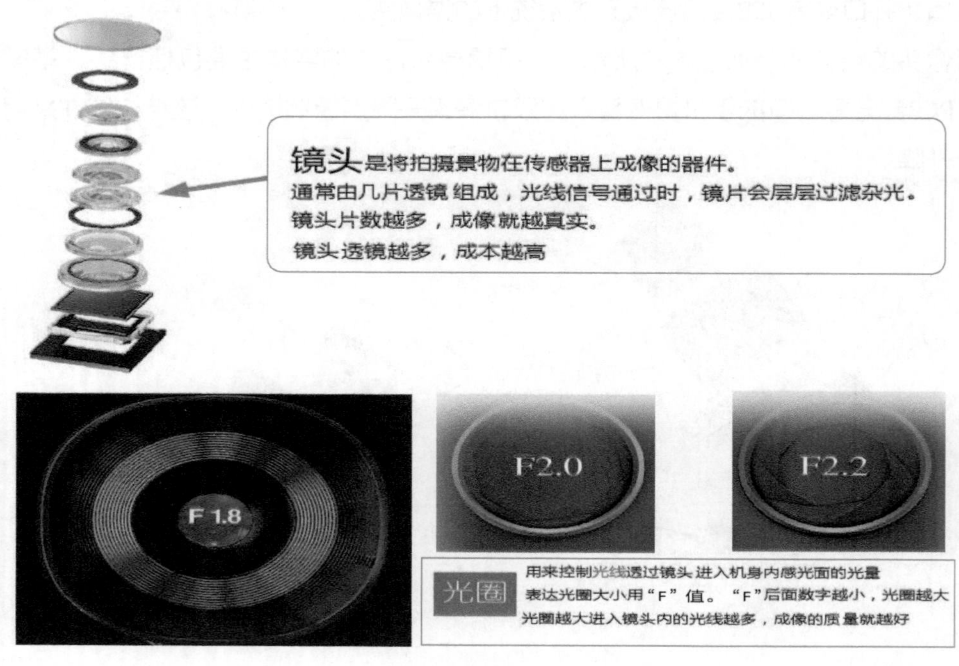

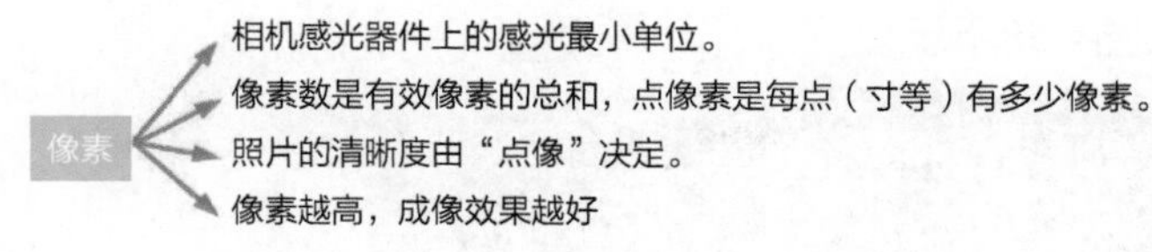

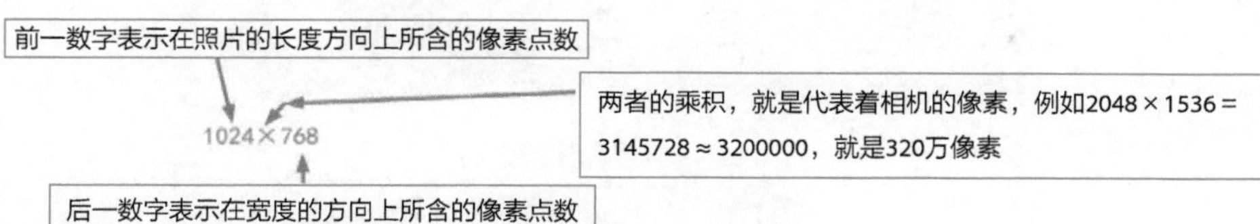

图4-56 摄像头的一些参数

图像传感器是组成数字摄像头的重要组成部分。根据元件不同，可以分为CCD（电荷耦合元件）和CMOS（金属氧化物半导体元件）两大类。

镜头变焦分为光学变焦（optical zoom）、数码变焦（digital zoom）、双摄变焦（Hybrid zoom）等种类。一般变焦倍数越大越适合用于望远拍摄。数码变焦只能够将原先的图像尺寸裁小，让图像在屏幕上变得比较大，但是并不会有助于使细节更清晰。光学变焦取决于镜头的焦距，因此分辨率与画质不会改变。

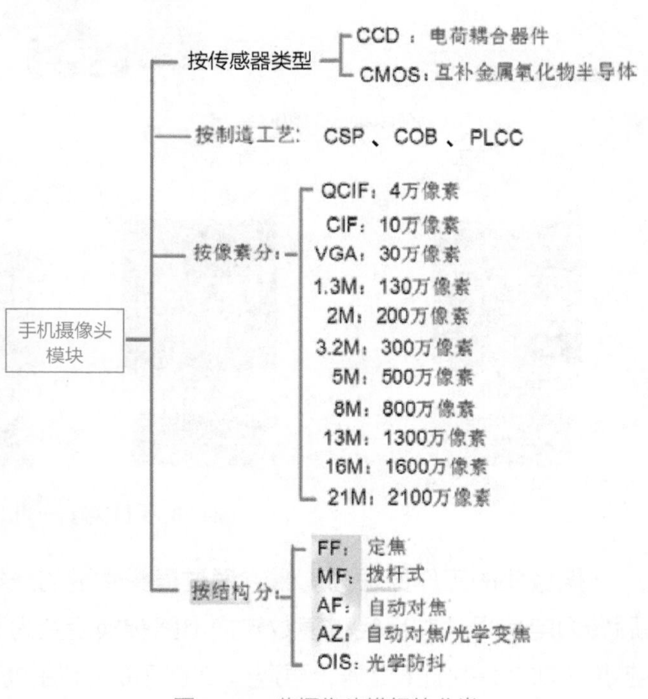

图4-57 一些摄像头模组的分类

一些摄像头模组的分类如图4-57所示。一些摄像头模组结构的种类特点见表4-24。

表4-24 摄像头模组结构的种类特点

名称	解释
FF(fixed focus)定焦摄像头	定焦摄像头主要应用在30~130万像素的手机上
MF(micro focus)两挡变焦摄像头	两挡变焦摄像头主要用于130~200万像素的手机上，主要用于远景、近景
AF(auto focus)自动变焦摄像头	自动变焦摄像头主要用于200~300万像素手机上
ZOOM自动数码变焦摄像头	自动数码变焦摄像头主要用于300万以上像素手机上

手机实际一些摄像头如图4-58所示。

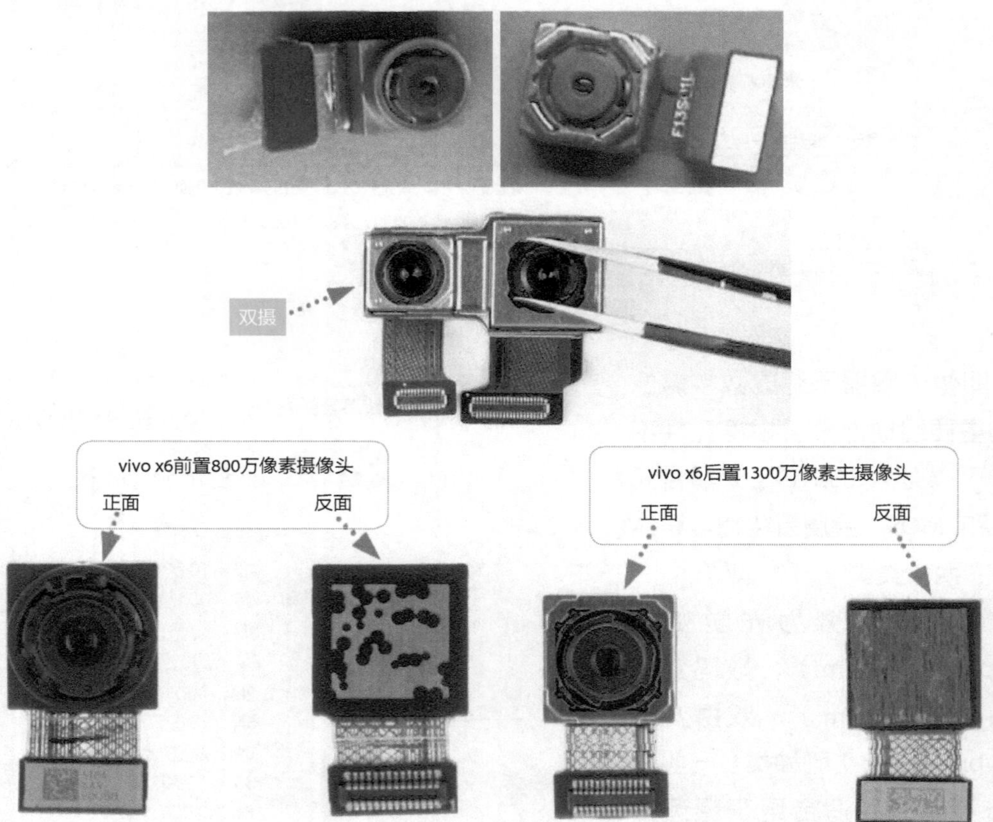

图4-58 手机实际一些摄像头

摄像头的工作原理为：景物通过镜头生成的光学图像投射到图像传感器表面上，然后转为电信号，并且经过模数转换电路转换后变为数字图像信号，再送到数字信号处理芯片（DSP）中加工处理，再通过IO接口传输到主处理器中，然后通过显示器显示景物。

现在比较流行的摄像头就是3D摄像头、双摄。

3D摄像头作为一种新型立体视觉传感器与三维深度感知模组，可实时获取高分辨率、高精度、低时延的视频流，实时生成3D图像。3D摄像头也能够实现手机拍出三维效果图像。3D摄像头主要利用人眼视差，从而形成影像深度。

双摄就是指两个摄像头同时配合使用。这里的双摄不是指前置摄像头与后置摄像头的“合称”。

目前，双摄手机工作原理主要有如下几种组合：

①彩色＋彩色摄像头（RGB+RGB），也就是景深探测方案。其中，主摄像头负责记录画面信息，辅助摄像头用来记录景深信息。拍照时，两者同时工作，可以计算景深，从而实现背景虚化与重新对焦。虚化处理如图4-59所示。

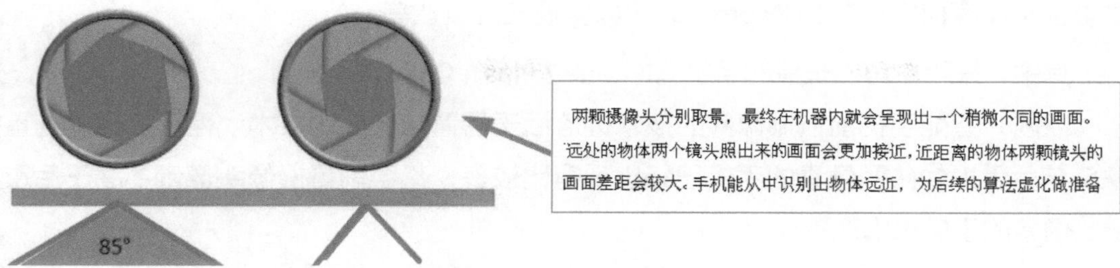

两颗摄像头分别取景，最终在机器内就会呈现出一个稍微不同的画面。
远处的物体两个镜头照出来的画面会更加接近，近距离的物体两颗镜头的
画面差距会较大。手机能从中识别出物体远近，为后续的算法虚化做准备
85°

图4-59 虚化处理

②彩色＋黑白相机（RGB+Mono），其中，彩色摄像头负责色彩的收集，黑白摄像头用于增强摄像头整体进光量，然后通过算法将两张照片整合在一起，从而可以提升暗光或夜晚手机成像质量。即彩色＋黑白相机方案具有提亮降噪的特点，如图4-60所示。

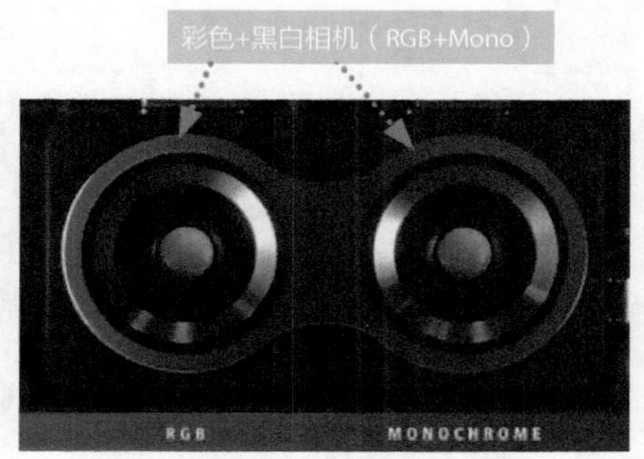

图4-60 彩色＋黑白相机方案

③广角＋长焦镜头（Wide+Tele），其中，光学变焦的双摄像头模组，主要是两个摄像头需要有不同的FOV（镜头所能覆盖的视角范围），不同的FOV可以实现光学变焦。广角＋长焦镜头方案，当拍近景时，使用广角镜头；拍远景时，使用长焦镜头。广角＋长焦镜头方案如图4-61所示。

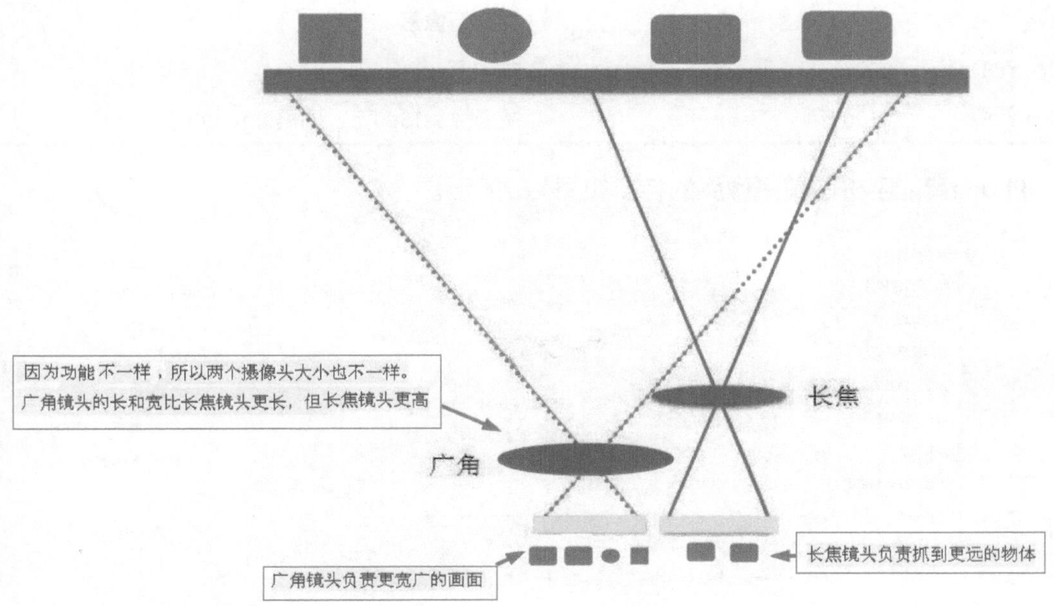

因为功能不一样，所以两个摄像头大小也不一样。
广角镜头的长和宽比长焦镜头更长，但长焦镜头更高

长焦镜头负责抓到更远的物体
广角镜头负责更宽广的画面

图4-61 广角＋长焦镜头方案

④彩色＋深度相机（RGB+Depth），可以实现三围重建等。

其中，采用广角＋长焦的手机有iPhone 7 Plus、OPPO R11等。

以前，智能手机前置摄像头的技术远落后于后置摄像头的技术。但是，目前前置摄像头与后置摄像头同像素的手机已经出现得比较多，甚至前置摄像头像素要高于后置摄像头像素的手机也出现不少。

vivo智能手机摄像头见表4-25。

表4-25 vivo智能手机摄像头

型号	前置摄像头	后置摄像头
vivo X20	前置2×1200万像素（2400万感光单元）	后置2×1200万像素（2400万感光单元）＋后置500万像素
vivo X20 Plus	前置2×1200万像素（2400万感光单元）	后置主摄像头2×1200万像素（2400万感光单元），支持光学防抖 副摄像头500万像素
vivo X21	前置2×1200万像素（2400万感光单元）	后置主摄像头2×1200万像素（2400万感光单元）+副摄像头500万像素
vivo X21i	2400万像素	主摄像头2×1200万像素（2400万感光单元）＋副摄像头 500万像素
vivo Y71	前置500万像素	后置1300万像素（Y71标准版后置摄像头800万像素）
vivo Y75	前置1600万像素	后置1300万像素
vivo Y75s	1600万像素	1300万像素
vivo Y83	800万	1300万
vivo Y85	1600万	主摄像头1300万，副摄像头200万

iPhone智能手机前置摄像头的特点如图4-62所示。

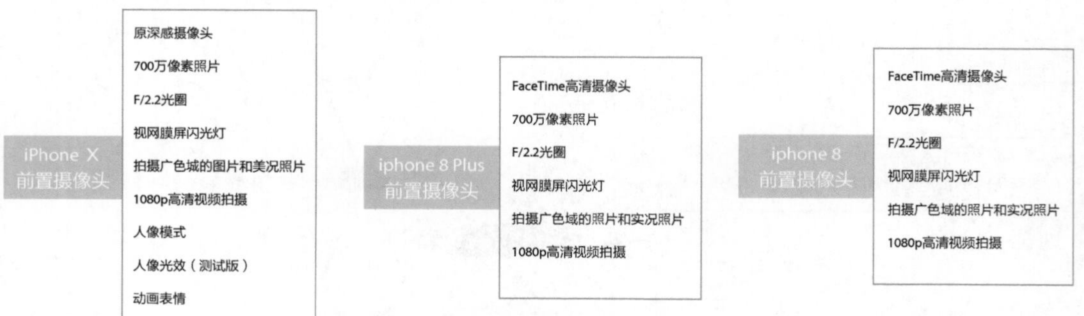

图4-62 iPhone智能手机前置摄像头的特点

OPPO智能手机摄像头见表4-26。

表4-26　OPPO智能手机摄像头

型号	前置摄像头	后置摄像头
OPPO R15	像素：2000 万像素 传感器类型：CMOS 光圈：F/2.0	像素：1600 万 + 500 万像素双摄 传感器类型：CMOS 光圈：后置光圈F/1.7 + F/2.2
OPPO R15 梦境版	像素：2000 万像素 传感器类型：CMOS 光圈：F/2.0	像素：1600 万 + 2000 万像素双摄 传感器类型：CMOS 光圈：F/1.7 + F/1.7
OPPO A79	像素：1600 万像素 光圈：F/2.0 摄像头特色：5P镜头，1600万像素 图像尺寸：4608 × 3456 传感器类型：CMOS	像素：1600 万像素 光圈：F/1.8 摄像头特色：后置5P镜头，单个像素尺寸1.0μm 图像尺寸：4608 × 3456 传感器类型：CMOS
OPPO A83	像素：800 万像素 光圈：F/2.2 图像尺寸：2448 × 3264（前置） 传感器类型：CMOS	像素：1300 万像素 光圈：F/2.2 图像尺寸：3120 × 4160（普通模式）（后置）、3120 × 4160（专业模式）（后置） 传感器类型：CMOS
OPPO A73	像素：1600 万像素 光圈：F/2.0 摄像头特色：5P镜头 焦距：3.48mm 传感器尺寸/pixel大小：1/3.09，1.0μm	像素：1300 万像素 光圈：F/2.2 摄像头特色：5P镜头 焦距：3.462mm 传感器尺寸/pixel大小：1/3.06，1.12μm
OPPO R11s	像素：2000 万像素 光圈：F/2.0 摄像头特色：5P镜头 传感器类型：CMOS	像素：1600 万 + 2000 万像素双摄 光圈：F/1.7 + F/1.7 摄像头特色：6P镜头 + 6P镜头 传感器类型：CMOS
OPPO R11s Plus	像素：2000 万像素 光圈：F/2.0 摄像头特色：5P镜头 传感器类型：CMOS	像素：1600 万 + 2000 万像素双摄 光圈：F/1.7 + F/1.7 摄像头特色：6P镜头 + 6P镜头 传感器类型：CMOS

华为智能手机摄像头见表4-27。

表4-27　华为智能手机摄像头

型号	前置摄像头	后置摄像头
华为CAZ-TL10（移动全网通定制版）	800万像素前置摄像头 传感器类型：BSI 闪光灯：单LED闪光灯 变焦模式：数字变焦，最大支持4倍数字变焦	1200万大像素摄像头 传感器类型：BSI 闪光灯：单LED闪光灯 视频拍摄：最大可支持3840 × 2160（4K） 照片分辨率：最大可支持4032 × 3016 摄像分辨率：最大可支持3840 × 2160（4K）

续表

型号	前置摄像头	后置摄像头
华为ATU-AL10	500万像素前置摄像头（备注：不同拍照模式的照片像素可能有差异，请以实际为准） 闪光灯：柔光灯 自动对焦：固定焦距	1300万像素＋200万像素后置AF摄像头（备注：不同拍照模式的照片像素可能有差异，请以实际为准） 闪光灯：LED闪光灯 自动对焦：自动对焦
华为畅享7S	800万像素前置摄像头 传感器类型：CMOS 闪光灯：无 前置：固定焦距 照片分辨率：最大可支持3264×2448 视频拍摄最大可支持1920×1080	1300万＋200万后置双摄像头 传感器类型：CMOS 闪光灯：LED闪光灯 变焦模式后置（1300万）自动对焦 照片分辨率：最大可支持4160×3120 视频拍摄最大可支持1920×1080

目前，许多智能手机的摄像头采用摄像头组件。为此，很多情况下摄像头维修是整体组件更换。

摄像头损坏引起的常见故障有照相功能故障等。前摄及ZIF连接器损坏引起的常见故障有前摄像头无图像等。后摄BTB连接器损坏引起的常见故障有不聚焦、发热、后摄无法打开、不良、后置摄像头无功能等。

4.2.17 感应器（传感器）

目前，智能手机应用感应器（传感器）比较多，如图4-63所示。

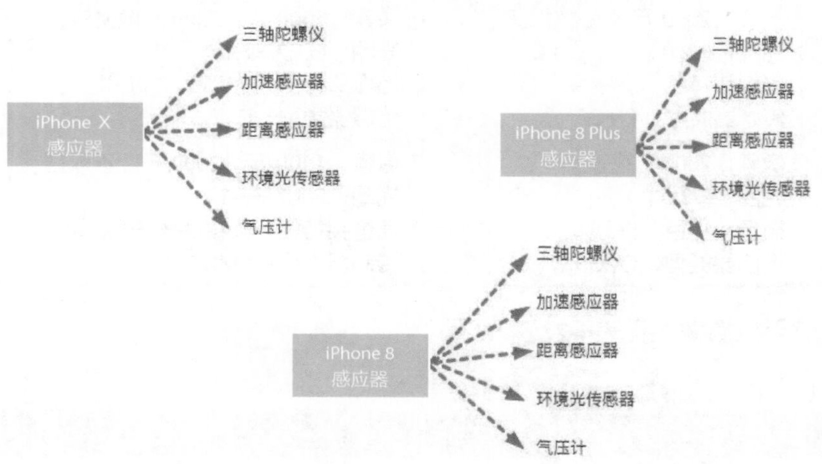

图4-63 智能手机应用感应器（传感器）

接近光与环境光检测电路图解如图4-64所示。环境光和接近传感器损坏引起的常见故障有光感/接近感应无功能、光感无功能、手持模式打电话无黑屏等。

光感FPC连接器损坏引起的常见故障有光感接近传感器不良、充电指示灯不亮、充电指示灯常亮等。

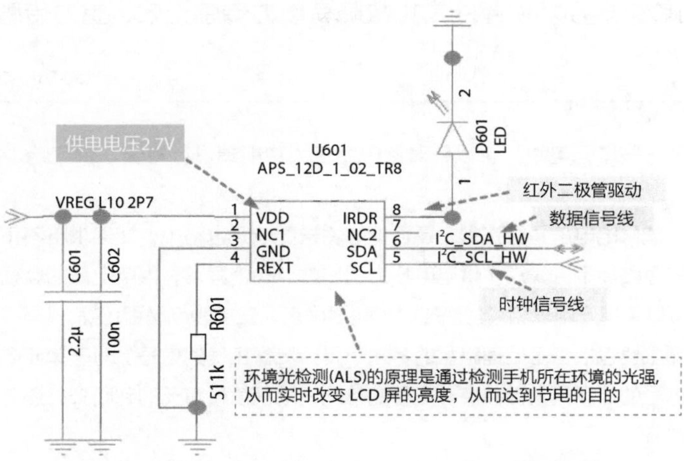

图4-64 接近光与环境光检测电路图解

指南针与加速度计二合一电路图解如图4-65所示。

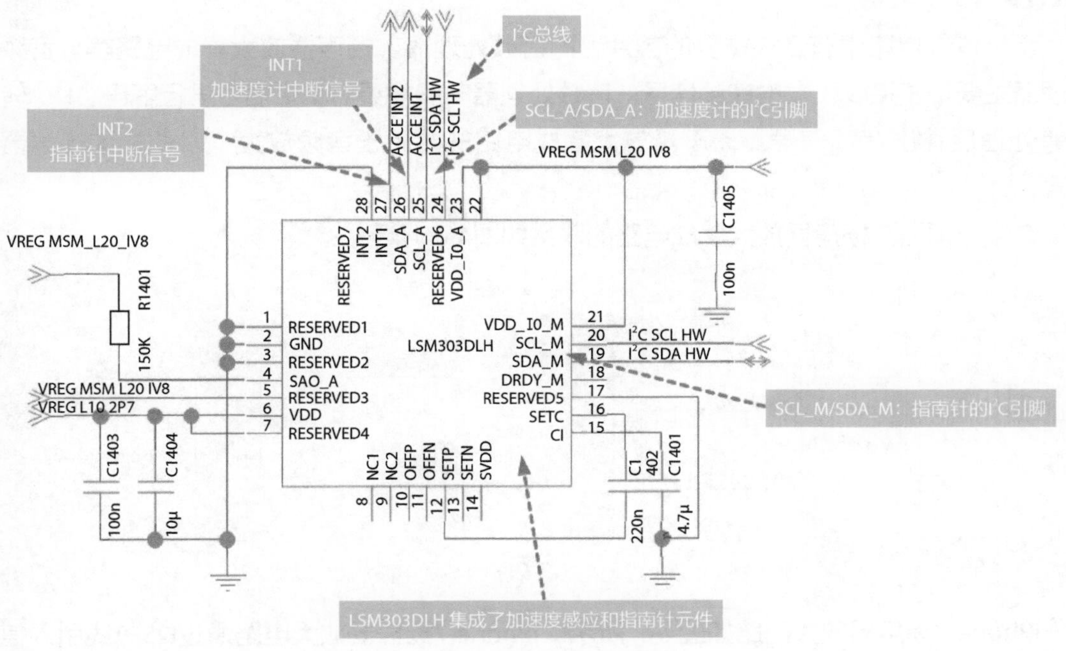

图4-65 指南针与加速度计二合一电路图解

指南针接口电路常见的信号功能如下：

COMPASS_INT – – – – → 罗盘中断信号输入端

COMPASS RST N – – – → 复位信号端

I²C_SCL，I²C_SDA – – – → I²C总线，用于通信

指南针传感器损坏引起的常见故障有指南针故障等。

另外，手机重力传感器损坏引起的常见故障有重力传感无效、重力传感不灵敏等。

知识拓展

其实，对于智能手机一些单元电路，可以针对该电路三大功能端进行检测：供电端、控制端、信号端。

① 供电电压。首先检查供电电压是否正常，是否能够输送到单元电路中。如果供电不正常，则需要检查供电电压的来源路径是否异常，供电电压的引出端点是否异常，供电电压的负载是否异常。供电电压，一般可以采用万用表测量。测量时，需要确定测量接触点是否正确。

② 信号。信号的检测主要包括信号处理路径的各端点是否具备正确的信号。对于单元电路，其输入端信号、输出端信号的检测是关键节点。信号的检测，除了信号有无的判断外，还有的需要对信号电平高低进行判断。

③ 控制。由于一些手机单元电路需要控制才能够达到相应功能与特点。为此，控制信号的受控状态的正常是检测的关键节点。

4.2.18 音频电路

手机音频电路中有几块重要的芯片，即音频处理器、扬声器放大集成电路等。音频处理器主要负责接收和发射音频信号。音频处理器一般需要对基带信号进行解码、D/A转换等处理后输出音频信号。扬声器放大集成电路主要用于音频放大，以便推动扬声器发声。

音频处理器与扬声器放大集成电路的联系如图4-66所示。

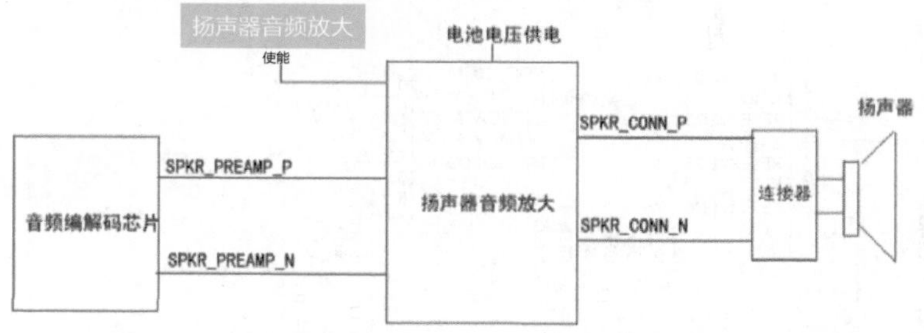

图4-66 音频处理器与扬声器放大集成电路的联系

iPhone 7扬声器放大电路如图4-67所示。iPhone 7扬声器放大电路通过I2S总线引入信号，然后经过CS35L26-A1内部处理放大，从CS35L26-A1的C2、D2端输出音频信号到扬声器上。

智能手机扬声器电路常见故障有有杂音、声音沙哑、免提无声等。

扬声器电路故障常见原因有扬声器接触不良、扬声器损坏、音频功率放大器接触不良、音频功率放大器损坏、工作供电异常、存在虚焊、外接件异常、语音处理电路异

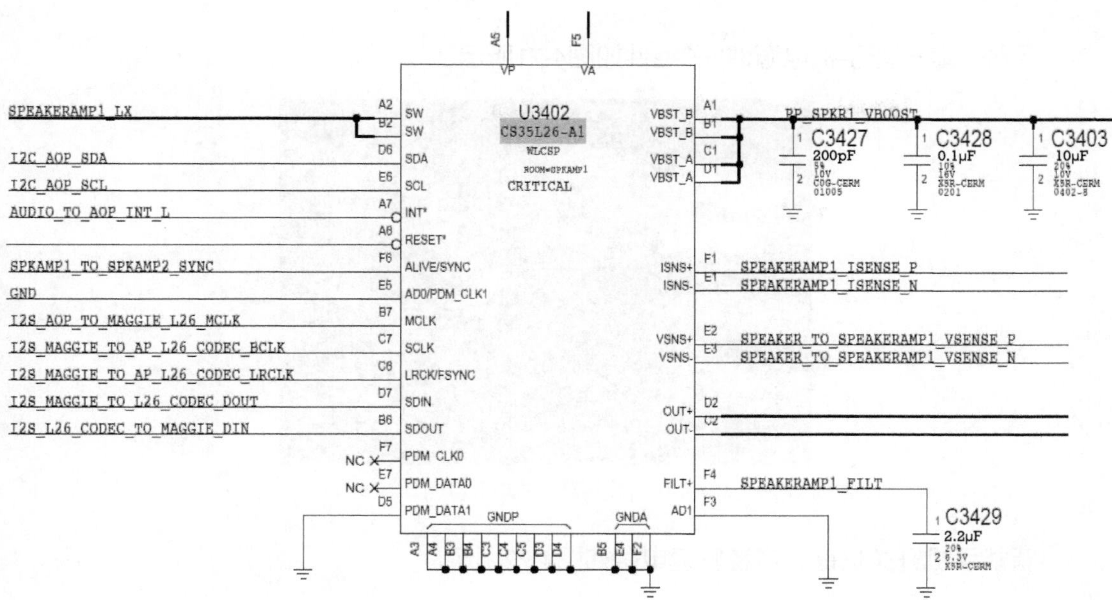

图4-67 iPhone 7扬声器放大电路

常、基带处理器异常、线路异常等。

手机扬声器电路重点检测节点：音频功率放大器的工作电压、音频功率放大器输出引脚的输出信号波形、音频功率放大器输入端信号、耦合电容、语音处理电路芯片工作电压等。

4.2.19 按键电路

智能手机常见的机械按键有开关机键、音量侧键，并且按键采用FPC通过弹片与主板连接比较多，也就是按键电路往往是按键组件。

一些手机电源键如图4-68所示。一些手机音量键如图4-69所示。

OPPO R7s音量键FPC组件如图4-70所示。

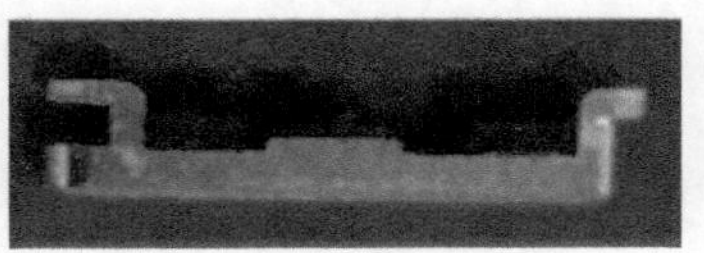

图4-68 电源键

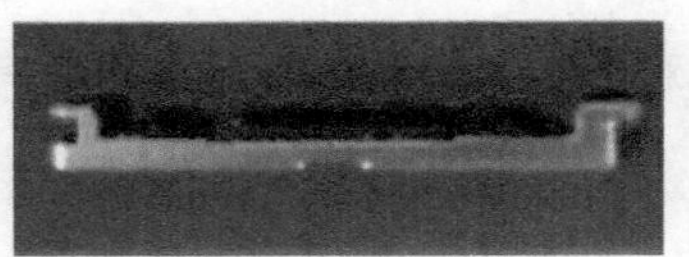

图4-69 音量键

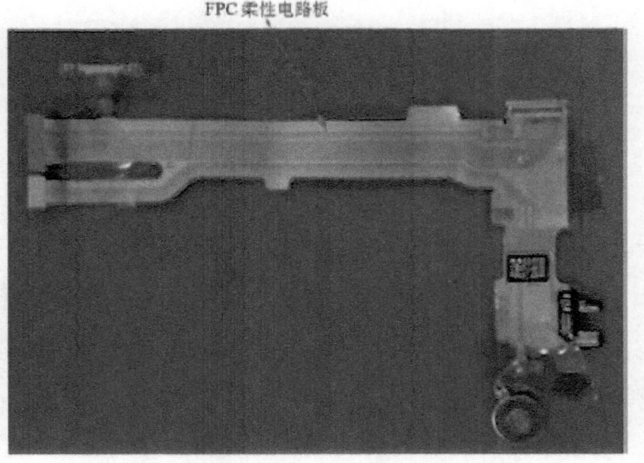

图4-70 OPPO R7s音量键FPC组件

另外一款智能手机电源键FPC组件如图4-71所示。

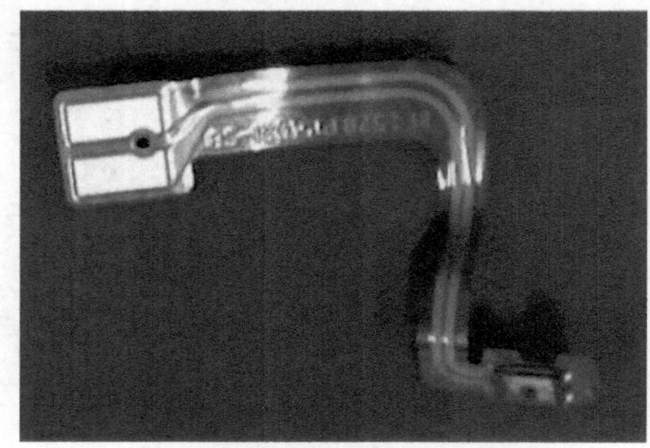

图4-71 一款智能手机电源键FPC组件

智能手机开关机键、音量侧键电路如图4-72所示。

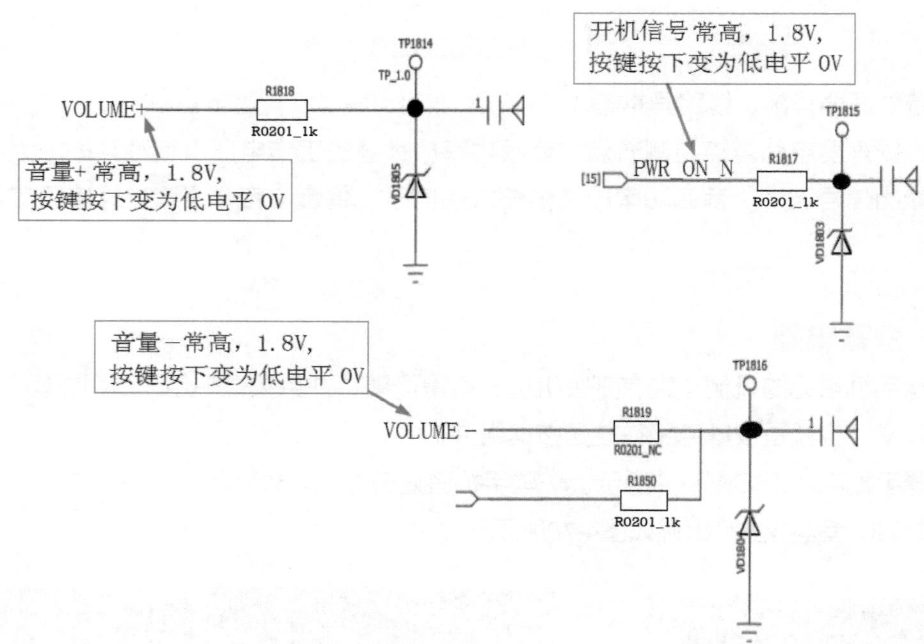

图4-72 智能手机开关机键、音量侧键电路

不同智能手机开关机键、音量侧键电路组件组成不同，有的是单件，有的是二合一，有的是三合一等。

智能手机开关机键、音量侧键电路常见故障有按音量和电源键无反应、音量键无功能、不开机等，主要原因有按键异常、回弹感弱、按键无效、按键FPC不良、FPC弹片异常等。

知识拓展

FPC柔性板主要应用于手机的连接部位。FPC柔性板是用柔性的绝缘基材制成的印制电路。FPC柔性板可以自由弯曲、卷绕、折叠，并且可以根据空间布局要求任意安排。根据基材与铜箔的结合方式划分，柔性电路板可分为有胶柔性板、无胶柔性板。根据导电铜箔的层数划分，柔性电路板可分为单层板、双层板、多层板、双面板等。

4.2.20 NFC

NFC全称为Near Field Communication。其是一种短距离的高频无线通信技术，可以用于NFC移动支付等场景。

NFC与红外、蓝牙无线通信技术的比较见表4-28。

表4-28 NFC与红外、蓝牙无线通信技术的比较

项目	NFC	红外	蓝牙
网络类型	点对点	点对点	单点对多点
安全性	具备硬件实现	不具备	具备软件实现
速度	106kbit/s，212kbit/s，424kbit/s	1.0Mbit/s	2.1Mbit/s
使用距离	≤0.1m	≤1m	≤10m
通信模式	主动-主动 / 被动	主动-主动	主动-主动
建立时间	<0.1s	0.5s	6s
成本	低	低	中

NFC电路一般由NFC控制器、NFC前端、NFC负荷开关、NFC天线等组成。其中，NFC控制器、NFC天线的作用如图4-73所示。

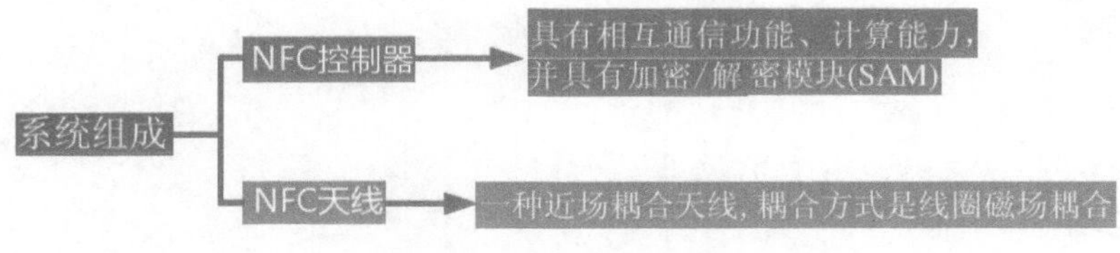

图4-73 NFC控制器、NFC天线的作用

iPhone 7 NFC控制器电路如图4-74所示。iPhone 7 NFC前端电路如图4-75所示。

一些手机NFC控制器方框联系图如图4-76所示。

4.2.21 Face ID（面部识别）与指纹识别

（1）Face ID（面部识别）

Face ID（面部识别）技术继指纹识别、虹膜识别、声音识别等生物识别技术后，以其独特的方便性越来越受到世人的瞩目。

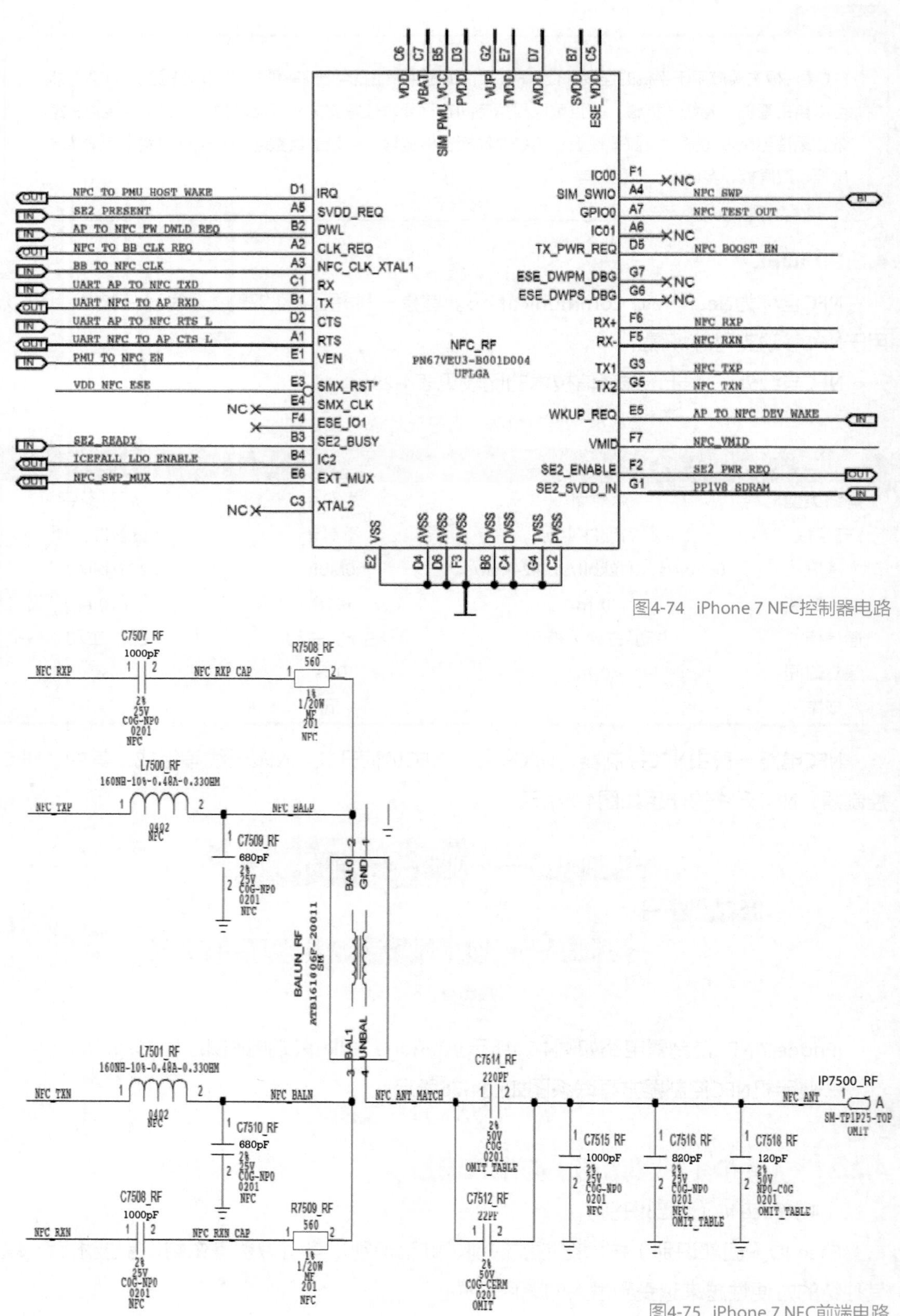

图4-74 iPhone 7 NFC控制器电路

图4-75 iPhone 7 NFC前端电路

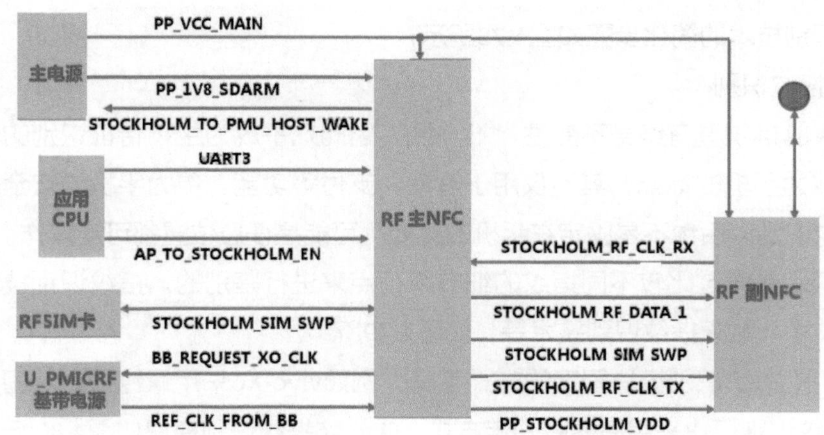

图4-76　一些手机NFC控制器方框联系图

Face ID（面部识别）技术属于生物识别技术。生物识别技术是建立在生物特征的基础上的。不同的生物识别技术比较见表4-29。其中，人脸识别技术的特点如图4-77所示。

表4-29　不同的生物识别技术比较

指标	指纹识别技术	声音识别技术	虹膜识别技术	面部识别技术
精确度	一般	高	极高	极高
结果显示	难辨别	难辨别	难辨别	直观
使用配合	极大	一般	极大	一般
复查	可以	可以	不可以	可以
效率	一般	极高	一般	极高
可仿冒度	极高（砍指）	极高（录音）	不可	不可

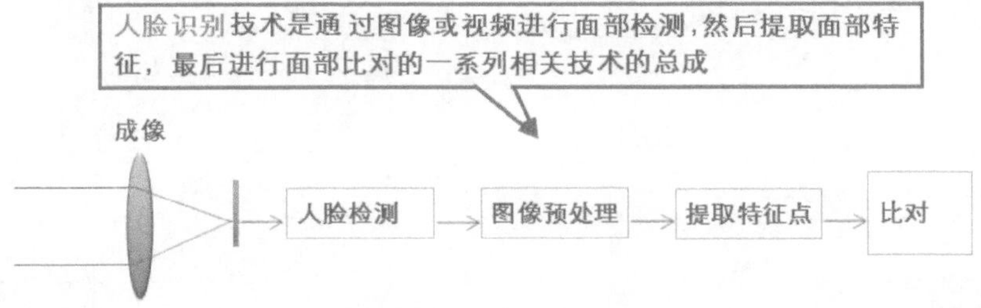

图4-77　人脸识别技术的特点

人脸识别技术基于一整套原深感摄像头系统，其依靠扬声器、麦克风、前置镜头、点阵投影器、环境光感应器、距离传感器、泛光感应元件、红外镜头等元件协同工作实现。

人脸识别技术的简化步骤如图4-78所示。

（2）指纹识别

由于人的指纹具有终身不变性、唯一性，因此几乎成为生物特征识别的代名词。指纹识别已成为手机的标配，其不仅用于解锁、支付等功能，更为手机的安全保驾护航。另外，指纹识别以后也不是固定在手机的某处，可能是任意位置都可能操作。

指纹识别是通过比较不同指纹的细节特征点来进行鉴别的。指纹识别技术分为按压指纹识别技术、触摸指纹识别技术等，如图4-79所示。

不同手机指纹识别模块固定的方式不同，例如vivo X6采用螺钉锁钢片固定，小米红米Note3指纹识别模块采用泡棉胶固定方式。vivo X6指纹识别模块如图4-80所示。

华为VTR-AL00（全网通版）指纹的特点：电容式指纹传感器、360°指纹识别、芯片级安全解决方案、支持熄屏解锁、文件加密、应用锁、指纹导航。

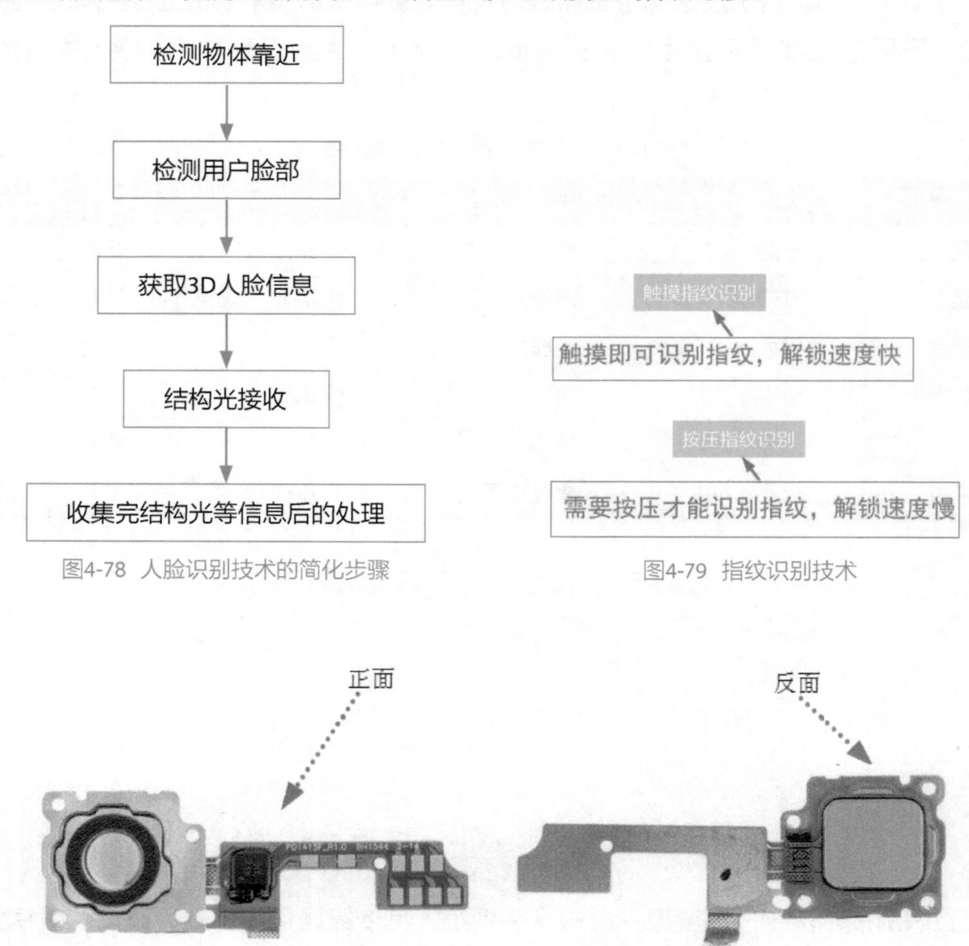

图4-78 人脸识别技术的简化步骤

图4-79 指纹识别技术

图4-80 vivo X6指纹识别模块

一些vivo智能手机面部识别与指纹识别见表4-30。

表4-30 vivo智能手机面部识别与指纹识别

型号	面部识别	指纹识别
vivo X20	Face Wake面部识别	后置指纹
vivo X20 Plus	Face Wake面部识别	后置指纹
vivo X21	Face Wake面部识别	后置指纹
vivo X21i	Face Wake面部识别	后置指纹
vivo Y71	Face Wake面部识别	—
vivo Y75	Face Wake面部识别	后置指纹
vivo Y75s	Face Wake面部识别	后置指纹
vivo Y83	Face Wake面部识别	—
vivo Y85	Face Wake面部识别	后置指纹

4.2.22 手机无线充电

手机无线充电又称为感应充电、非接触式感应充电。

无线充电是利用近场感应（电感耦合），由供电设备（例如手机充电器）将能量传送到用电装置的充电方式。由于充电器与用电装置间以电感耦合传送能量，两者间不用电线连接，因此充电器与用电装置可以做到无导电接点外露。

简单地说，无线充电就是嵌入内置接收器与发射器，从而实现无线充电。

比较常见的无线充电方式有电磁感应式无线充电方式、磁共振式无线充电方式、电场耦合式无线充电、无线电波式充电方式等。其中，电磁感应无线充电如图4-81所示。

磁共振无线充电是发送端能量遇到共振频率相同的接收端，由共振效应进行电能传输的方式。

无线电波式充电是将环境电磁波转换为电流，通过电路传输电流的方式。

电场耦合式无线充电是利用沿垂直方向耦合两组非对称偶极子而产生的感应电场来传输电力的方式。

目前，一些智能手机增加了无线充电功能。维修无线充电，可以从发射器与接收器两方面去缩小故障范围。

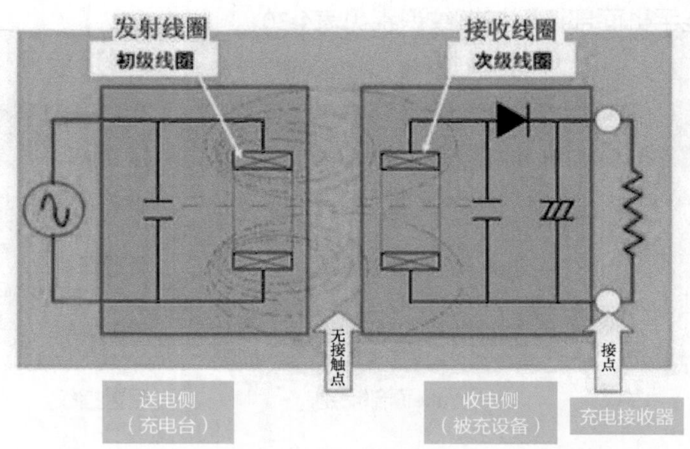

图4-81 电磁感应无线充电

05 掌握硬件维修技能

5.1 硬件维修基础

5.1.1 手机故障类型

智能手机的故障可以分为硬件故障、软件故障两大部分。其中，硬件故障就是由于手机硬件设备、元件，即看得见的物理装置引起的故障。软件故障就是由于程序软件损坏、设置错误、系统数据参数损坏、操作异常等引起的故障。

智能手机屏幕玻璃破碎就属于硬件故障，如图5-1所示。

知识拓展

手机拆机前需要强制关机，不可使用系统关机选项进行关机，以便完全切断系统电源，最大程度保护电子元件。手机强制关机可以采用输入工程指令或者长按电源键来实现。例如，OPPO R7s系列手机强制关机方法为使用工程指令*#911#，或者长按电源键大约8s到显示屏熄灭。

图5-1 智能手机屏幕玻璃破碎

5.1.2 智能手机芯片异常引起的常见故障

智能手机芯片异常引起的常见故障见表5-1。

表5-1 智能手机芯片异常引起的常见故障

智能手机芯片	引起的常见故障
2G、3G频段天线功放芯片	2G、3G频段天线功放芯片损坏引起的常见故障有手机2G/3G信号弱、无信号等
4G频段功放芯片	4G频段功放芯片损坏引起的常见故障有4G频段信号弱、无4G信号等
DC/DC充电控制芯片	DC/DC充电控制芯片损坏引起的常见故障有不充电、LCD无背光等
LCD偏压驱动芯片	LCD偏压驱动芯片损坏引起的常见故障有背光正常但显示黑屏（无显示内容）等
LTE PA	LTE PA损坏引起的常见故障有无法注册LTE网络等

续表

智能手机芯片	引起的常见故障
MCP	MCP损坏引起的常见故障有白屏、不开机、软件问题、存储异常等
背光驱动IC	背光驱动IC损坏引起的常见故障有无背光、背光闪、屏幕亮度无法调节等
复位控制芯片	复位控制芯片损坏引起的常见故障有长按开机键不能关机等
功率模块	1920~1980MHz功率模块损坏引起的常见故障有不注册W2100 网络等 GSM功率模块损坏引起的常见故障有不注册GSM网络等。824~849MHz功率模块损坏引起的常见故障有不注册W850 网络等
基带芯片	基带芯片损坏引起的常见故障有无端口、不开机、死机、射频故障等
闪光灯驱动芯片	闪光灯驱动芯片损坏引起的常见故障有闪光灯异常、闪光灯不亮、拍照无闪光等
射频收发器	射频收发器损坏引起的常见故障有无法注册部分网络或无法注册所有网络、无信号、信号弱、无法拔打电话或接听电话、GPS不能定位或打不开等
天线开关芯片	天线开关芯片损坏引起的常见故障有无信号、信号差等
显示屏供电芯片	显示屏供电芯片损坏引起的常见故障有屏无显示、显示屏黑屏等
扬声器功放芯片	扬声器功放芯片损坏引起的常见故障有扬声器无声等
音频PA	音频PA损坏引起的常见故障有音量无法调节、音量小、Speaker无音等
音频编码/解码芯片	音频编码/解码芯片损坏引起的常见故障有耳机无声、无送话、扬声器无声等
音频芯片	音频芯片损坏引起的常见故障有FM不工作、喇叭无声等
指示灯驱动芯片	指示灯驱动芯片损坏引起的常见故障有常亮、指示灯不亮等
主控芯片	主控芯片损坏引起的常见故障有死机、不开机等

5.1.3 智能手机零部件故障与检修

智能手机一些零部件故障与检修见表5-2。

表5-2 智能手机一些零部件故障与检修

零部件	故障与检修
USB座（连接器）	• USB有不同的版本，例如华为VTR-AL00（全网通版）USB传输特点为USB2.0、支持USB共享网络、USB充电、OTG功能。华为BLA-AL00USB传输特点为USB3.1 Gen 1、支持DP1.2、USB共享网络、USB充电、OTG功能 • 另外，一些手机采用了USB座FPC组件。例如OPPO R7s USB座FPC组件如图5-2所示 图5-2 OPPO R7s USB座FPC组件 • USB座损坏引起的常见故障有不识别端口、不充电、无法连接电脑、不能下载升级等

续表

零部件	故障与检修
耳机连接器	• 耳机连接器，也就是耳机接口、耳机组件等。不同手机，耳机连接器不同。例如华为畅享7S耳机接口为3.5mm，华为BLA-AL00耳机接口为Type-C耳机接口 • 耳机连接器损坏引起的常见故障有FM故障、耳机无声等 • 耳机座损坏引起的常见故障有耳机按键无效、FM收台少、耳机的SPK/MIC无音、不识耳机符号、耳机送话无功能等
话筒（MIC）	• 话筒也叫作麦克风，也就是“传话的筒” • 一款智能手机话筒的万用表检测方法如下：把数字式万用表的红表笔接在话筒的正极，黑表笔接在话筒的负极。然后对着话筒说话，正常情况可以看到万用表的读数发生变化。如果无变化，则说明该话筒损坏了。 • 如果使用指针式万用表检测，则指针万用表的红表笔接在话筒的负极，黑表笔接在话筒的正极。然后对着话筒说话，正常情况可以看到万用表的指针摆动。如果无变化，则说明该话筒损坏了 • MIC损坏引起的常见故障有无送话、送话声音小、录音无功能等 • 辅MIC损坏引起的常见故障有通话噪声大等
闪光灯	• 闪光灯损坏引起的常见故障有亮度小、闪光灯不亮等
受话器	• 受话器也叫听筒，也就是接受手机“说话”的器件。受话器触点损坏引起的常见故障有受话器无声音、受话器声音小等。维修代换受话器，注意其阻抗与功率参数，以及外形安装特点。例如OPPO R7s受话器如图5-3所示，其参数为20mW，32Ω  图5-3 OPPO R7s受话器 • vivo X6手机听筒正反面如图5-4所示。有的手机听筒没有采用双面胶固定，泡棉胶放置在屏幕支架上。因此，该类听筒拆下后可以复原。导音式听筒如图5-5所示 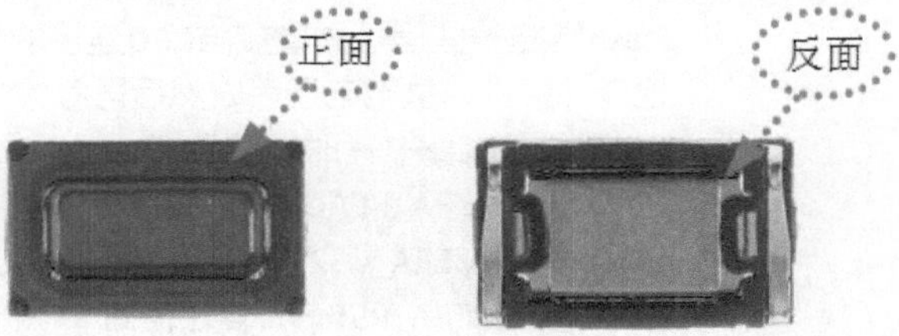 正面 反面 图5-4 vivo X6手机听筒正反面  图5-5 导音式听筒

续表

零部件	故障与检修
扬声器	• 扬声器触点损坏引起的常见故障有扬声器无声等 • OPPO R7s音腔支架组件如图5-6所示 图5-6 OPPO R7s音腔支架组件 • 一款智能手机扬声器的万用表检测方法如下：万用表检测扬声器两端脚的阻值，正常阻值大约为8Ω。如果阻值很小或阻值为0，则说明该扬声器损坏了

5.1.4 电路常见信号与检修

电路常见信号与检修见表5-3。

表5-3 电路常见信号与检修

电路	电路常见信号
Flash电路	/CE_F1、/CE_F2——Flash存储区域选择信号 /ECS1_PSRAM——PSRAM片选信号 /ELB、/EUB——PSRAM存取区域选择信号 /ERD——写控制信号，为控制总线 /EWR——读控制信号，为控制总线 /WATCHODG——复位信号，主要用于FLASH的软件复位 EA00~EAXX——地址总线，主要用于存储单元寻址 ED0~EDXX——数据总线，主要用于传输数据 VMEM——电源供电信号 Flash电路常见故障为不开机、重启、不能下载、死机等 Flash电路一些信号是直接与CPU连接的。如果出现Flash电路有关故障，一般应首先检查外接件、供电电压等，然后再考虑CPU与Flash
照相电路	CAMERA_MCLK——时钟信号 GPIO2_CAMERA_READY——图像存储控制信号 GPIO20_CAMERA_CS2——图像处理IC片选信号 GPIO3_CAMERA_RST——复位信号 LPA0——地址选择信号 LRDB——数据读控制信号 LRWB——数据写控制信号 NLD0－NLDX——数据信号 SEN_CLK——时钟信号 SEN_CSB——片选信号 SEN_D0－SEN_DX——数据信号 SEN_HSYNC——水平方向同步信号 SEN_PXCLK——采样时钟信号

续表

电路	电路常见信号
照相电路	SEN_SCL——I^2C总线中时钟信号 SEN_SDA——I^2C总线中数据信号 SEN_VSYNC——垂直方向同步信号 照相电路常见的故障有无法照相或摄像、照相异常等 照相电路常见故障检修的项目如下：检查照相电路的摄像头与主电路板的接口、检查供电电压、检查外接件、检测I^2C总线、检查照相电路模块、检查处理器等
USB接口电路	D－、D+、USB_HS_DM、USB_HS_DP——USB数据信号 ENIT3_USB——USB检测信号 USB_PWR——USB外部供电电源 USB_VBUS——电源 VUSB——提供CPU内部USB驱动电路供电电源 智能手机USB接口电路的维修方法如下 ① 检查USB接口是否接触不良。如果接口出现松动、焊点出现虚焊，则需要重新加焊 ② 检查USB控制芯片是否存在虚焊或损坏。如果出现虚焊，则需要加焊。如果出现损坏，则需要更换该芯片 ③ 检查USB接口控制芯片的输入信号、输出信号。如果输入信号正常，输出不正常，则需要检查控制芯片的供电电压、供电线路外接滤波电容等 ④ 常见外接件的检查，包括滤波电感、滤波器、滤波电容、保险电阻等
充电电路	ADC0_I-——电池电压检测信号 ADC1_I+——该端与ADC0_I共同作为充电电流的检测端 ADC2_TBAT——电池温度检测信号。有的手机该信号连接电池端一只I_D电阻，显示测量值不是实际的电池温度，仅是软件方面的检测判断
耳机电路	CDC_HPH_L——左声道，音频信号 CDC_HPH_R——右声道，音频信号 耳机电路异常常见的原因如下：耳机接口插座接触不良、耳机接口插座损坏、耳机损坏、耳机信号放大器接触不良、工作供电不正常、滤波电感异常、滤波电容异常、耦合电容异常、语音处理电路异常、基带处理器异常、虚焊等 耳机接口插座有的端脚对地阻值在耳机插入的情况与耳机不插入的情况相差大，有的无差别，有的为无穷大，这些均是很好的判断特征
话筒电路	MIC1_P——主MIC音频信号 MIC_GND——接地端 MIC3_P——辅MIC音频信号 话筒电路主要故障是对方听不到机主的声音、送话不良等 话筒电路主要故障的原因：话筒损坏、话筒接触不良、话筒无工作偏压、语音处理电路异常、基带处理器异常、软件故障等 话筒电路主要检测节点与元件有话筒端脚、话筒工作电压端脚、外接滤波电容端脚等。另外，注意电路是否存在虚焊、不良等情况
听筒电路	CDC_EAR_P——听筒信号正相，音频信号 CDC_EAR_M——听筒信号正相，音频信号 常见故障：听筒声音异常或无音 常见原因：组装不良、本体不良、CPU不良、通路SMT不良等

5.2 图解主板维修

5.2.1 OPPO R7s系列手机主板维修图解

OPPO R7s系列手机主板维修图解如图5-7所示。

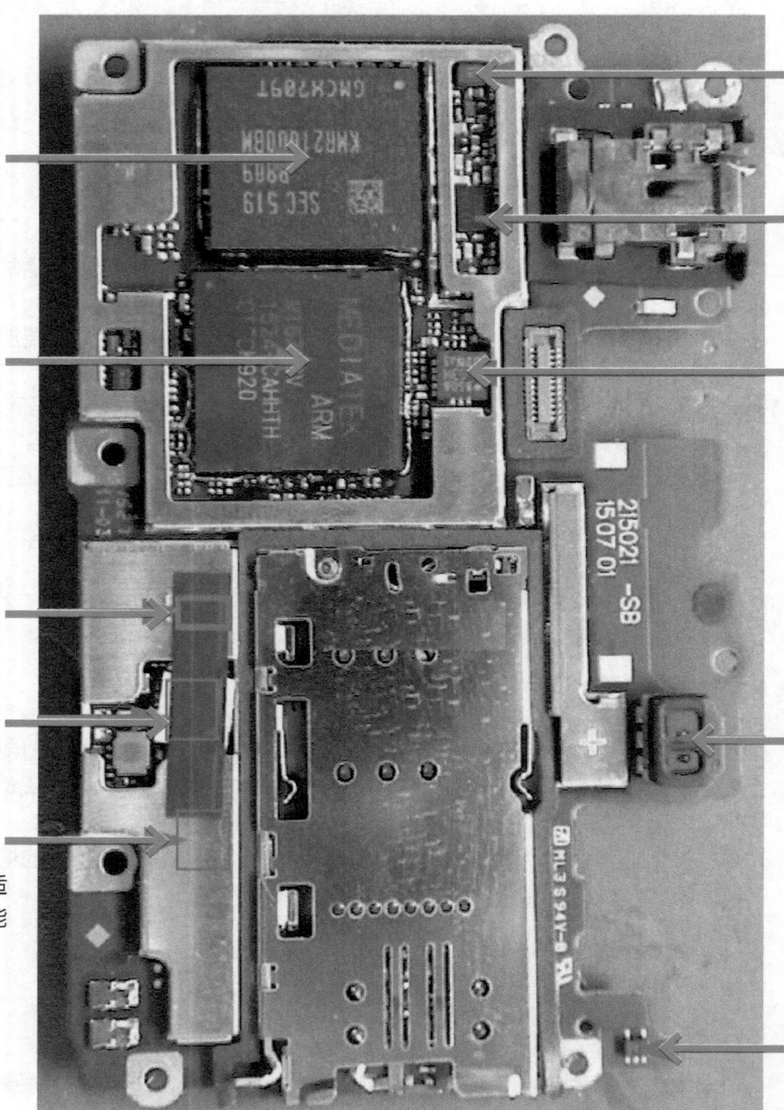

手机储存器芯片**损坏**
会导致死机 / 不开机等故障
主芯片MT6752**损坏**
会导致死机等功能异常
过压保护IC**损坏**
会导致不充电等故障
充电控制IC**损坏**
会导致普通模式不充电等故障
闪充控制IC**损坏**
会导致在闪充适配器模式下不能闪充等故障
磁感应IC**损坏**
会导致电子罗盘南针无功能等故
耳机功放IC**损坏**
会导致耳机无
等故障
重力感应IC**损坏**
会导致重力感
不灵敏等故障
光感IC**损坏**
会导致光感无
能等故障
U2404：霍尔感应器**损坏**
会导致皮套无功能等故障

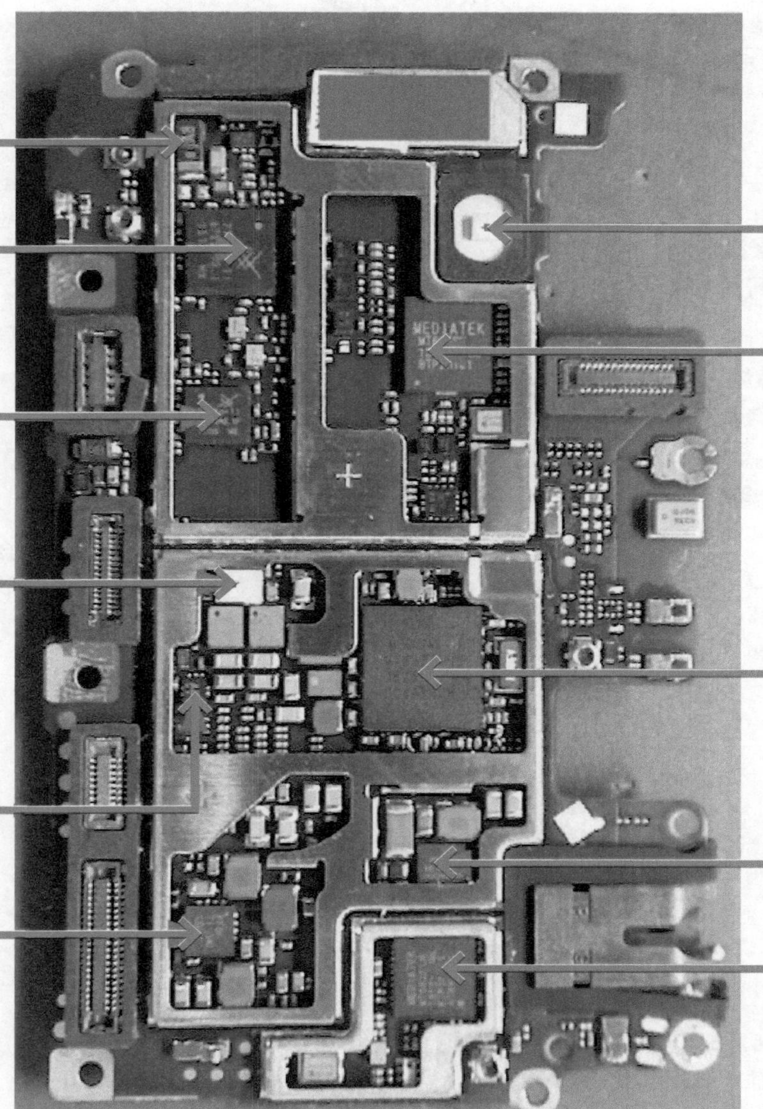
晶振损坏
会导致不开机等故障
天线开关芯片损坏
会导致信号差、无信号等故障
4G频段功放损坏
会导致4G频段信号弱、无信号等故障
MT6311电源管理芯片损坏
会导致不开机等故障
USB切换IC损坏
会导致USB无法下载、升级等故障
OLED显示屏驱动IC损坏
会导致黑屏、显示屏无显示等故障
LED闪光灯损坏
会导致手电筒无功能、拍照无闪光等故障
射频收发器损坏
会导致信号弱、无信号等故障
MT6325电源管理芯片损坏
会导致不开机、音频类等故障
扬声器智能功放损坏
会导致扬声器声小等故障
Wi-Fi2.4G-5G&BT芯片损坏
会导致Wi-Fi无法上网等故障

图5-7 OPPO R7s系列手机主板维修图解

5.2.2 华为SC-UL10手机主板维修图解

华为SC-UL10手机主板维修图解如图5-8所示。

分集接收天线弹片**损坏**
会导致信号弱等故障

闪光灯**损坏**
会导致闪光灯亮度小、闪光灯不亮等故障

Wi-Fi/BT/FM芯片**损坏**
会导致无信号、信号差等故障

闪光灯驱动芯片**损坏**
会导致闪光灯异常等故障

TP ZIF连接器**损坏**
会导致触屏整体无效等故障

指示灯驱动芯片**损坏**
会导致指示灯不亮等故障

重力传感器**损坏**
会导致重力传感不灵敏等故障

SIM卡座**损坏**
会导致不识SIM卡等故障

SD卡座**损坏**
会导致不识SD卡等故障

电池连接器**损坏**
会导致插入USB反复重启等故障

Wi-Fi BT天线弹片**损坏**
会导致Wi-Fi BT信号差无法连接等故障

光感FPC连接器**损坏**
会导致充电指示灯不亮或亮、接近传感器不良等故障

辅MIC**损坏**
会导致通话噪声大等故障

后摄BTB连接器**损坏**
会导致不聚焦、不良等故障

音频PA**损坏**
会导致音量小、音量无法调节等故障

LCD BTB连接器**损坏**
会导致LCD显示异常等故障

主天线弹片**损坏**
会导致信号弱、无法注册网络等故障

耳机座损坏
会导致耳机按键无效、耳机SPK/MIC无音等故障

大封装电容损坏
会导致不开机、开机大电流发烫等故障

19.2M晶体损坏
会导致射频指标差等故障

GSM PA损坏
会导致无法注册GSM网络等故障

电机焊盘及周围电路损坏
会导致振感弱、电机不振等故障

主MIC损坏
会导致主MIC声音小、无音等故障

USB座损坏
会导致不识别端口等故障

前摄及ZIF连接器损坏
会导致前摄像头无图像等故障

音量、电源按键FPC弹片损坏
会导致按音量和电源键无反应等故障

MCP损坏
会导致不开机、白屏等故障

基带芯片损坏
会导致死机、不开机等故障

电源管理芯片损坏
会导致发热大电流等故障

LCD偏压驱动芯片损坏
会导致背光正常但显示黑屏等故障

背光驱动IC损坏
会导致无背光等故障

RF Transceiver损坏
会导致无法注册所有网络或部分网络等故障

LTE B41 PA损坏
会导致无法注册LTE网络等故障

图5-8 华为SC-UL10手机主板维修图解

5.2.3 iPhone 7手机主板维修图解

iPhone 7手机主板维修图解如图5-9所示。

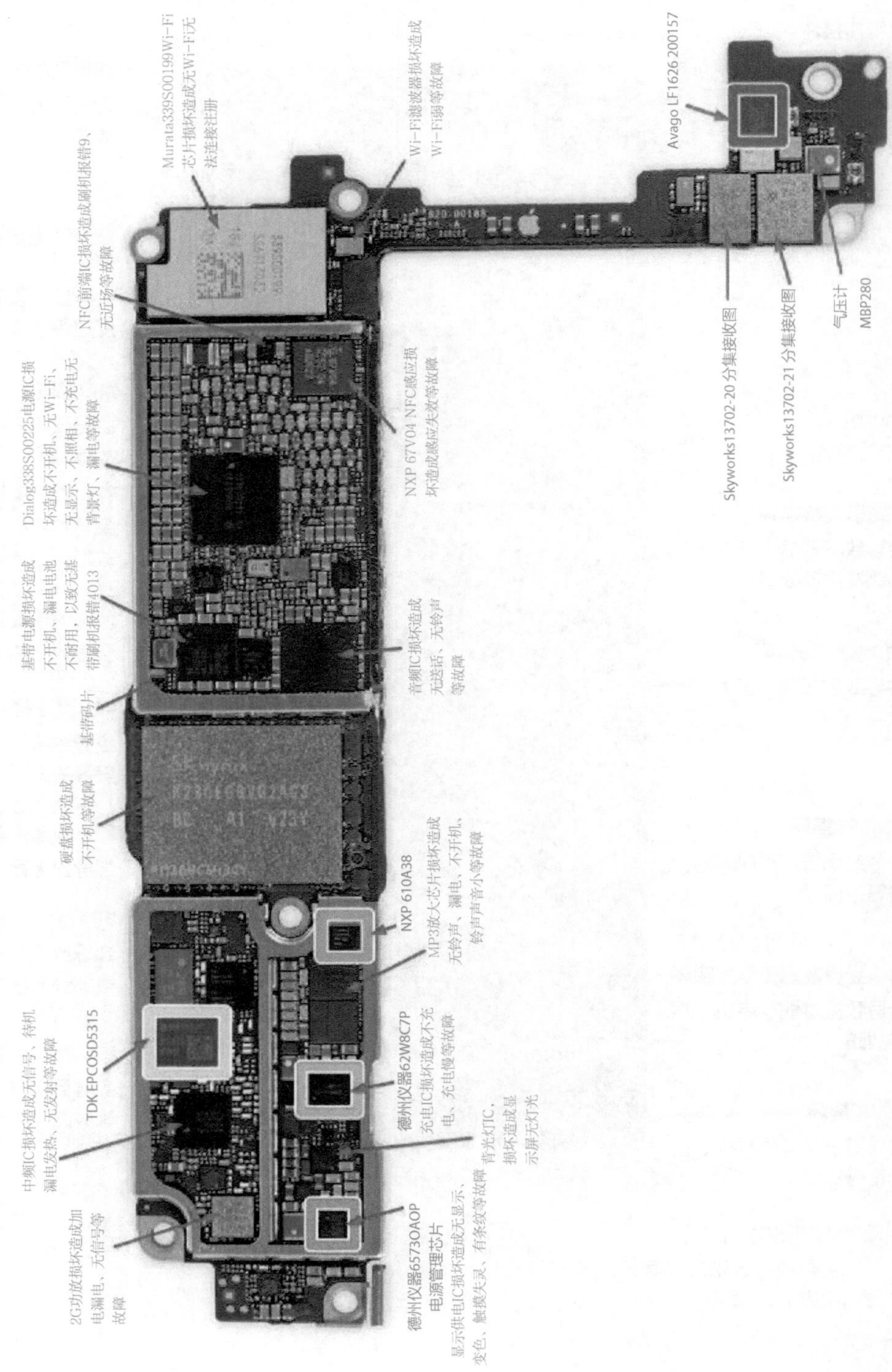

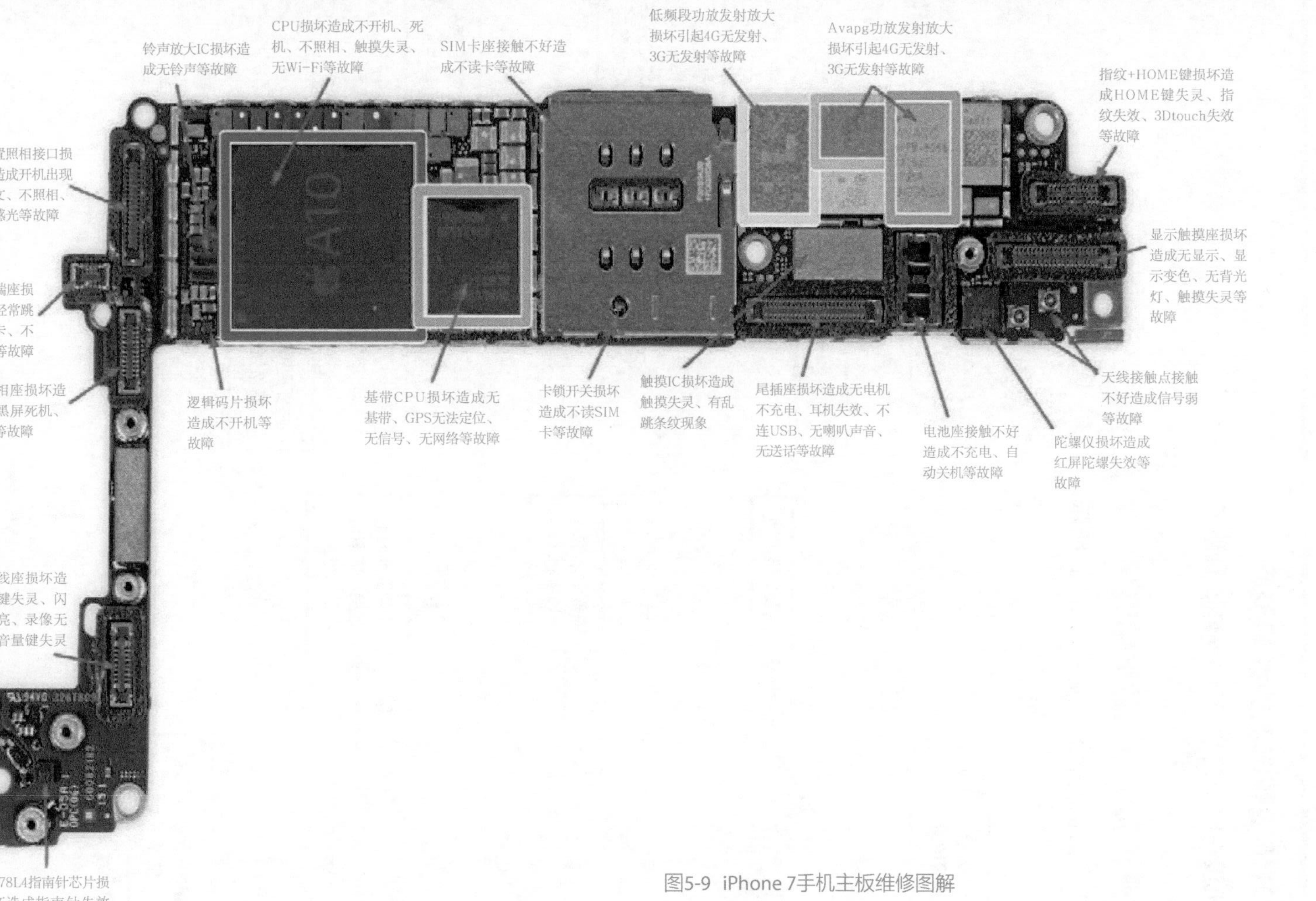

前置照相接口损坏造成开机出现英文、不照相、无感光等故障
铃声放大IC损坏造成无铃声等故障
CPU损坏造成不开机、死机、不照相、触摸失灵、无Wi-Fi等故障
SIM卡座接触不好造成不读卡等故障
低频段功放发射放大损坏引起4G无发射、3G无发射等故障
Avapg功放发射放大损坏引起4G无发射、3G无发射等故障
指纹+HOME键损坏造成HOME键失灵、指纹失效、3Dtouch失效等故障
显示触摸座损坏造成无显示、显示变色、无背光灯、触摸失灵等故障
GPS前端座损坏造成经常跳出SIM卡、不能定位等故障
后置照相座损坏造成照相黑屏死机、不照相等故障
逻辑码片损坏造成不开机等故障
基带CPU损坏造成无基带、GPS无法定位、无信号、无网络等故障
卡锁开关损坏造成不读SIM卡等故障
触摸IC损坏造成触摸失灵、有乱跳条纹现象
尾插座损坏造成无电机不充电、耳机失效、不连USB、无喇叭声音、无送话等故障
电池座接触不好造成不充电、自动关机等故障
陀螺仪损坏造成红屏陀螺失效等故障
天线接触点接触不好造成信号弱等故障
开机排线座损坏造成开机键失灵、闪光灯不亮、录像无声音、音量键失灵等故障
378L4指南针芯片损坏造成指南针失效等故障

图5-9 iPhone 7手机主板维修图解

5.3 维修流程图

5.3.1 不开机没有电流的维修流程

不开机没有电流的维修流程如图5-10所示。

5.3.2 不开机有大电流的维修流程

不开机有大电流的维修流程如图5-11所示。

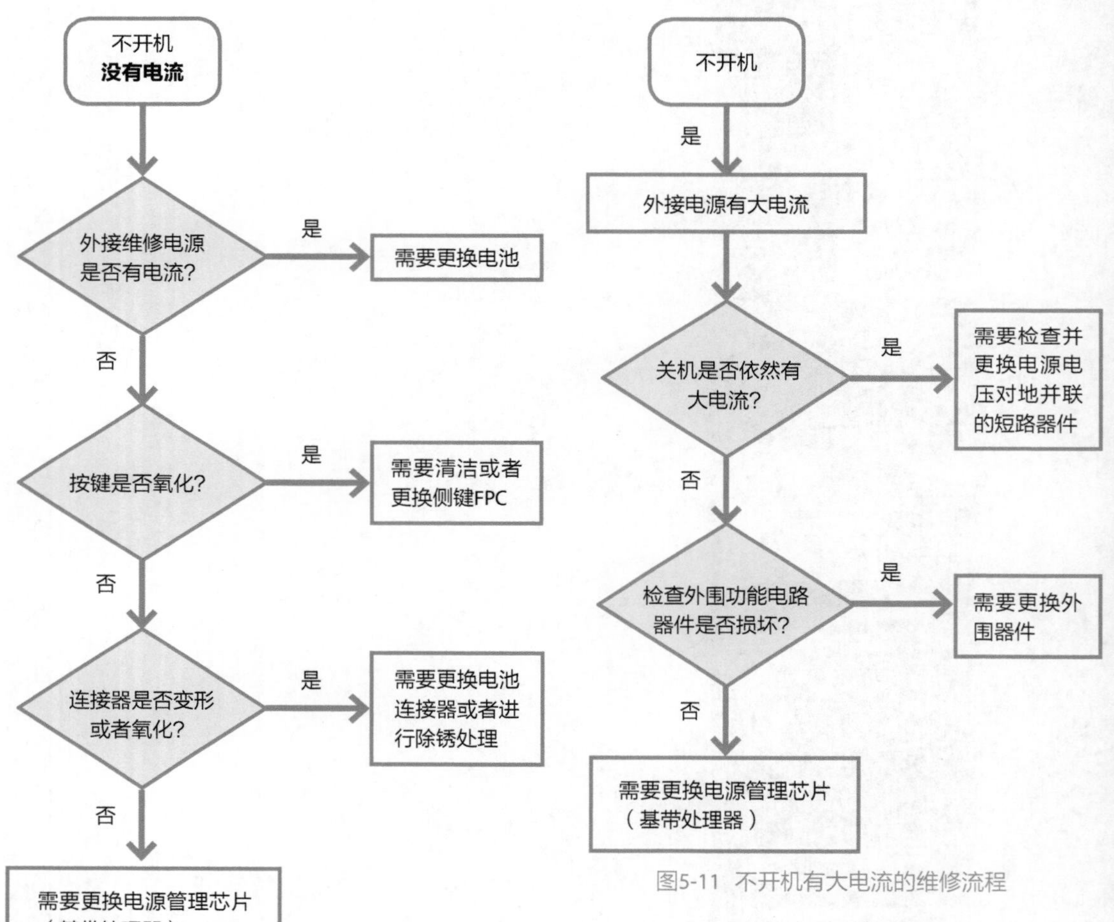

图5-10 不开机没有电流的维修流程

图5-11 不开机有大电流的维修流程

5.3.3 显示异常或触摸失效的维修流程

显示异常或触摸失效的维修流程如图5-12所示。

5.3.4 受话器没有声音或声音异常的维修流程

受话器没有声音或声音异常的维修流程如图5-13所示。

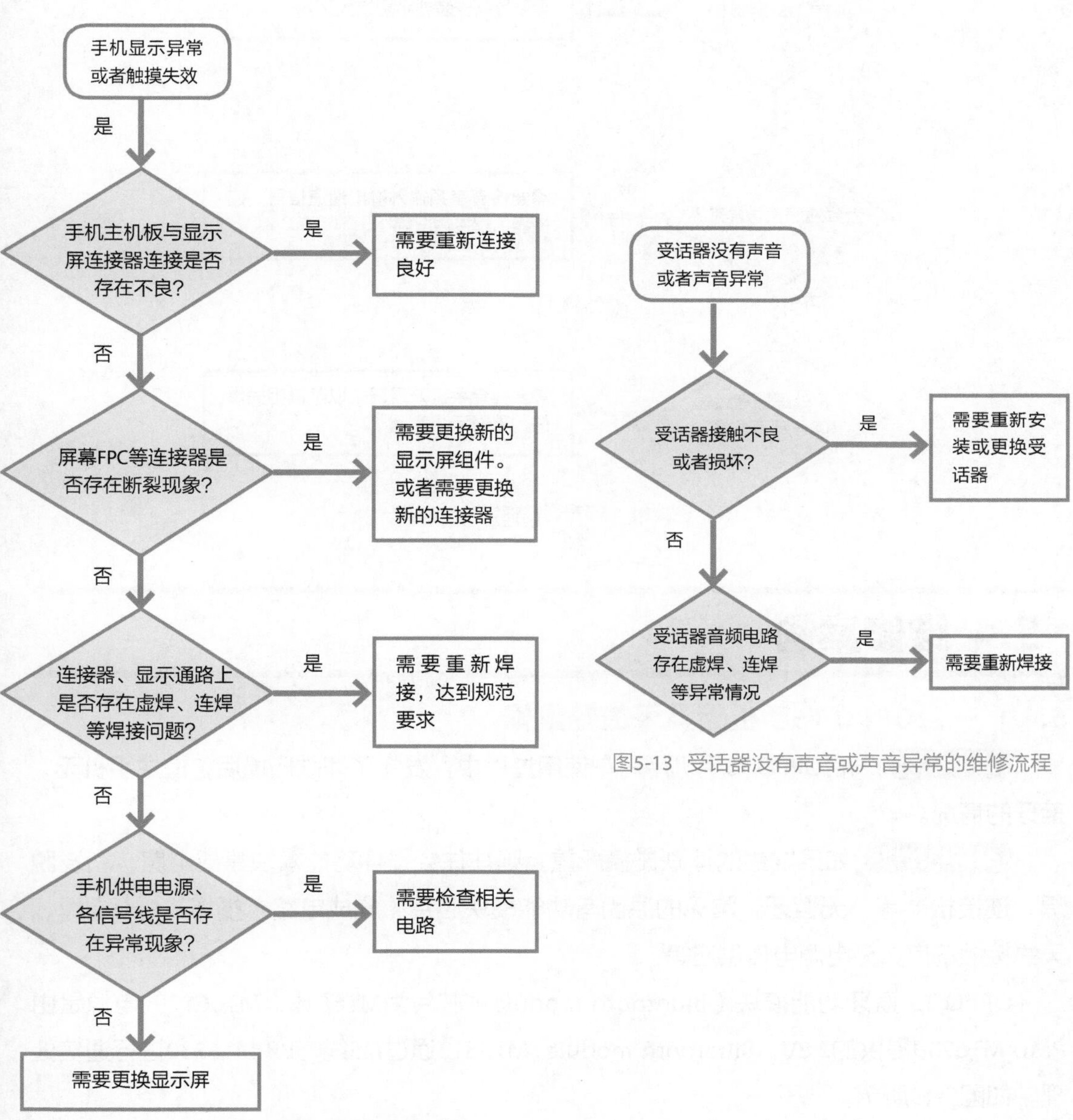

图5-13 受话器没有声音或声音异常的维修流程

图5-12 显示异常或触摸失效的维修流程

5.3.5 扬声器异常的维修流程

扬声器异常的维修流程如图5-14所示。

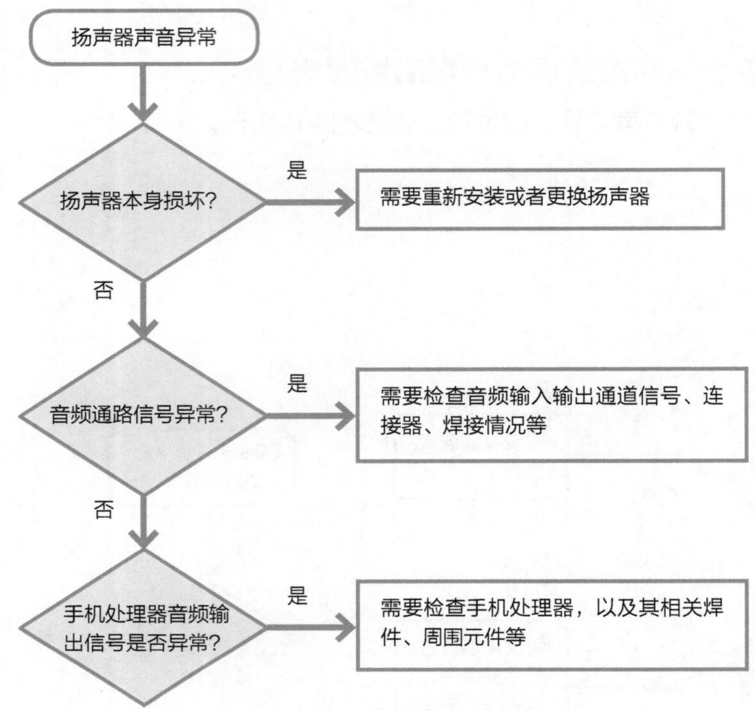

图5-14 扬声器异常的维修流程

5.4 维修案例

5.4.1 一台OPPO T5手机无蓝牙故障维修

故障现象 一台OPPO T5手机用户在使用过程中，发生了摔跌碰撞后，造成手机无蓝牙的情况。

分析与检修 如果发生的摔跌碰撞严重，则往往会损坏功能模块集成电路，引发脱焊、连接松动等。无蓝牙，常见的原因有功能模块芯片（集成电路）损坏、CPU虚焊、天线接触不良、无电源电压供应等。

OPPO T5 蓝牙功能模块（Bluetooth module）芯片为MT6612。MT6612的电源是由PMU MT6239提供的2.8V。Bluetooth module MT6612通过I2S线与BB MT6239进行通信处理，如图5-15所示。

OPPO T5 手机集成电路MT6612的电源BT_2V8与其23脚VCC28、10脚VCC28、14脚VCC28、15脚VCC28、19脚VCC28、8脚VCC28、35脚VDD28等相连接，如图5-16所示。于

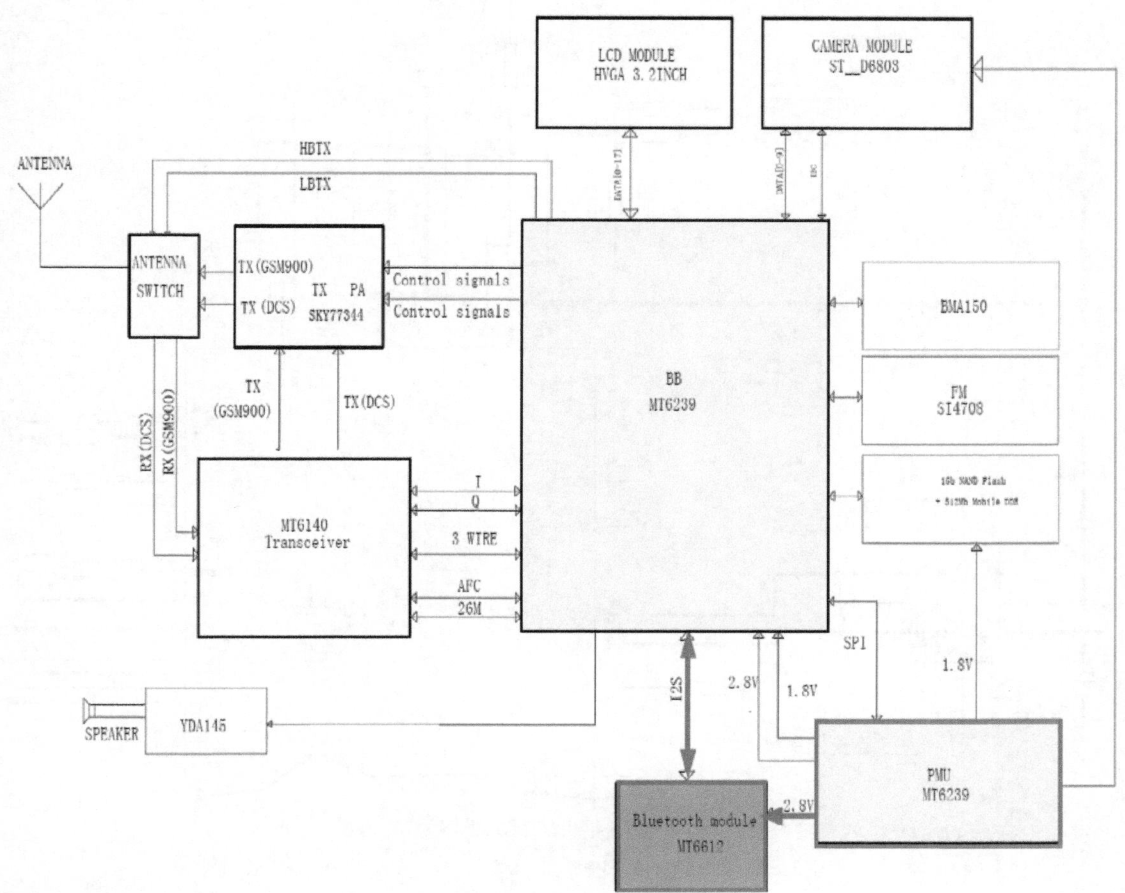

图5-15 OPPO T5手机框图

是检测这些端脚电压，发现10脚VCC28、14脚VCC28、15脚VCC28、19脚VCC28、8脚VCC28、35脚VDD28无电压。根据图可知，这些端脚具有共同外接件C1805、C1806、C1820等。估计是这些外接件短路引起的，经检测发现C1805异常。关机，更换C1805后，开机试机一切正常，故障排除。

小结 对于一些智能手机蓝牙/Wi-Fi故障检修要点如下：

①如果智能手机无法与热点建立连接，则首先需要检查热点密码是否正确，尝试将Wi-Fi关闭后重新打开。其次，才考虑拆机硬件维修。

②目前，一些智能手机Wi-Fi与BT公用天线（例如OPPO X909手机的Wi-Fi与BT就公用天线，如图5-17所示）。如果其中之一出现故障，则只需要检查另一功能独有的线路。公用的线路说明没有问题。

③智能手机搜不到热点，则原因可能是Wi-Fi接收电路异常、天线接触不好等。

④与其他手机对比，该智能手机Wi-Fi信号弱，则原因可能是天线接触问题、BT/Wi-Fi屏蔽罩扣合严密问题等。

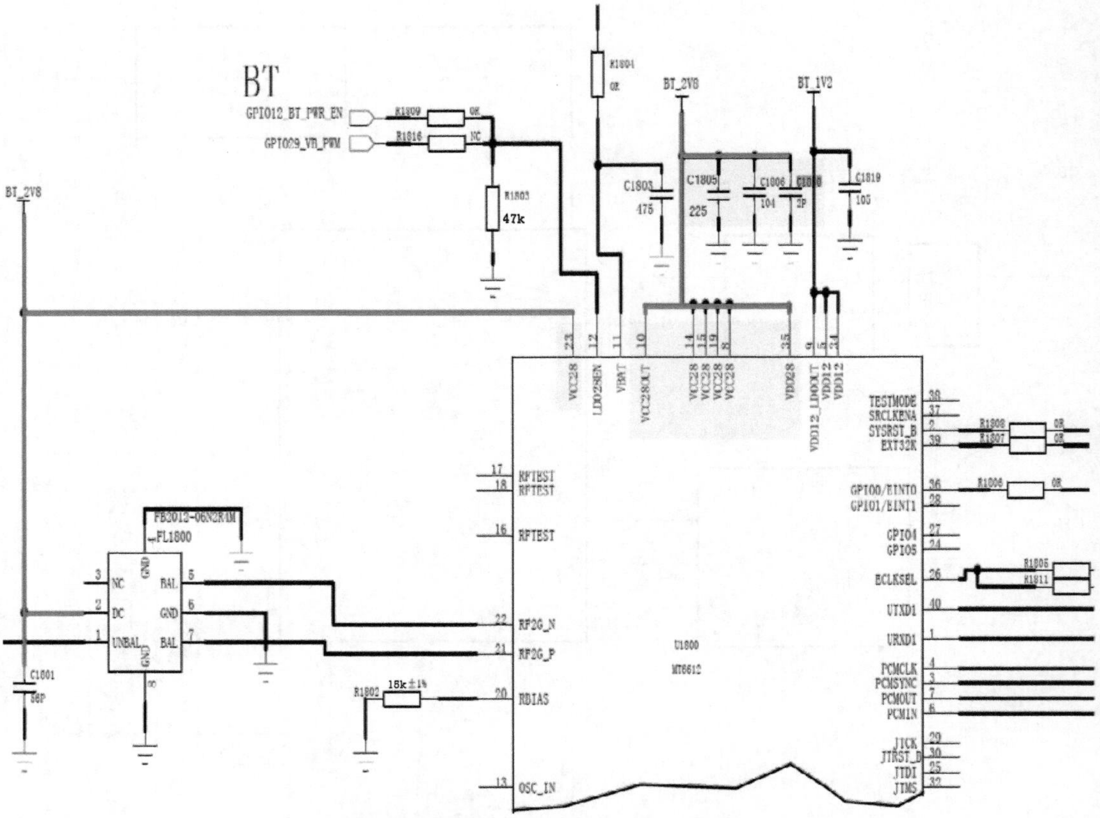

图5-16　OPPO T5 手机MT6612的电源BT_2V8

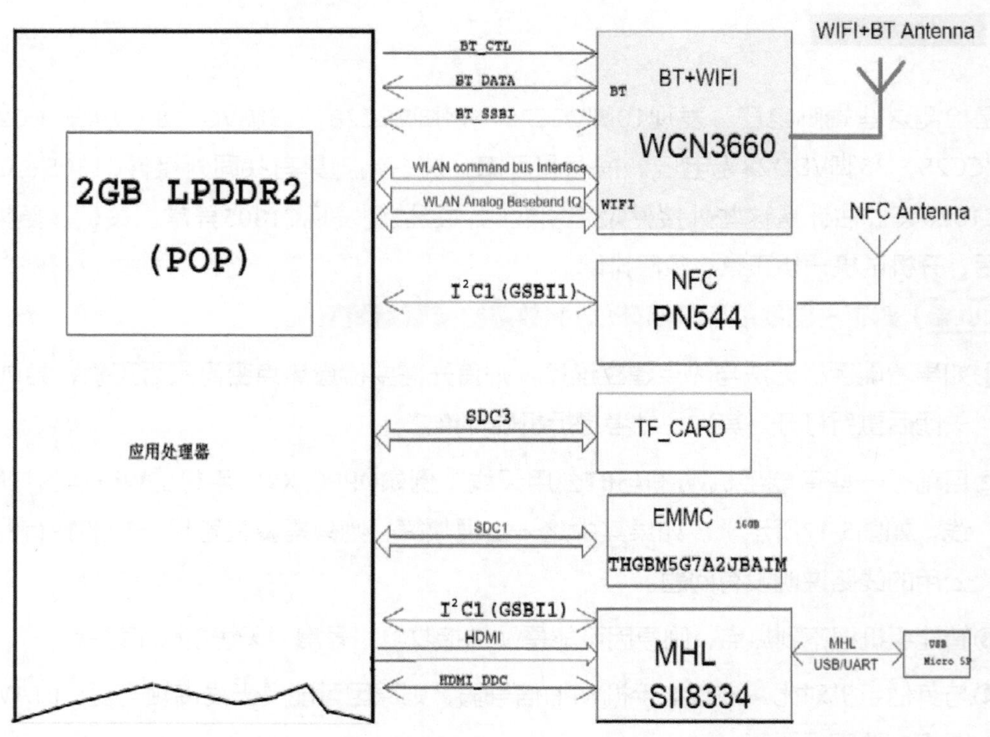

图5-17　OPPO X909手机的Wi-Fi与BT公用天线

⑤开启Wi-Fi模式，智能手机死机，则原因可能是CPU芯片异常、Wi-Fi芯片异常等。

5.4.2 一台OPPO X909手机不识SIM卡故障维修

故障现象 一客户的OPPO X909手机不识SIM卡。

分析与检修 不识SIM卡故障可能是SIM卡异常、插卡错误、SIM卡电路异常、SIM卡接触点沾污等原因。经检测，未发现SIM卡与插卡错误。于是拆机检测SIM卡电路（图5-18），检测SIM卡座的VCC端，发现无电压，而LDO6有电压输出。经检测，发现R1805已经断路。于是更换R1805后，开机试机一切正常，故障排除。

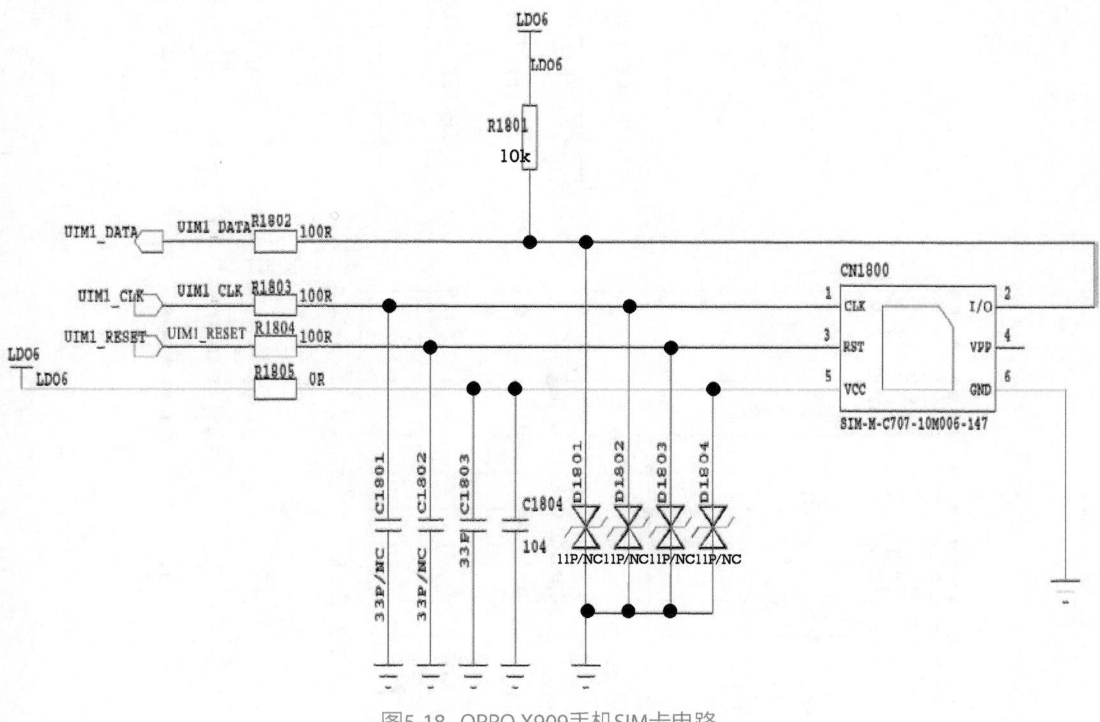

图5-18 OPPO X909手机SIM卡电路

小结 目前，许多智能手机的SIM卡座工作电压是由PM供给的。因此，如果当SIM卡电路等均正常，则故障可能是PM异常引起的。另外，目前许多智能手机采用了双SIM卡，例如华为Mate 7-CL00手机双SIM卡电路如图5-19所示。

5.4.3 一台vivo Y75手机无铃声故障维修

故障现象 一客户的vivo Y75手机出现无铃声故障。

分析与检修 首先对故障机vivo Y75手机音量设置进行检查，发现无异常。再进行MMI测试，结果手机喇叭测试不过，其他项均很好，则初步排除软件故障。把vivo Y75手

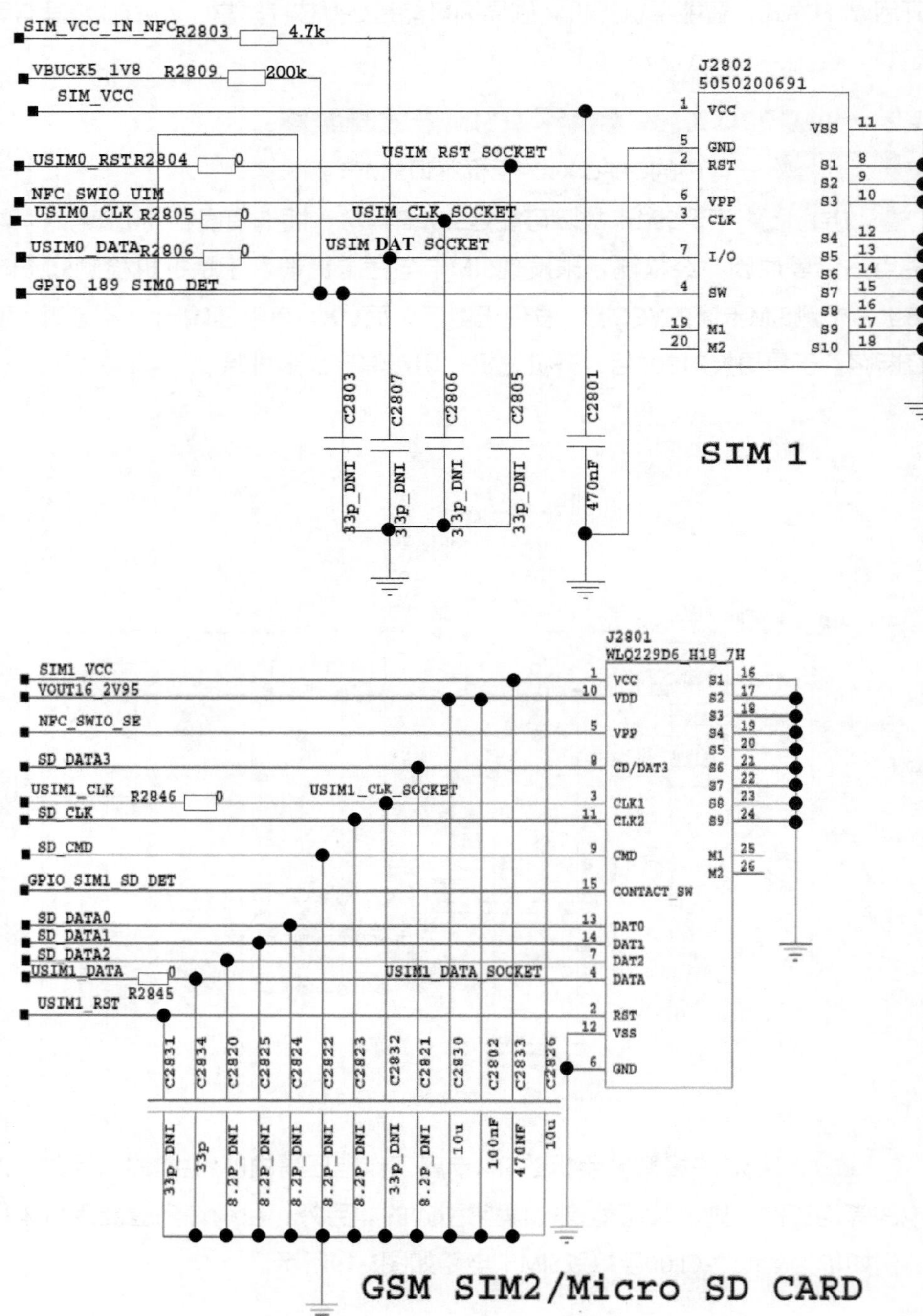

图5-19 华为Mate 7-CL00手机双SIM卡电路

机拆机，从外观观察喇叭无异样。检测喇叭电阻，发现异常。更换喇叭后，开机试机一切正常，故障排除。

小结 智能手机喇叭的阻抗一般为6~8Ω。如果检测喇叭的阻值异常，则说明喇叭可能损坏了。

5.4.4 一台华为Mate 7-CL00手机搜索不到5G Wi-Fi信号故障维修

故障现象 一台华为Mate 7-CL00手机搜索不到5G Wi-Fi信号，但是能够接收2.4GHz信号。

分析与检修 手机搜索不到5G Wi-Fi信号，可能是5G Wi-Fi设置不合理引起的。但是，经过检查，发现5G Wi-Fi设置是合理的。华为Mate 7-CL00手机2.4GHz信号电路与5G Wi-Fi信号电路如图5-20所示。

检查5G Wi-Fi信号电路中的U5502 TQP887051的10脚VCC1、11脚VCC2有电压，则说明VBAT_SYS线路、C5505 4.7μF电容、C5504 100nF等均正常。再检查U5502 TQP887051的2

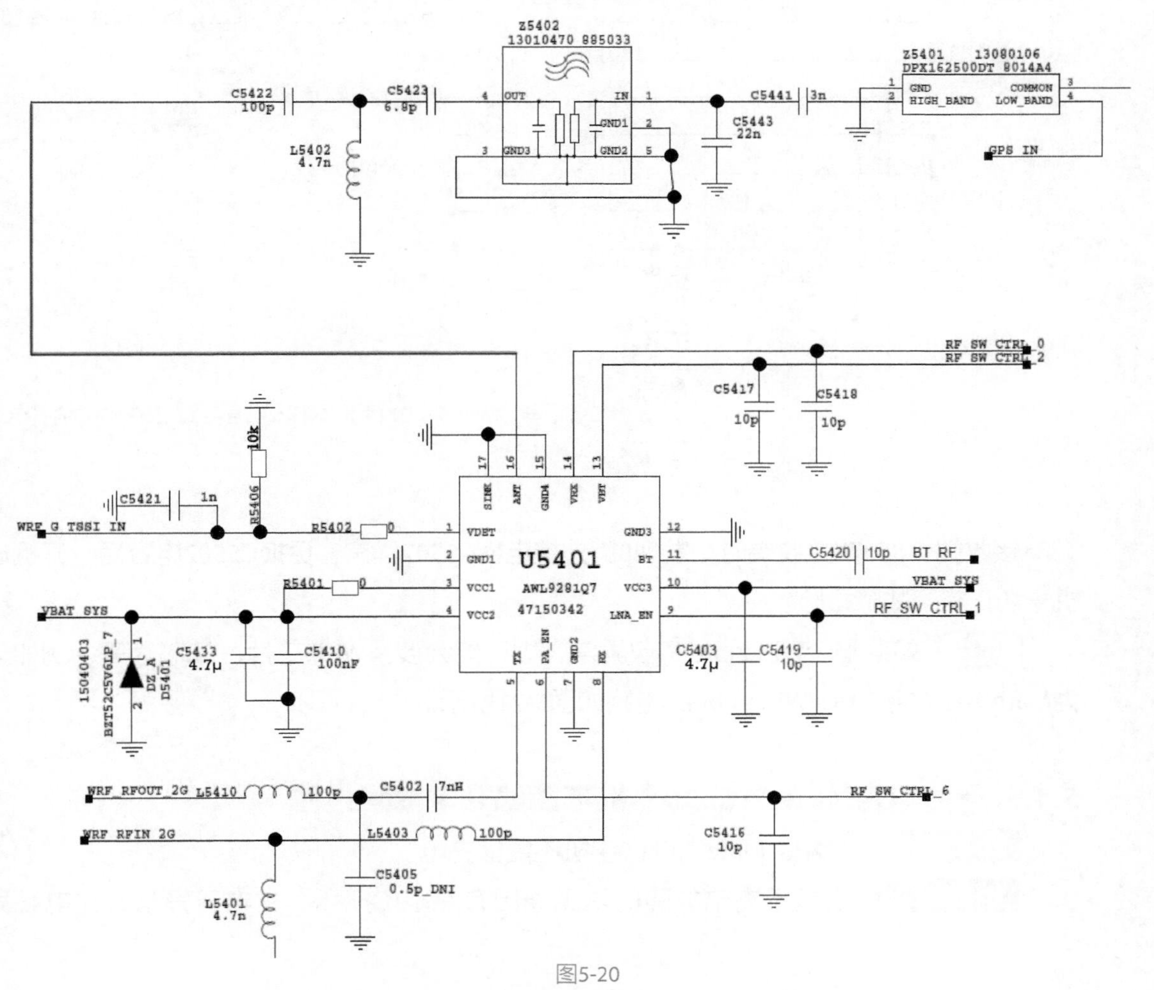

图5-20

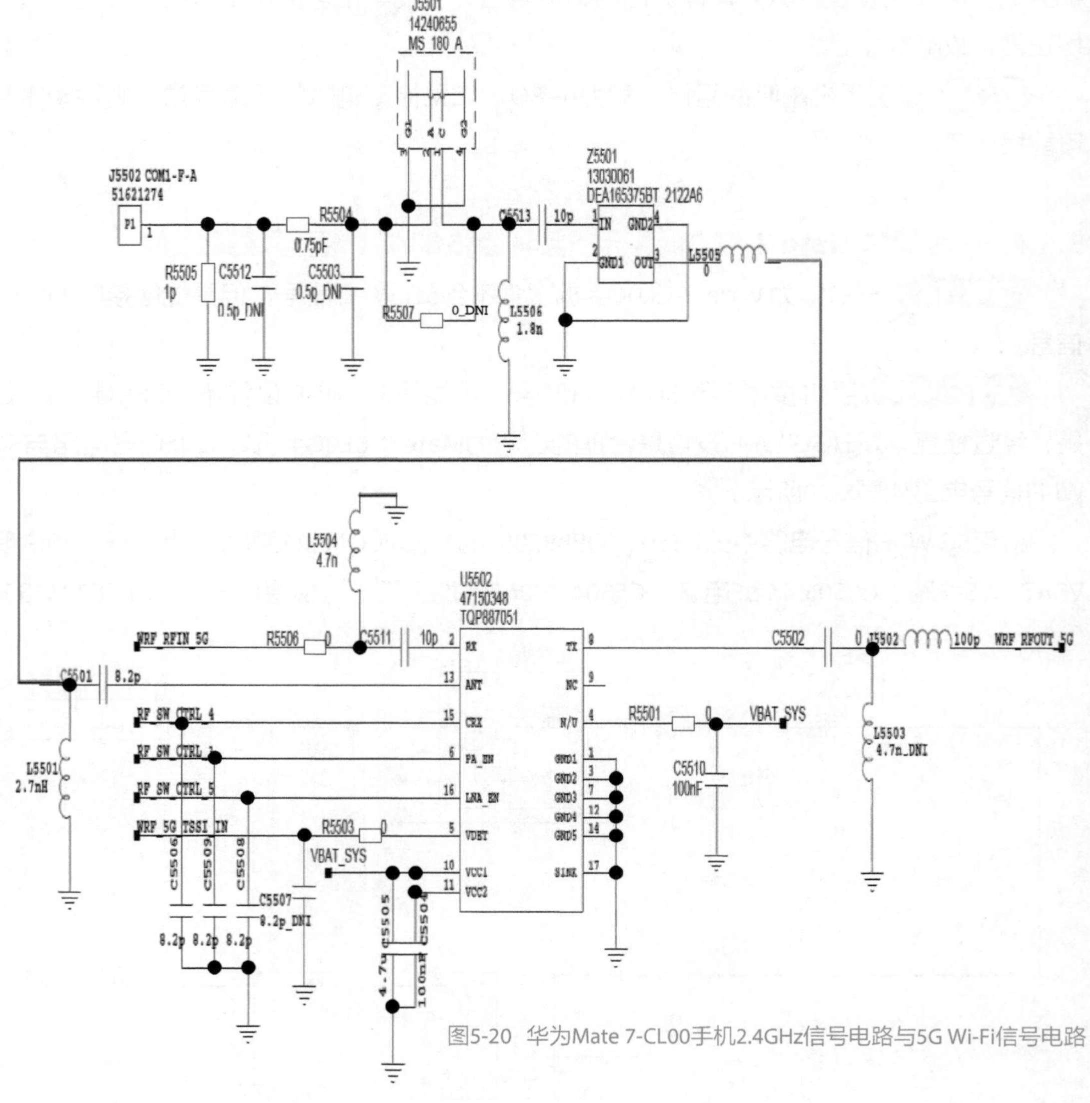

图5-20 华为Mate 7-CL00手机2.4GHz信号电路与5G Wi-Fi信号电路

脚RX接收端、8脚TX接收端时，发现8脚外接电容C5502异常。更换C5502电容后，开机试机一切正常，故障排除。

小结 如果整个Wi-Fi信号接收异常，则可能会涉及Wi-Fi芯片、BB芯片等。例如华为Mate 7-CL00手机BT/Wi-Fi/FM-BB电路如图5-21所示。

5.4.5 一台华为Mate 7-CL00手机不能够充电故障维修

故障现象 一台华为Mate 7-CL00手机不能够充电。

分析与检修 引起不充电故障的常见原因有充电IC损坏、充电器异常、充电线异

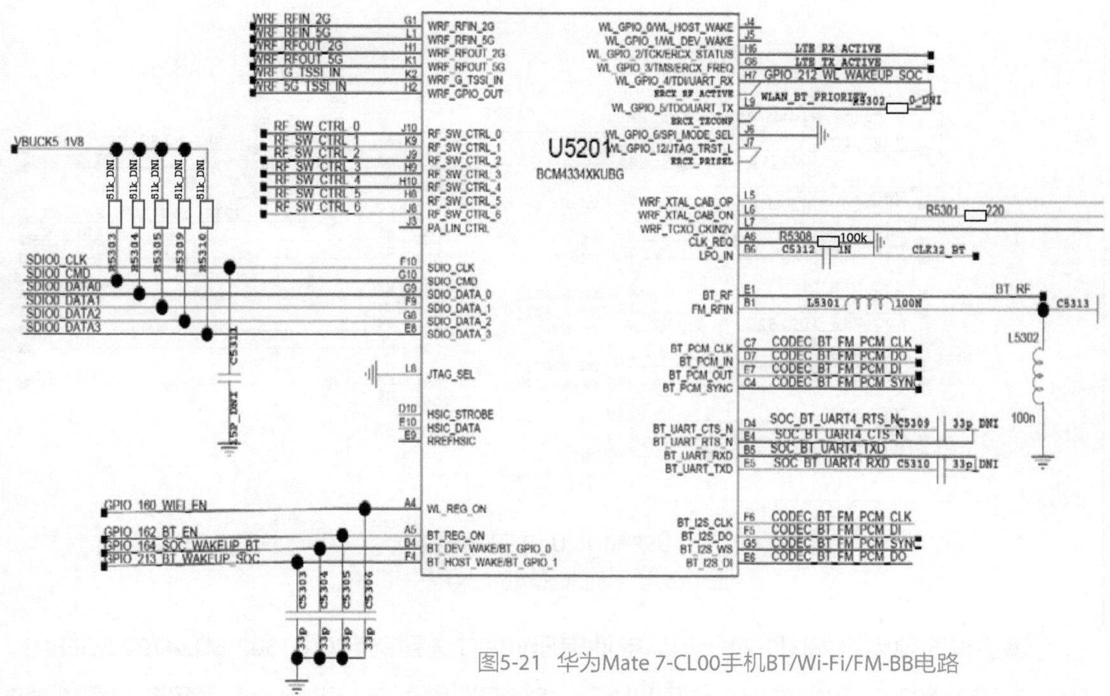

图5-21 华为Mate 7-CL00手机BT/Wi-Fi/FM-BB电路

常、电池异常、电池连接器异常等。首先检查电池，发现正常。检测电池连接器与附属电路（如图5-22所示），发现无异常。检测手机有关充电接口与有关电路（如图5-23所示），发现也无异常。手机有关充电接口与有关电路中，USB接口中VCHG_USB为电源线。USB_DN为传送数据D+。USB_DP为传送数据D−，USB_ID为识别不同的电缆端点线。

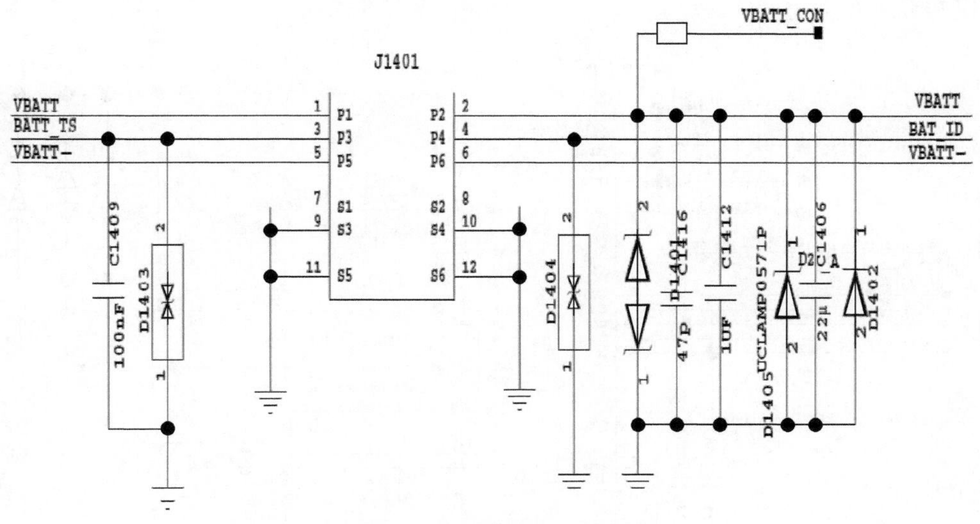

图5-22 电池连接器与附属电路

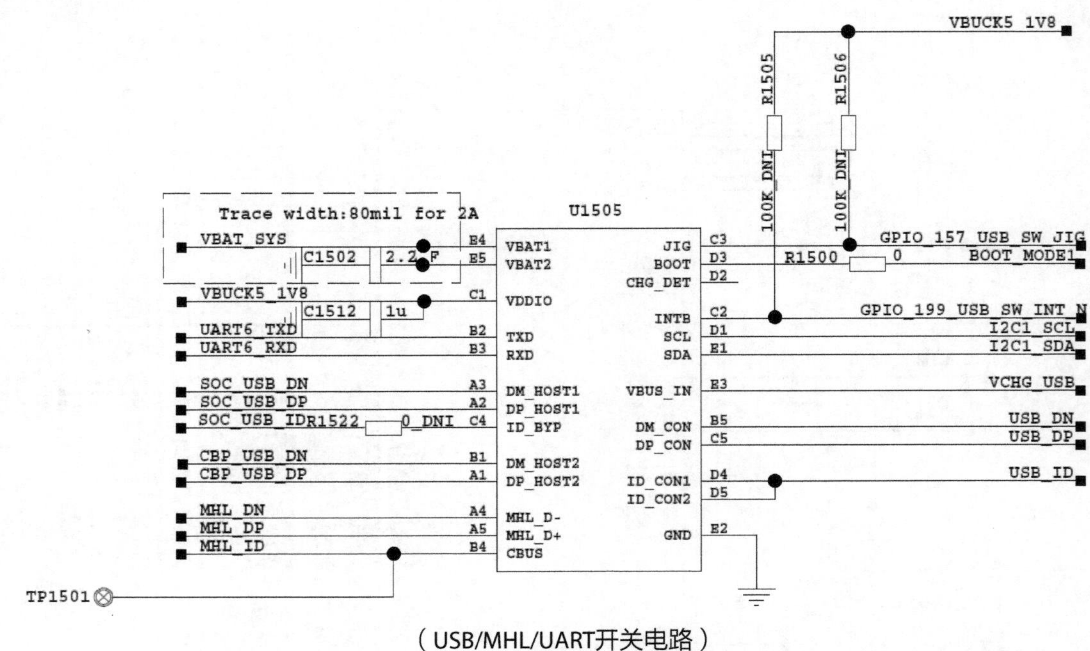

（USB/MHL/UART开关电路）

图5-23 手机有关充电接口与有关电路

该手机充电电路如图5-24所示。电池电压VBATT送到充电IC U1502 BQ24192 RGER内。U1502 BQ24192 RGER会输出主供电VBAT_SYS给电源管理电路PMU（或者包含电源管理的芯片）。按下开机键后，电源管理电路（或者包含电源管理的芯片）会输出各路供电给CPU及其他相关电路，如图5-25所示。当USB插上电源线充电后，VCHG_USB会加到充电集成电路BQ24192RGER中。当手机检测到有充电电压时，处理器会发出指令通过I2C信号，启动充电集成电路BQ24192RGER。充电集成电路BQ24192RGER会输出充电电压到电池上进行充电。

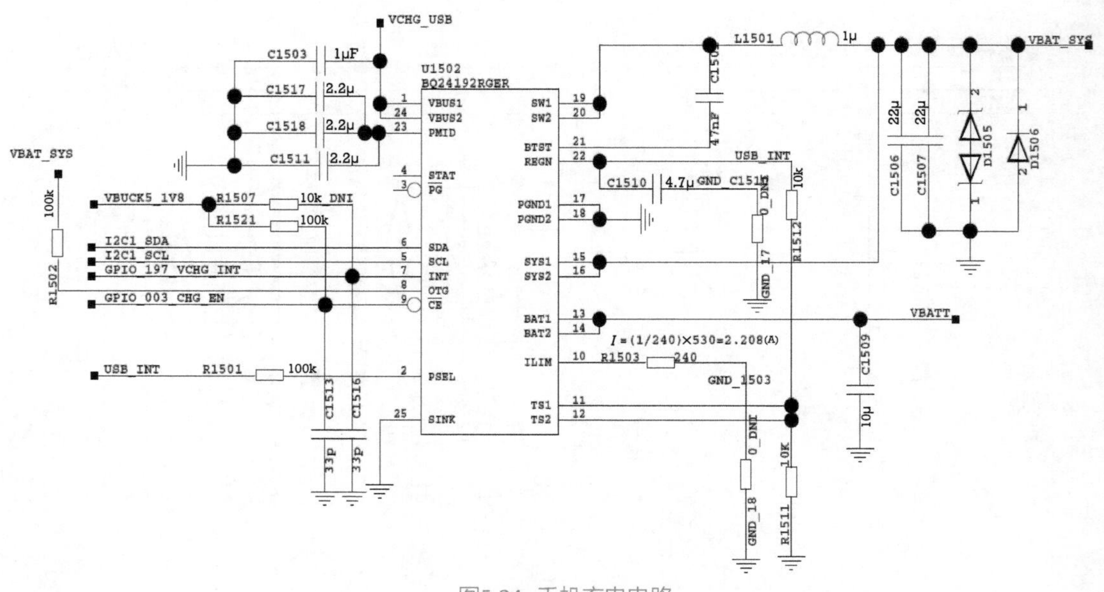

图5-24 手机充电电路

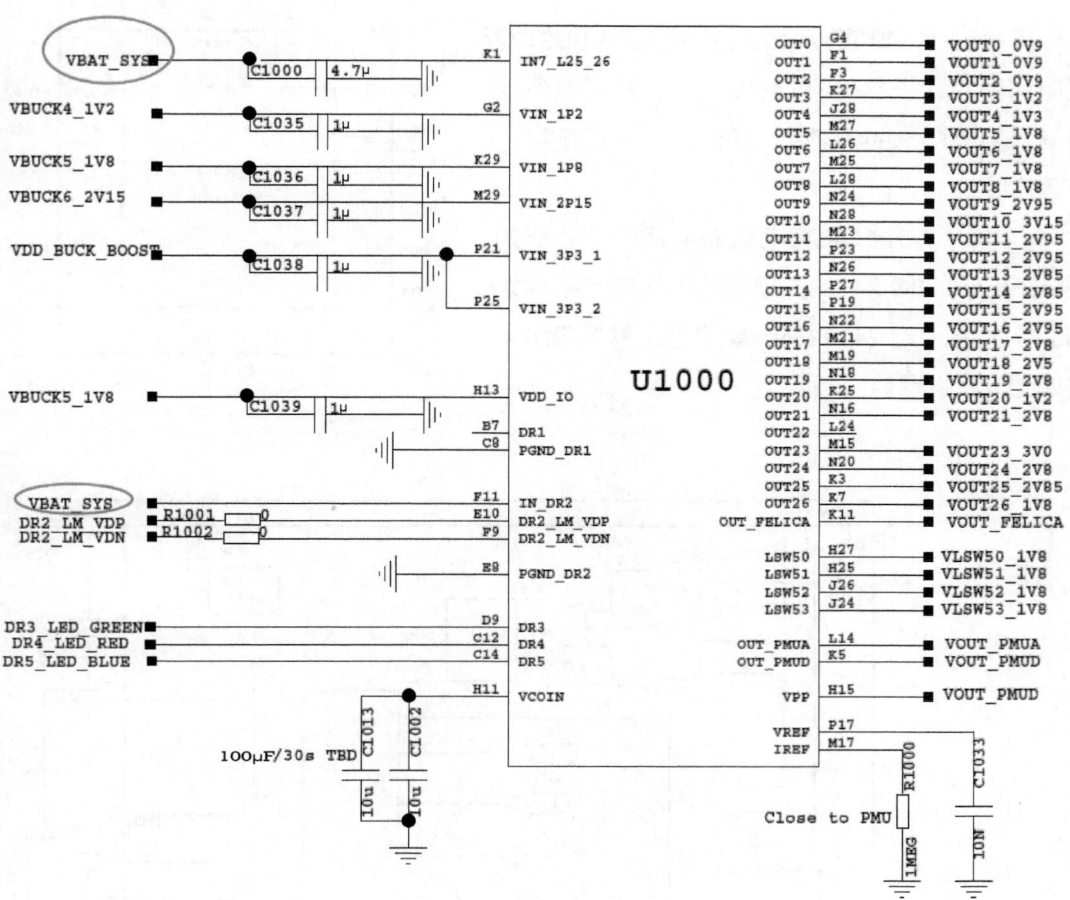

名称	电压	电流	功能应用	名称	电压	电流	功能应用
VDD_A15	1.1V	10A	A15 core	VOUT13	2.85V	50mA	19.2M TCXO 0
VDD_A7	0.9V	2.5A	A7 core	VOUT14	2.85V	50mA	19.2M TCXO 1
VBUCK1/2	0.9V	6.0A	GPU core	VOUT15	2.95V	350mA	EMMC AVDD
VBUCK3	0.9V	3.0A	PERI & MDM & BBP	VOUT16	2.85V	600mA	SD CARD
VBUCK4	1.2V	3.0A	DDR & 1.2V power plane	VOUT17	3.1V	50mA	TP AVDD
VBUCK5	1.8V	1.5A Hi3630	I/O & 1.8V power plane	VOUT18	2.5V	50mA	HKADC REF
VBUCK6	2.15V	1.5A	2.15V power plane	VOUT19	2.8V	200mA	S_CAM analog
VOUT0	0.9V	300mA	Hi3630 SYS + 0.9V PLL	VOUT20	1.0V	350mA	M_CAM core
VOUT1	0.9V	350mA	A7 L2 MEM	VOUT21	2.8V	200mA	M_CAM analog
VOUT2	0.9V	800mA	A15 L2 MEM	VOUT22	1.2V	200mA	
VOUT3	1.2V	50mA	HSIC	VOUT23	3.0V	50mA	HKADC & AUX DAC
VOUT4	1.3V	100mA	AVDDL_ABB	VOUT24	2.8V	50mA	X-Sensor AVDD
VOUT5	1.8V	500mA	PHY 1.8V POWER	VOUT25	2.85V	300mA	MCAM VCM
VOUT6	1.8V	150mA	EFUSE	VOUT26	1.8V	50mA	19.2M circuit
VOUT7	1.8V	100mA	AVDDH_ABB & AVDD1P8_PLL	VOUT_FELICA	3.15V	100mA	NFC
VOUT8	1.8V	300mA	CODEC 1.8V analog	VBOOST	5.0V	1.5A/600mA	CLASS-D PA
VOUT9	2.95V/1.8V	50mA	Hi3630 SD CARD I/O	VLSW50	1.8V	50mA	LCD_TP I/O
VOUT10	3.15V	50mA	USB PHY	VLSW51	1.8V	50mA	IRDA I/O
VOUT11	1.8V/2.95V	50mA	SIM 0	VLSW52	1.8V	60mA	CAM I/O
VOUT12	1.8V/2.95V	50mA		VLSW53	1.8V	50mA	PA VDD_EN

图5-25 PMU

再检测U1502 BQ24192RGER的1脚VBUS1发现电压异常，于是检测C1503 1μF，发现该电容异常。更换C1503电容后，开机试机一切正常，故障排除。

小结 BQ24192充电集成电路引脚功能如图5-26所示，BQ 24192充电集成电路内部结构如图5-27所示，BQ 24192充电集成电路基本应用电路如图5-28所示。

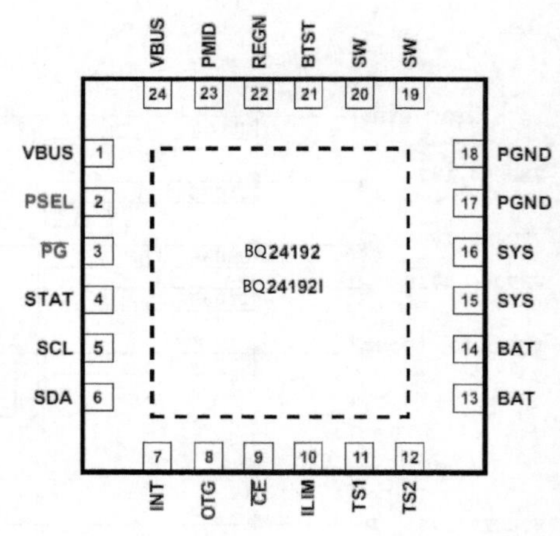

图5-26 BQ 24192充电集成电路引脚功能

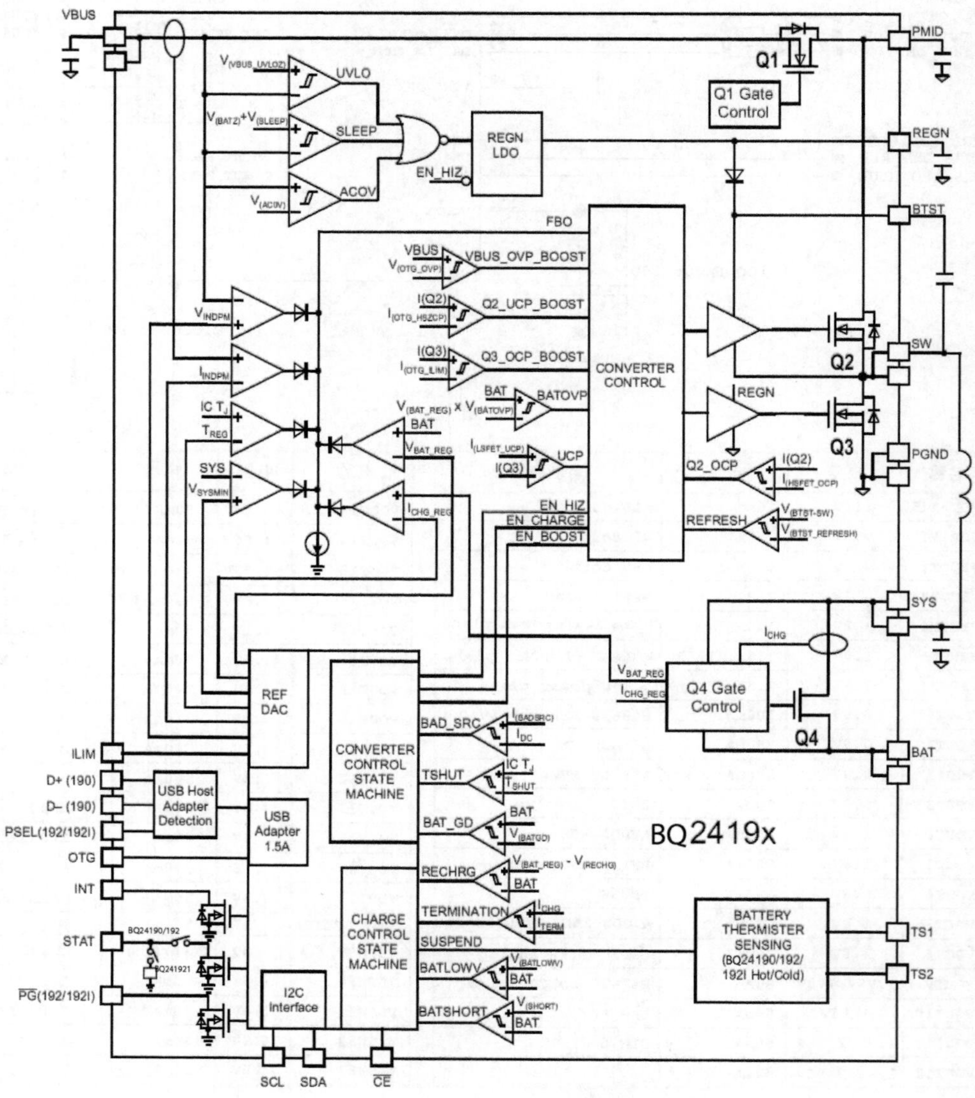

图5-27 BQ 24192内部结构

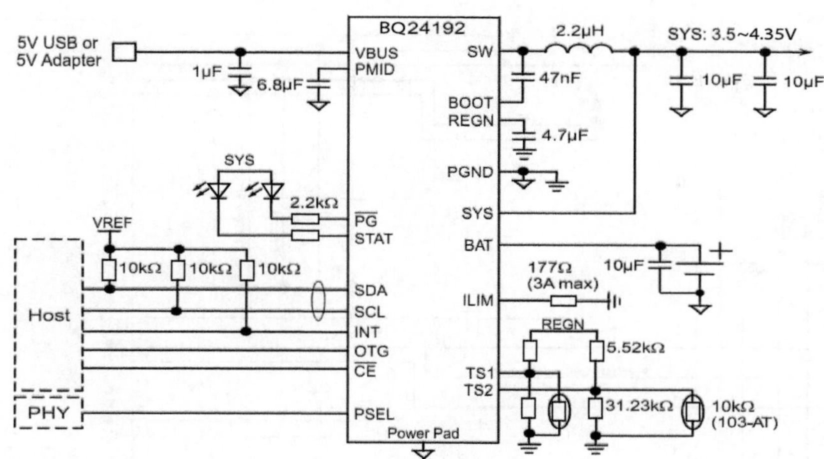

图5-28 BQ 24192充电集成电路基本应用电路

5.4.6 一台红米1S手机不识SIM1卡故障维修

故障现象 一台红米1S手机不识SIM1卡，但是卡是正常的。

分析与检修 首先检查SIM1卡有关设置，发现正确。拆机后，检查SIM1卡座与其相关电路（如图5-29所示），发现R1501异常。更换R1501后，开机试机一切正常，故障排除。

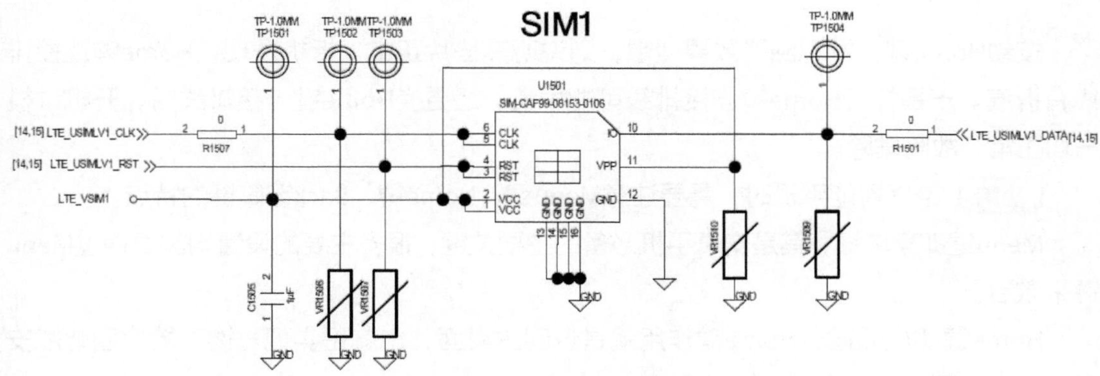

图5-29 红米1S手机SIM1卡座与其相关电路

小结 检查SIM1卡座与其相关电路时，还需要注意LTE_VSIM1的检测。红米1S手机SIM1卡座相关电路LTE_VSIM1是由MT6339引出的，如图5-30所示。

5.4.7 一台iPhone 6手机Home键失灵故障维修

故障现象 一台iPhone 6手机按Home键没反应，出现失灵的故障。

分析与检修 根据故障特点，原因可能与iPhone 6手机Home键本身，以及相关的排线、电路等有关。

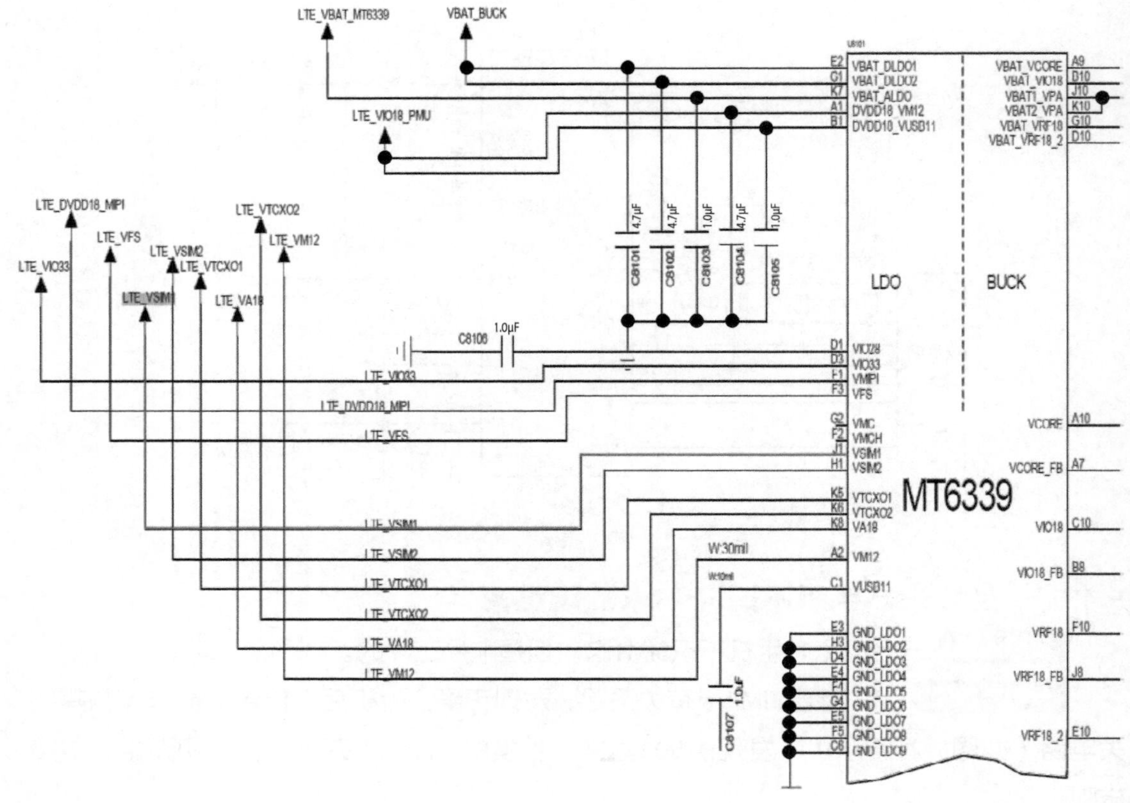
图5-30 红米1S手机LTE_VSIM1通道

按动Home键，发现回弹效果理想，则说明其垫片正常。拆机发现，Home键连接排线有折痕。于是怀疑Home键连接排线可能异常。经更换Home键连接排线后，开机试机一切正常，故障排除。

小结 维修智能手机时，需要注意Menu键、Home键、Back键等键的特点。

Menu键即菜单键，其是安卓手机必备的主要按键，很多主要的设置均需要通过Menu键来激活。

Home键即桌面键，Home键作用就是返回主桌面，也就是实现一键直接返回智能安卓手机主桌面。

Back键即返回键，也就是能够返回上一次操作的位置。

5.4.8 一台iPhone 6 Plus手机开机无背光故障维修

故障现象 一台iPhone 6 Plus手机开机无背光，仔细观察发现背光微弱。

分析与检修 根据故障特点，iPhone 6 Plus手机开机无背光，可能与背光电路、屏幕、连接器等有关。

根据背光微弱，则说明屏幕很可能正常。另外，更换屏幕成本较高，也应放后面考虑。iPhone 6 Plus背光电路（BACKLIGHT DRIVERS）主要由U1502 LM3534TMX-A1与U1580

LM3534TMX-A1等组成。

检测以U1580 LM3534TMX-A1为核心的电路有关电源发现正常，也就是检测图5-31中粗线。

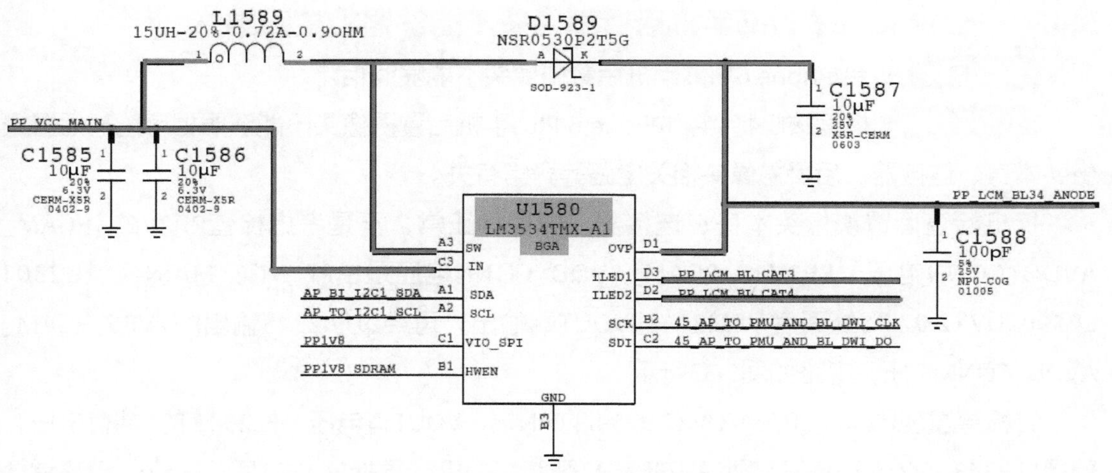

图5-31 U1580 LM3534TMX-A1为核心的电路

检测以U1502 LM3534TMX-A1为核心的电路（如图5-32所示）有关电源发现，L1503 15UH-20%-0.72A-0.9OHM引脚焊点异常。更换L1503后，并且焊接良好，试机一切正常，故障排除。

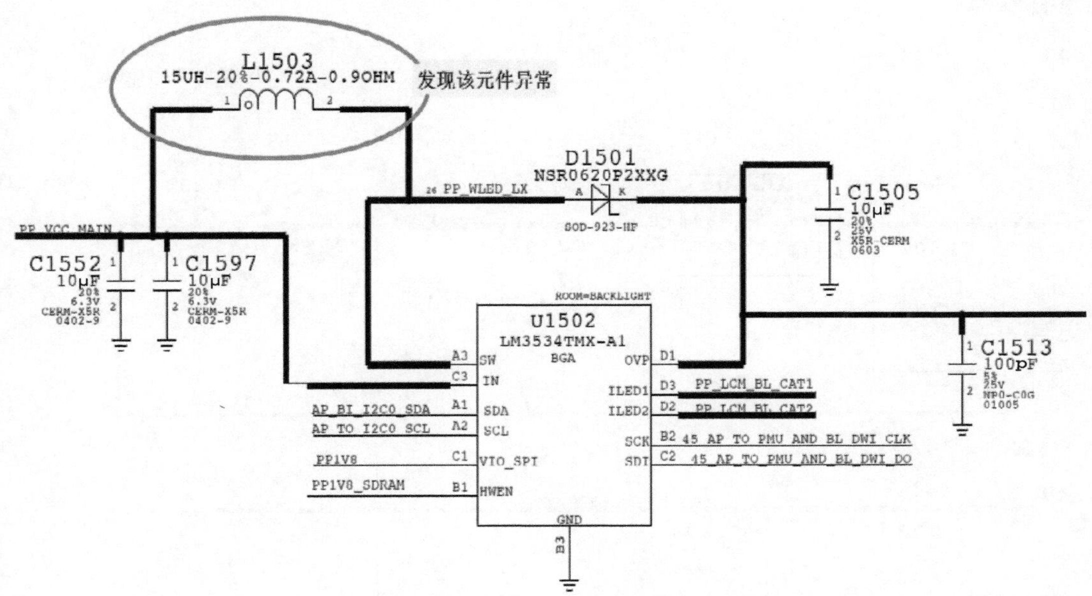

图5-32 U1502 LM3534TMX-A1为核心的电路

小结 iPhone 6 Plus手机背光电路故障往往会通过背光异常引起显示问题。因此，出现显示问题，不能够全部归为屏幕异常故障。

5.4.9 一台iPhone 6 Plus手机后置摄像头不能够照相故障维修

故障现象 一台iPhone 6 Plus手机后置摄像头不能够照相。

分析与检修 根据故障特点，iPhone 6 Plus手机后置摄像头不能够照相可能与后置摄像头本身、连接器、后置摄像头相关电路等异常有关。

拆机检查后置摄像头本身、连接器，发现均正常。于是考虑检查PP2V85_RCAM_AVDD_CONN电压。PP2V85_RCAM_AVDD_CONN电压是由PP_VCC_MAIN经过U2301 LP5907UVX2.925-S处理后从U2301的VOUT端输出，再经过FL2343输出PP2V85_RCAM_AVDD_CONN电压，电路如图5-33所示。

经检查发现U2301 LP5907UVX2.925-S的VIN端、VOUT有电压，FL2343 的1端有电压，但是FL2343 的2端无电压，则说明FL2343开路。关机，更换FL2343后，试机一切正常，故障排除。

小结 照相摄像异常，一般系摄像头本身、连接器、电源电压异常等情况概率大。如果是手机主板硬件异常造成的摄像头故障，则手机往往会提示摄像头无法操作，或者无法进入摄像头预览画面等。如果屏幕能够显示摄像头的照相摄像，则说明主板硬件异常概率较小。

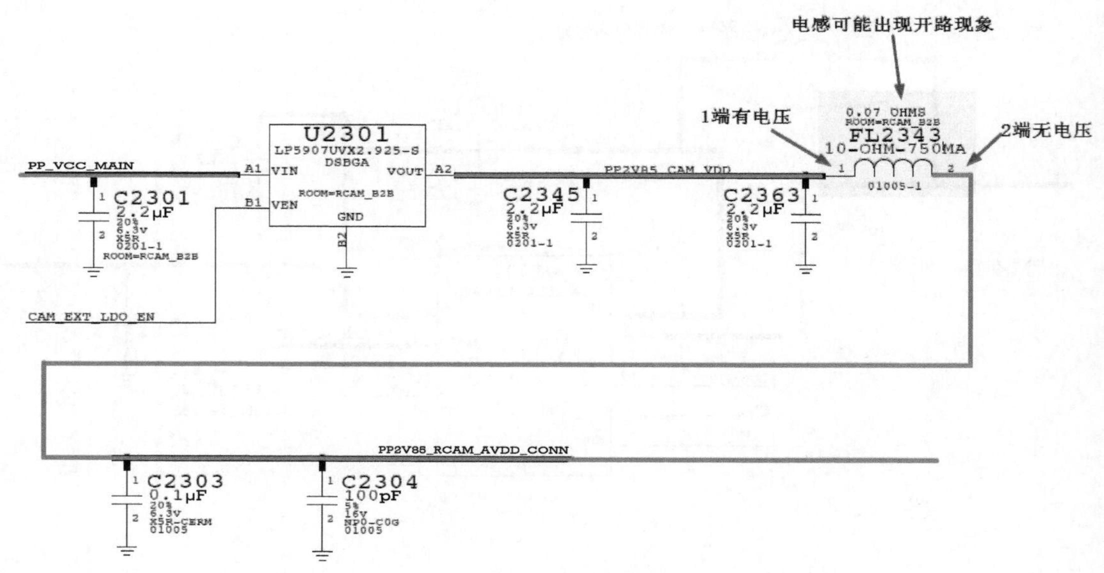

图5-33 电路

如果智能手机发生摔跌碰撞引起不能照相故障，有的智能手机是由于摄像头与摄像头底座接触不良引起的，则一般重新安装或者更换摄像头底座即可修复。有的智能手机是由于摄像头底座虚焊或者摄像头功能模块损坏引起的，则更换功能模块即可修复。

5.4.10 一台iPhone 7手机开机无背光故障维修

故障现象 一台iPhone 7手机能够开机，但是无背光。

分析与检修 根据故障特点，iPhone 7手机开机无背光，可能与背光电路、屏幕、连接器等有关。

首先查看连接器，发现没有异常情况。检查iPhone 7手机背光电路，该电路是以U3701 LM3539A1为核心组成的电路，具体参考图如图5-34所示。

检查PP_VDD_MAIN电源引入，也就是U3701 LM3539A1的IN端情况，发现正常。检查U3701 LM3539A1的OUT端，发现无电压输出。检测U3701 LM3539A1相关外围元件，发现正常。于是怀疑U3701 LM3539A1本身异常，关机更换U3701 LM3539A1后，开机试机一切正常，故障排除。

小结 检查背光电路，应首先检查电源、芯片外围，再考虑芯片。智能手机的一些维修原则：先软件，后硬件；先重装，后更换；先小料，后大料等。

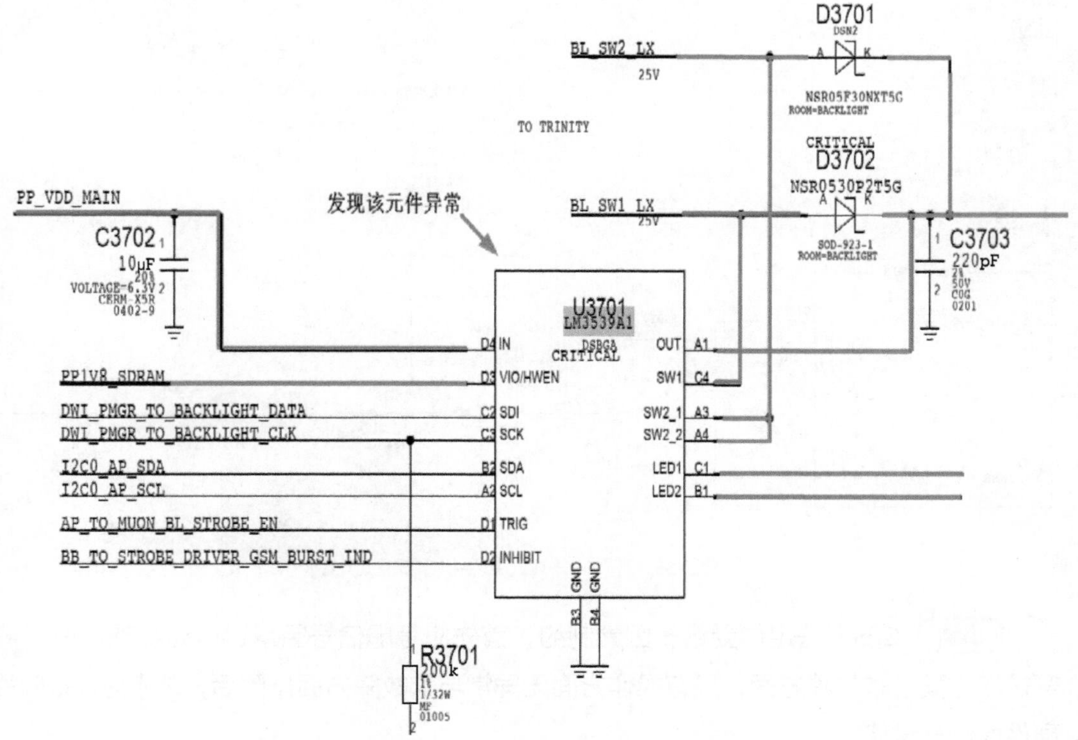

图5-34 U3701 LM3539A1为核心组成的背光电路

5.4.11 一台iPhone 8手机显示异常故障维修

故障现象 一台iPhone 8手机用户在使用过程中，发生了摔跌碰撞后，屏幕具有明显的损坏表征。

分析与检修 对于从外观上可以直接发现显示异常系屏幕损坏引起的，则需要更换屏幕。经更换屏幕后，以及检查发现无其他问题后，开机试机一切正常，故障排除。

小结 对于显示异常故障，一般采用分析故障的“三部曲”来进行：查看外观、软件处理、测量更换。另外，对于无显示故障可能是屏幕损坏、接口松动、相关电路异常等引起的。对于部分无显示或显示异常，有的故障可以通过升级来解决。

5.4.12 一台三星SCH-W2013手机GPS功能异常故障维修

故障现象 一台三星SCH-W2013手机GPS功能异常，也就是GPS不能够运作。

分析与检修 根据故障现象，首先检查GPS功能是否开启，发现设置中已经启用了GPS功能。然后把手机GPS持续接收开通，对射频输入中心频率＋67.7kHz、AMP为－50dBm的信号进行检测。然后检查C145处的信号（如图5-35所示），发现≤－55dBm。然后检查L117上的电压，发现为2.85V。再检查C143处的信号，发现≤－45dBm。然后检查C139、C147处的信号，发现不为≤－50dBm。于是检测F102、L120、L123、C144、C139、C147等，发现L120、L123异常。更换L120、L123后，开机试机一切正常，故障排除。

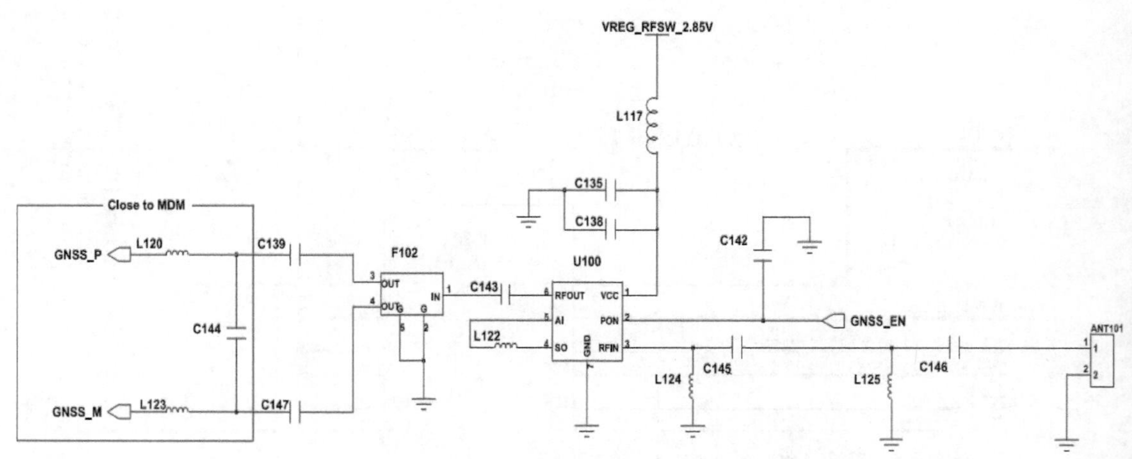

图5-35 三星SCH-W2013手机GPS相关电路

小结 GPS无法定位受诸多因素制约，首先应考虑信号因素、运动状态、设置情况等操作方面与软故障方面，只有操作方面无异常与软故障方面排除后，才考虑GPS有关的硬件检测与维修。

5.4.13 一台三星SCH-W2013手机DCS1800 接收功能异常故障维修

故障现象 一台三星SCH-W2013手机DCS1800 接收功能异常。

分析与检修 三星SCH-W2013手机DCS1800 接收有关电路如图5-36所示。把手机DCS/PCS持续接收开通，对射频输入为698CH、AMP为－60dBm的信号进行测试判断。首先看手机正常情况下是否能够捕捉到DCS1800信道，发现手机不能够捕捉到DCS1800信道。然后检查C801处信号，发现不为≥－65dBm，则后续检查F800 的焊接状态，发现也正常。检查L818、L819 信号，发现不为≥－65dBm。于是检测L803、L818、L819、L820等，发现L820、L819异常。更换L820、L819后，开机试机一切正常，故障排除。

小结 检测有关DCS1800 通道上的节点时，往往可以根据图上的标识来进行，例如DCS-PCS-TX-OUT、GSM1800-RX、ANT等。

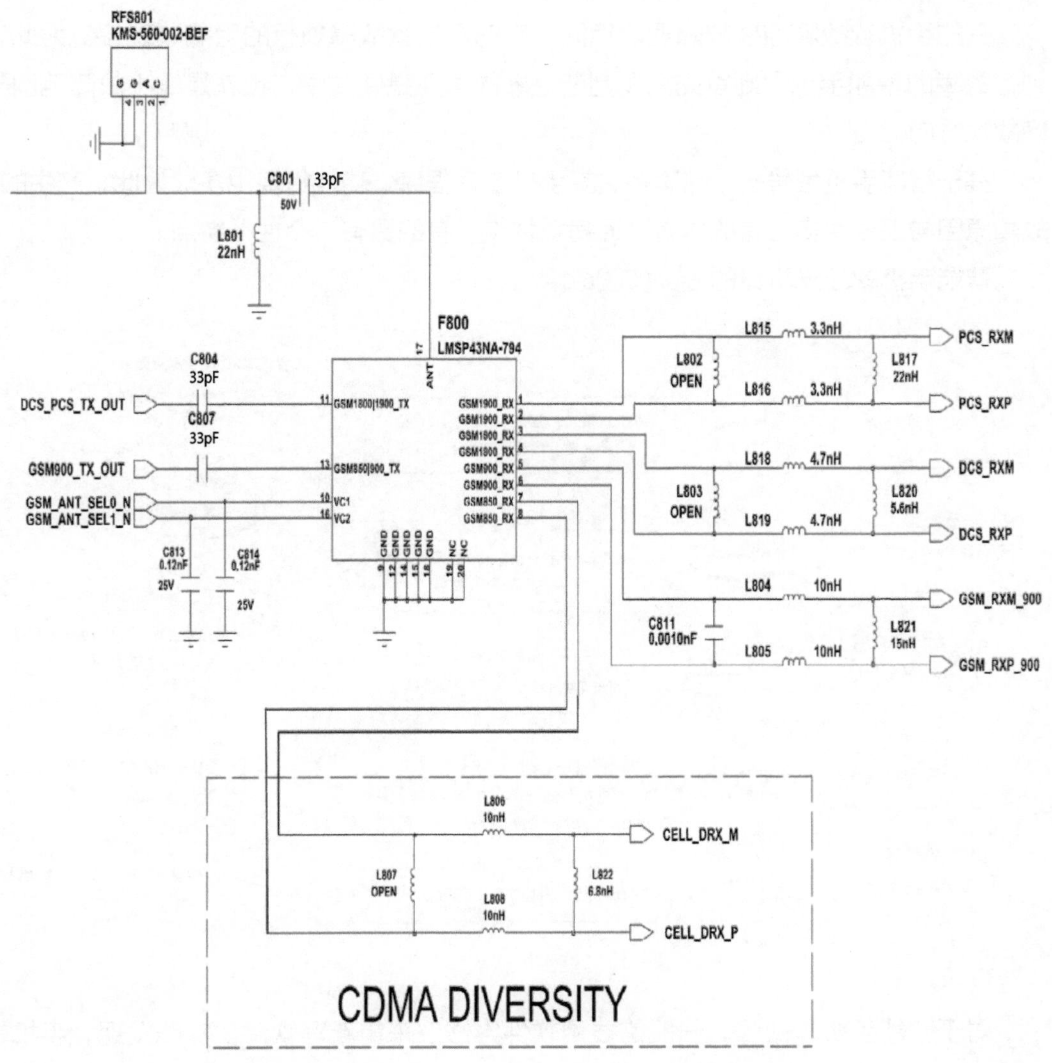

图5-36 三星SCH-W2013手机DCS1800 接收有关电路

06 掌握软件维修技能

6.1 软件维修基础

6.1.1 手机软故障分析

常见的手机软故障有软件出错、需要输入特别码、手机锁机、需要联系服务商、不入网、不显示、不开机、不识卡、手机屏幕上显示联系服务商、电话无效、手机屏幕上显示软件出错、手机屏幕上显示请等待输入特别码、手机屏幕上显示非法软件下载、自行锁机但又无法开锁、原厂密码均被改动出厂开锁密码无效等。

有的手机软故障与硬故障现象相同，有的则是软故障独有的毛病、现象。为此，遇到有故障的智能手机，则首先需要判断是软故障还是硬故障，也就是缩小故障范围与明确故障方向。

鉴于智能手机型号多、品牌多，其手机软件程序、功能特点也多。为此，产生的软故障原因与现象也多。有的具有“通病”特点，有的具有“个性”特点。

智能手机软故障常见的分类如图6-1所示。

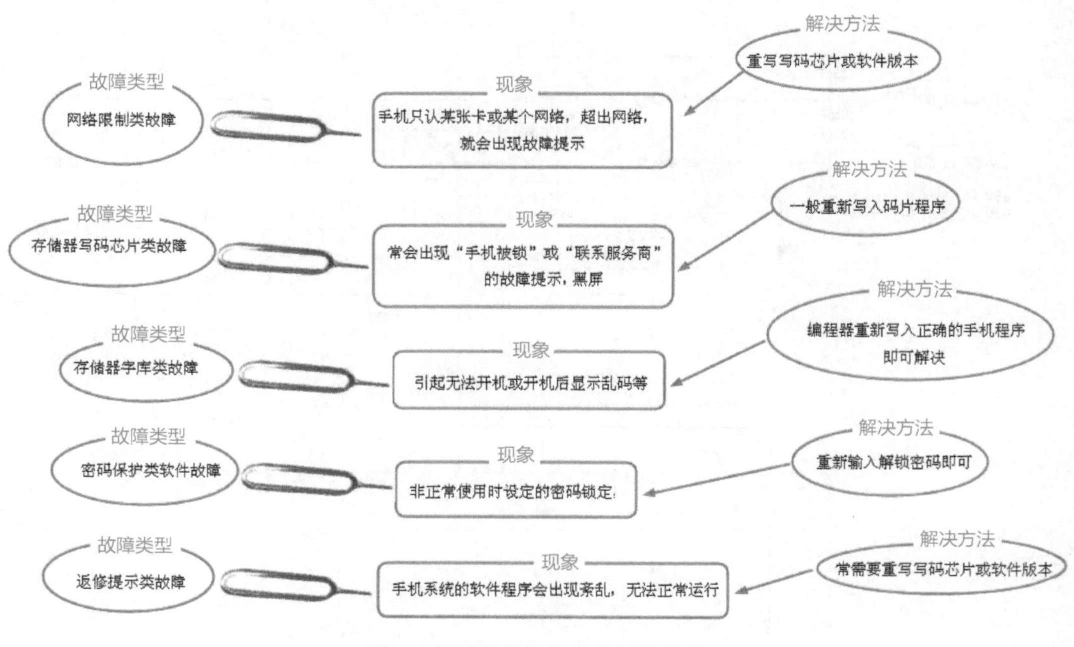

图6-1 智能手机软故障常见的分类

对于智能手机软故障，一般需要用软件维修仪来重新写软件。实践发现，手机软故障出在码片的情况居多，并且是数据丢失、出错占主要原因。为此，重写码片资料成了手机软故障的主要处理方法。

另外，对于智能手机软故障，不要急于拆开手机。因为，有的手机软故障无须拆开手机即可修好。

需要拆开手机修好的软故障，叫作拆机维修。不需要拆开手机就能够修好的软故障，叫作免拆机维修。无须多言，免拆机维修占优势，尽量采用。

免拆机维修，不拆机，但是一般需要通过数据线与电脑连接，然后利用电脑中已安装的维修软件进行处理。或者通过软件维修仪＋电脑进行维修。

当免拆机不能够维修好时，则可能需要拆机。拆机软故障维修，往往需要把码片或字库等用热风枪拆焊下来，然后用编程器＋电脑对码片或字库进行重写。

当然，重写数据也不能够马虎。重写前，需要看数据是否是同型号手机的，版本号是否对，需要备份的资料备份没有，失败的损失权衡了没有等。

6.1.2 刷机的类型与风险

刷机是指通过一定的方法更改或替换手机中原本存在的一些语言、图片、铃声、软件、操作系统等操作。通俗地讲，刷机就是给手机重装系统、重装软件。

通过刷机可以使手机的功能更加完善，也可以使手机还原到原始状态。

一些手机在线升级只是将手机软件更新一下，而刷机能够增加手机许多原来没有的功能。

一般情况下Android手机出现系统被损坏，造成功能失效、无法开机等故障，通过刷机可以解决问题。

一般Andriod手机刷机，可以分为线刷、卡刷、软刷、厂刷：

厂刷就是手机生产厂商对手机进行刷机。

线刷是通过计算机上的线刷软件把刷机包用数据线连接手机载入到手机内存中，使其作为“第一启动”的刷机方法。线刷软件一般为计算机软件，并且不同手机型号有不同的刷机软件。

软刷就是利用一些一键刷机软件进行“傻瓜式”的刷机。简单地讲，软刷就是利用相应软件进行刷机。

卡刷就是把刷机包直接放到SD卡上，然后直接在手机上进行刷机。简单地讲，卡刷就是利用SD卡进行刷机。卡刷时常用软件有一键root VISIONary（取得root）、固件管理大师（用于刷recovery）等软件。

一般而言，手机刷机会带来一定的风险，关键是要把风险降到最低或降到没有，也就是充分利用刷机带来的好处，避免刷机带来的麻烦。

正常的刷机，不会损坏手机硬件。正常的刷机，也能够解决手机的一些问题。不当的刷机，则会带来维修的麻烦。其中，常见的是造成手机死机、手机功能失效、手机无法开机等故障。

另外，一般手机刷机后，手机原厂就不保修。

知识拓展

系统源码需要打包才能成为镜。一般手机刷机过程，就是将只读内存镜像（ROM image）写入只读内存（ROM）的过程。常见的ROM image有img、zip等格式。img格式通常用fastboot程序通过数据线刷入，也就是线刷。zip格式通常用recovery模式从SD刷入，也就是卡刷。因此，img镜像也叫作线刷包，zip镜像也叫作卡刷包。

6.2 软件升级

6.2.1 利用电脑软件升级的硬件连接

利用电脑进行手机软件升级前，需要准备好带USB接口且具备相应配置的电脑、升级工具、数据线、电池、USB Hub、驱动等。

升级工具应解压安装完成在电脑中，线刷包应下载好。升级硬件连接如图6-2所示。

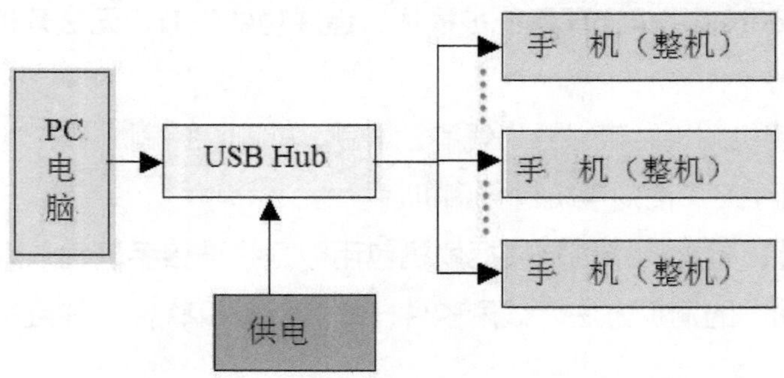

图6-2　升级硬件连接

6.2.2 手机上直接升级更新

手机上可以直接升级系统，手机上操作本地升级如图6-3所示。手机上操作自动更新如图6-4所示。

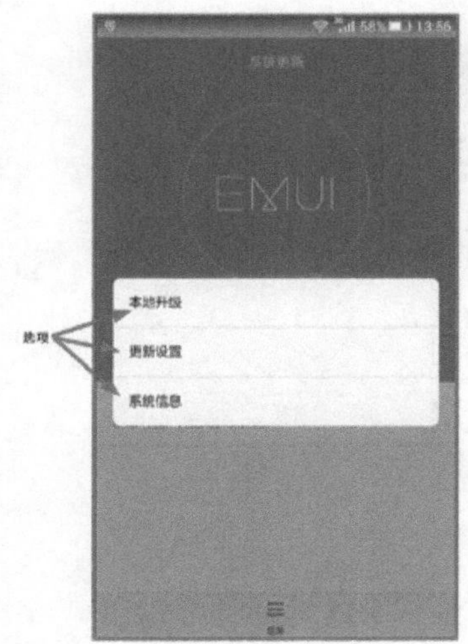

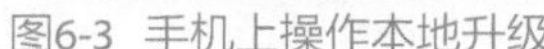
图6-3 手机上操作本地升级

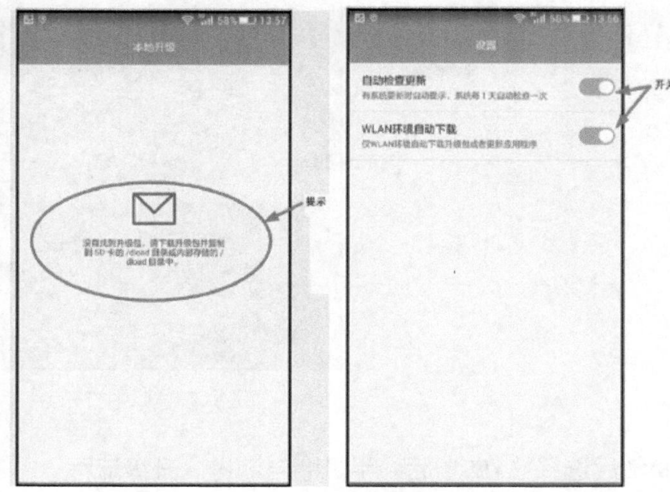

图6-4 手机上操作自动更新

6.2.3 用SD卡进行升级

用SD卡进行升级，可以分为用SD卡正常升级＋本地升级安装、用SD卡＋进入recovery模式升级。

（1）用SD卡正常升级＋本地升级安装

用SD卡正常升级主要操作步骤如下：

①首先准备一张大容量的SD卡，然后将官方的UPDATE.APP放到SD卡的/dload目录下，然后把SD卡插入手机里。

②然后重启手机进入用户模式，点击手机中的设置进入系统软件更新、本地升级安装。该步骤不同的手机操作有差异。

③升级后，手机将会自动重启。

④手机重启后，可以查看版本是否是升级的版本。

（2）用SD卡＋进入recovery模式升级

用SD卡＋进入recovery模式升级主要操作步骤如下：

①首先强制手机下电，也就是手机关机。

②然后准备一张大容量的SD卡，然后将官方的UPDATE.APP放到SD卡的/dload目录下，然后把SD卡插入手机里。

③然后把手机进入recovery模式。

④然后在菜单中，选中并且打开“apply update from external sdcard”或者“apply update from internal sdcard”菜单项，如图6-5所示。

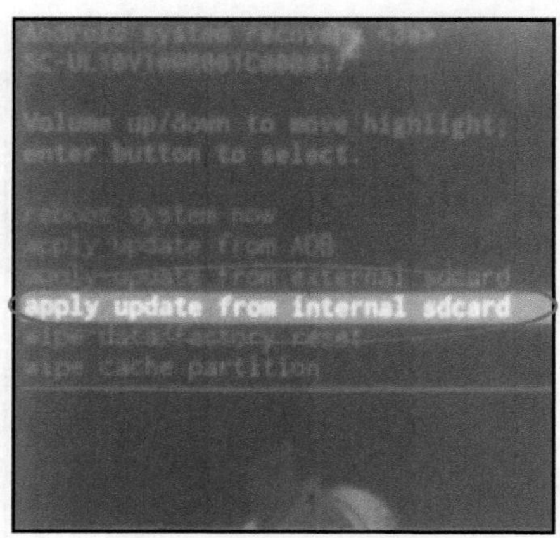

图6-5 在菜单中打开相关项

⑤然后选择“YES”后，手机会自动进入升级流程。

⑥手机升级后，会自动重启。

6.2.4 掌握update.zip

手机可以通过刷入update.zip升级系统、美化手机、下载手机补丁等。

把update.zip文件放置在手机内存卡根目录下时，使用完毕再修改删除该文件，对手机不会产生任何的负面作用或者对手机没有任何影响。

下载update.zip官方文件，往往会得到安卓服务升级包/刷机包、Google服务升级包等，也就是说update.zip官方版主要功能就是访问、修改手机几乎所有的文件。

update.zip文件的应用操作主要步骤如下：

①设置手机连接模式为usb mass storage大容量模式（即U盘模式，简称UMS）并与电脑连接。

②选择需要下载的update.zip文件（如图6-6所示），下载完毕后移动到手机内存卡根目录下。

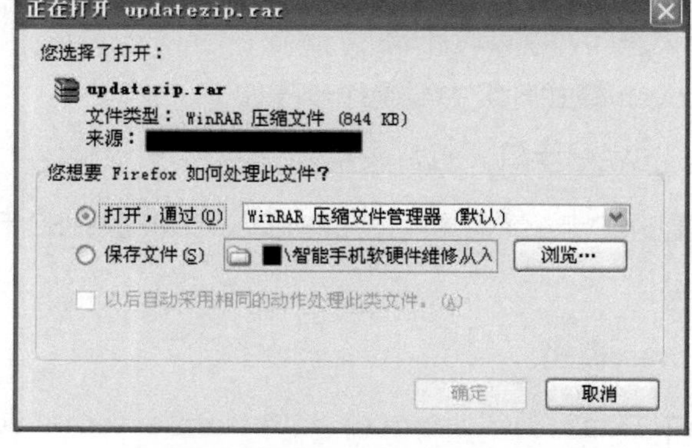

图6-6 选择需要下载的update.zip文件

③将安卓手机关机。

④让手机进入recovery模式（刷机模式）。

⑤使用音量下键选择“apply update from sdcard”，再按Home键选择机型在上面下载的zip文件。

⑥提示“install from sdcard complete”（意思为卡刷过程全部结束）完成后，点击返回键，用音量键选择“reboot system now”（意思为重新启动系统）该项，点击后手机就会自动重启。

⑦获取root权限。root成功的标志就是手机重启开机后手机桌面上会多了一个授权管理图标。

知识拓展

有的手机recovery模式界面的“apply update from sdcard”意思为安装存储卡中的升级包，该升级包的名字为update.zip。该项操作一般是刷机步骤中的最后一步，将手机双wipe后执行该项操作，之后等待手机刷机完成后重新启动即可。

有的手机recovery界面显示的不是“apply update from sdcard”，而是“install zip from sdcard”。其实，它们的操作本质没太大区别，均是从SD卡中选择ROM包进行刷机。唯一的区别在于：“apply update from sdcard”选择的ROM包必须要以update.zip命名。“install zip from sdcard”只要是zip格式的文件即可。

一文件update.zip卡刷包的应用操作主要步骤如下：

①把update.zip放到内存卡。

②按住键盘上的“X”键。

③再按电源键开机，出现小机器人后再按@键，选择第二个选项，“OK”确定。

④自动升级，完成。

不同的update.zip文件有不同的刷机教程。为此，需要针对适合手机的update.zip文件的刷机教程进行具体操作。

有的update.zip是卡刷系统包名。因此，需要同时下载适合的手机线刷包。刷机开始前，应先将需要刷入的ROM更名为“update”。然后直接拷入存储卡内（注意是非二级文件夹，例如存储卡在电脑中为K盘，则update文件应为K:/update.zip)，然后把手机关机。

有的手机update.zip文件下载到电脑上的为卡刷包，并且刷机包是rar格式的包，则需要把rar格式的包解压（如图6-7所示）。如果直接为zip格式包，则不用解压（如图6-8所示）。然后直接把该zip格式的包重命名为update.zip，再把update.zip包直接拷贝到手机的内置存储根目录下。然后把手机进入recovery模式，以及进行相应操作。

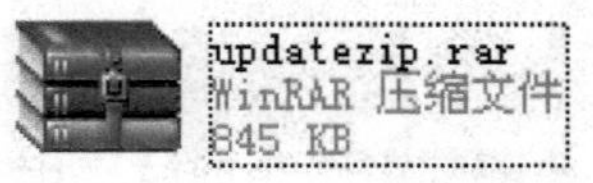

图6-7 rar格式的包需要解压

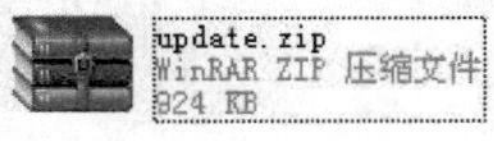

图6-8 zip格式包不用解压

update.zip包一些目录结构或者文件的解释如下（如图6-9所示）：

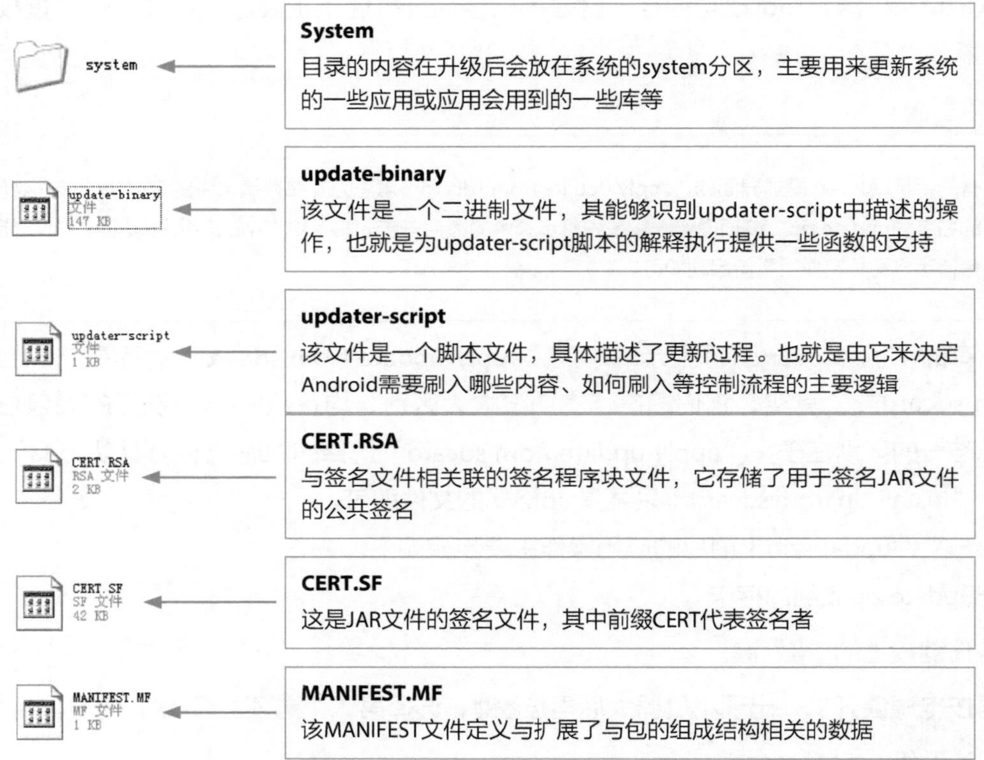

system
System
目录的内容在升级后会放在系统的system分区，主要用来更新系统的一些应用或应用会用到的一些库等
update-binary
文件
147 KB
update-binary
该文件是一个二进制文件，其能够识别updater-script中描述的操作，也就是为updater-script脚本的解释执行提供一些函数的支持
updater-script
文件
1 KB
updater-script
该文件是一个脚本文件，具体描述了更新过程。也就是由它来决定Android需要刷入哪些内容、如何刷入等控制流程的主要逻辑
CERT.RSA
RSA 文件
2 KB
CERT.RSA
与签名文件相关联的签名程序块文件，它存储了用于签名JAR文件的公共签名
CERT.SF
SF 文件
42 KB
CERT.SF
这是JAR文件的签名文件，其中前缀CERT代表签名者
MANIFEST.MF
MF 文件
1 KB
MANIFEST.MF
该MANIFEST文件定义与扩展了与包的组成结构相关的数据

图6-9 update.zip包一些目录结构或者文件的解释

update.zip包另外一些目录结构或者文件的解释如下：

① boot.img是更新boot分区所需要的文件。

② metadata文件是描述设备信息与环境变量的元数据。

③ userdata目录用来更新系统中的用户数据部分。

④ recovery目录中的recovery-from-boot.p是boot.img与recovery.img的补丁(patch)，主要用来更新recovery分区。

知识拓展

一些新版本recovery，不需要把刷机包重命名为update.zip，就可以直接刷机。

6.2.5 软件升级中异常问题的处理

如果发生SD卡升级失败，则可能是SD卡不能正常使用等原因引起的，具体一些原因判断如图6-10所示。

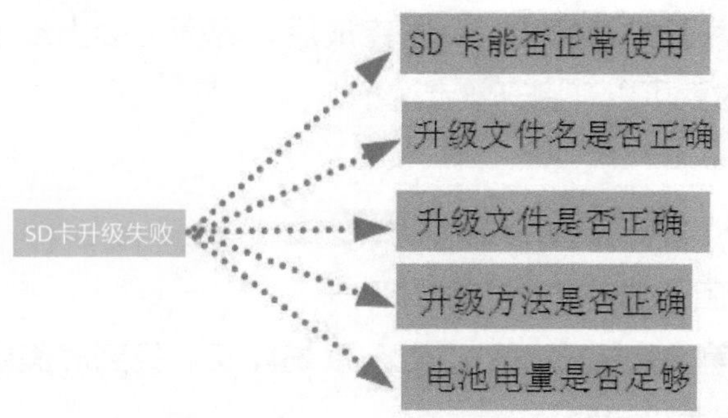

图6-10 SD卡升级失败的一些原因判断

如果发生数据线升级失败，则可能是数据线连接不正常等原因引起的，具体一些原因判断如图6-11所示。

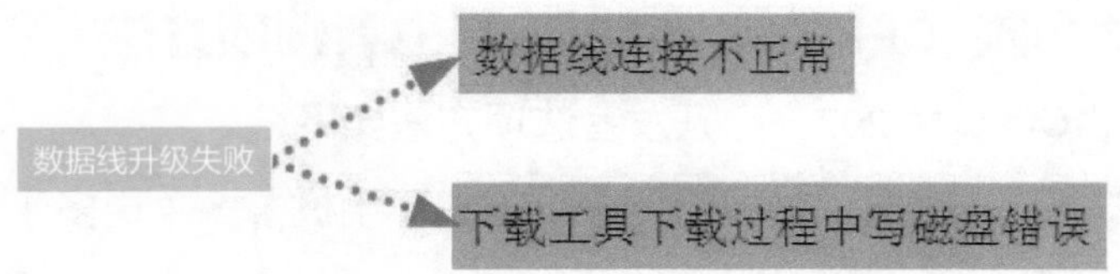

图6-11 数据线升级失败的一些原因判断

如果发生数据线升级无法找到端口，则可能是驱动程序安装错误等原因引起的，具体一些原因判断如图6-12所示。

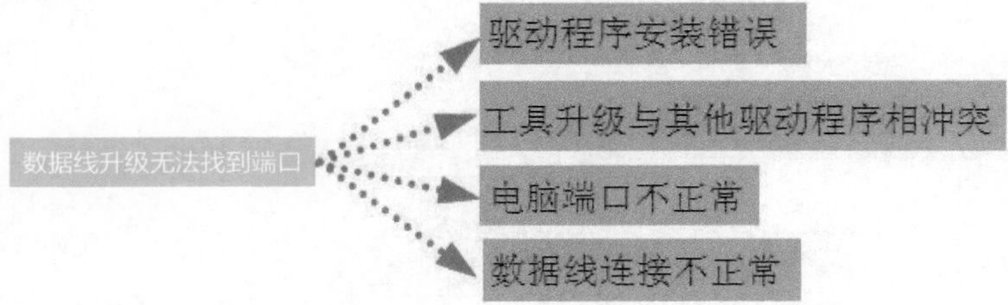

图6-12 数据线升级无法找到端口的一些原因判断

6.3 开启手机开发者选项的方法

6.3.1 红米5Plus开启开发者选项方法

红米5Plus开启开发者选项方法如下：

①打开【设置】菜单，点击【我的设备】进入我的设备界面。找到界面中的【全部参数】的菜单，点击进入全部参数菜单界面。

②进入全部参数菜单界面后，连续点击该界面中的【MIUI版本】选项5次，并且下方同时会提示马上要进入开发者模式。点击完成后，界面上会出现【您现在处于开发者模式】的提示。这时就可以开启开发者选项。

6.3.2 华为荣耀V10开启开发者选项方法

华为荣耀V10开启开发者选项方法如下：

①打开【设置】菜单，点击【系统】进入系统界面。找到界面中的【关于手机】的选项，点击进入关于手机界面。

②进入关于手机界面后，连续点击该界面中的【版本号】选项10次，并且同时会提示已进入开发者模式。这时就可以开启开发者选项。

6.3.3 OPPO 3007、OPPO N5207开启开发者选项方法

OPPO 3007、OPPO N5207开启开发者选项方法如下：

①打开【设置】菜单，点击【常规设置】→【关于手机】→【更多】→点击【版本号】7次，如图6-13所示。

②返回手机【设置】菜单，点击【常规设置】→【更多】→【开发者选项】。

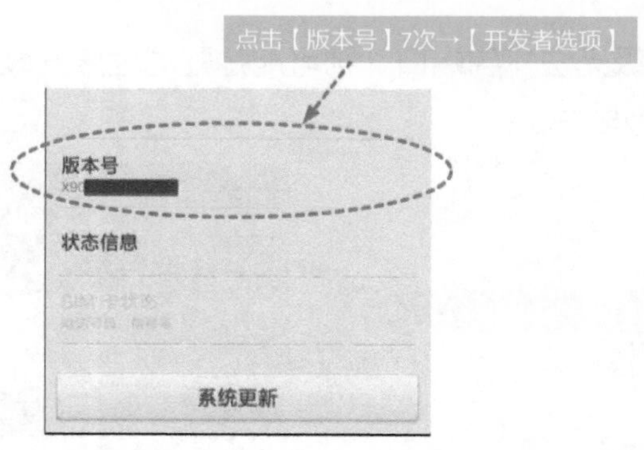

图6-13 OPPO 3007、OPPO N5207点击【版本号】7次

6.4 root与root工具

6.4.1 什么是root

root是手机操作系统中的超级管理员用户账户，该账户拥有手机整个系统中至高无上的权力，系统中的所有对象它都可以操作。简单地讲，root就是取得手机最高权限。

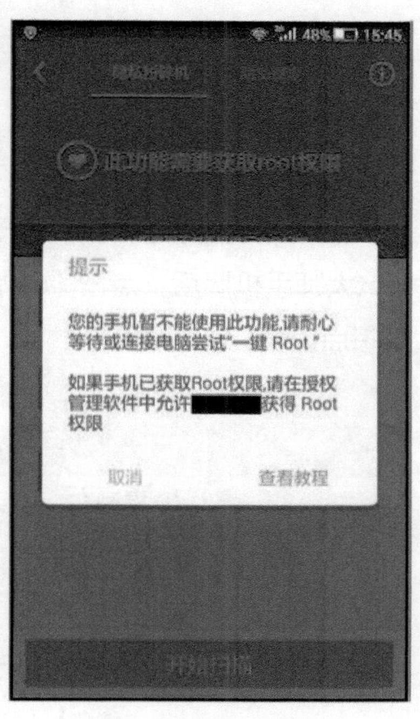

图6-14 需要root图例

root用户就是拥有root账户的系统中唯一的超级管理员。因为，有些任务必须由root才能执行。因此，成为root用户就可以执行将手机原版系统刷成其他系统、修改系统文件、个性化手机、删除一些软件、装一些软件、卸载手机预装进一步释放手机空间、自由管理应用的自启行为从而达到手机加速与省电、清理垃圾、手机加速、智能省电、粉碎隐私、应用隐藏等操作，如图6-14所示。

当然，如果不会刷机，root手机也会使手机的安全性与稳定性造成影响，甚至发生系统崩溃等故障。

为此，手机系统默认是没有开启root权限的，需要时需要进行获取。因为，手机出厂时如果开放了root权限，则售后问题会铺天盖地地出现。另外，一些内置固化的软件得不到固化。

6.4.2 常见root工具

得到、开启手机root，可以采用root工具来进行。常见root工具如下：

（1）SuperSU权限管理

SuperSU权限管理是一款针对Andriod设备root权限管理的工具，理论上其可root所有安卓设备。

SuperSU权限管理分为APK（安卓手机应用）、ZIP（文件压缩包）两版本。其中，APK主要功能是对已获得root权限的设备进行权限管理。ZIP主要为用户提供root的安卓设备的解决方案，可以实现市面上许多机型的root权限获取与管理。

SuperSU权限管理图标如图6-15所示。

图6-15 SuperSU权限管理图标

（2）root大师

root大师支持电脑、手机端一键root。root大师手机版操作比较简单，就是下载安装root大师手机版后，点击“开始root”，等待几分钟即可root成功。一些root大师版本与其特点见表6-1。

表6-1 一些root大师版本与其特点

版本	特点
V1.7.9	① 提升4.3、4.4系统成功率 ② 修复bug
V1.7.8	① 提升4.3、4.4系统成功率 ② 提升Nexus5、Nexus4、索尼L36h等成功率 ③ 提升小米PAD、酷派8720L等成功率
V1.7.7	① 支持华为P7全系列、荣耀3C 4G版 ② 支持酷派8720L、联想A788t、海信X8t等移动4G手机 ③ 提升红米NOTE、华为荣耀3C、3X、酷派大神等MTK机型成功率
V1.7.6	① 提升小米2、三星I9158等高通平台成功率 ② 提升联想、华为成功率 ③ 提升步步高Xplay3S成功率
V1.7.5	① 新增适配MTK6592平台的一键root支持 ② 提升I9300、I9308在4.3系统上的成功率

root大师图标如图6-16所示。

图6-16 root大师图标

（3）root精灵

root精灵是一键root工具，现已支持超过2000款热门机型。目前，root精灵版本图标如图6-17所示。

图6-17 root精灵版本

（4）一键root大师

一键root大师可以帮助用户方便、快捷地获取手机root权限。一键root大师图标如图6-18所示。

（5）KingRoot

KingRoot & 净化大师(Kingmaster)是一键root权限获取工具与系统加速工具。目前，其也有手机版、PC版，可以分别于手机、电脑端操作获取root权限，如图6-19所示。

图6-18 一键root大师

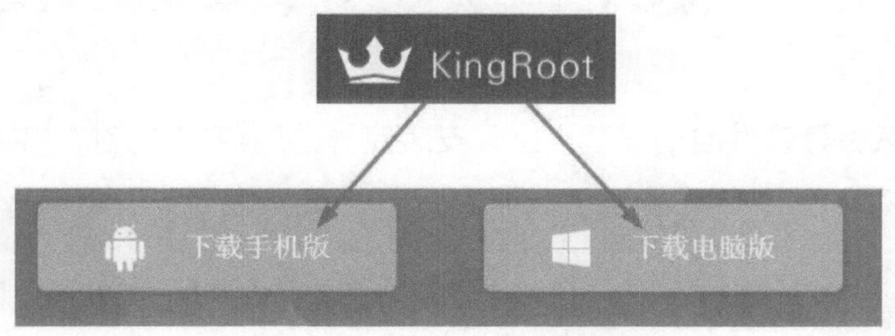

图6-19 KingRoot＆净化大师（Kingmaster）

（6）百度一键root

百度一键root是百度公司推出的手机版root与系统管理工具。百度一键root图标如图6-20所示。

百度一键root

图6-20 百度一键root图标

另外，root工具还有root助手、腾讯应用宝一键root、金山手机助手一键root、360一键root、叮咚root、线刷宝、甜椒刷机助手、卓大师（刷机专家）、奇兔一键刷机等。其中，360一键root安装方法与主要步骤如下：

①首先下载360一键root安装包，注意版本的选择，也就是电脑PC版还是手机版。

②然后双击360一键root安装包图标，出现许可证协议，点击“我接受（I）”，如图6-21所示。

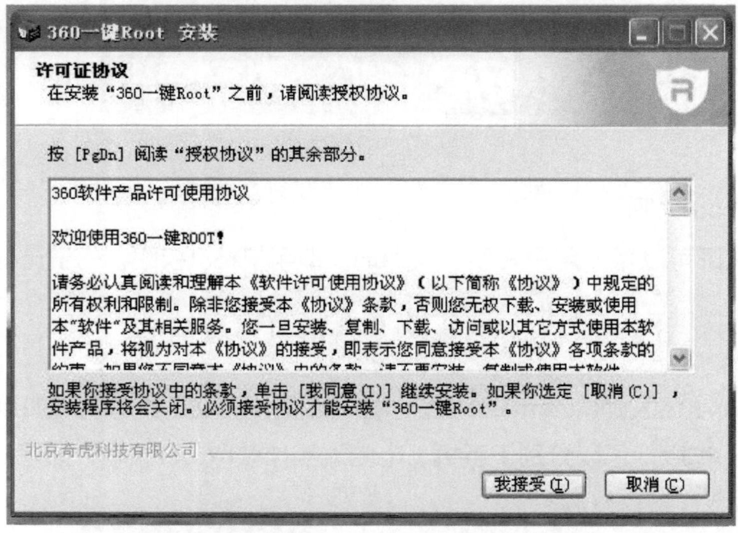

图6-21 点击“我接受（I）”

③然后等软件自动安装，出现安装完界面时点击“完成（F）”即可，如图6-22所示。

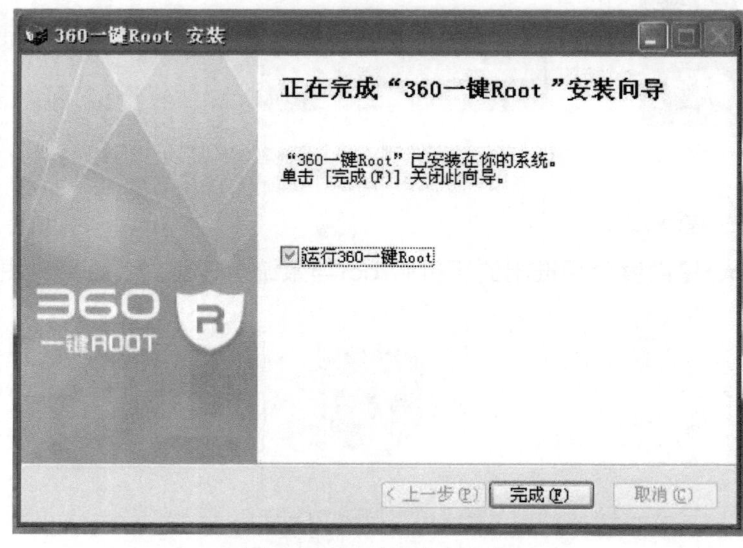

图6-22 点击“完成（F）”

电脑PC版一键root软件安装后，root前，一般需要把手机与电脑连接，以及在手机设置中打开“USB调试模式”，等一键root软件识读手机型号，识读手机型号后开始root。360一键root操作如图6-23所示。

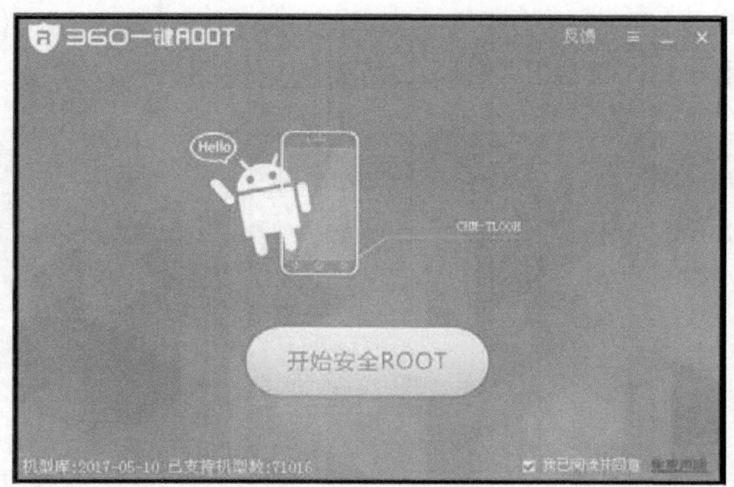

图6-23 360一键root操作

一键root软件root中，手机可能需要重启几次，因此，不要断开手机与电脑的连接。360一键root操作如图6-24所示。一键root软件root中，如果root失败会出现失败提示。如果root成功也会出现成功提示。

图6-24 一键root软件root中

6.4.3 一键root软件root无法成功连接

每一款手机能否root成功，与该机型固件版本、该机型内核版本、是否支持该机型等因素有关。因此，不是所有机型都能够百分之百保证root成功。

一键root软件root无法成功连接问题的原因及解决方式如下：

①确认打开USB调试模式。一般一键root软件root前，需要把手机“USB调试”模式打开，才能够连接上手机。一些手机“USB调试”模式打开的方法是：【设置】→【开发人员选项】→【USB调试】，如图6-25所示。

图6-25 打开USB调试模式

②部分手机需要解锁，才能够root。

③手机系统升级，导致root失败。

④所用的root软件不支持该机型手机。

⑤所用的电脑端或者手机版root软件暂不支持该机型手机。

⑥同一款手机可能安装了多个root软件，可能存在冲突导致root失败。

⑦部分手机升级到最新版本，但是可能因漏洞已封堵，可能导致root失败。

⑧有的手机可能会出现系统重启后，root权限失效。这也可能是由该手机需要解锁引起的。

手机获取root权限后，为避免恶意应用权限、滥用权限，应加强root管理权限与root的安全。

有的手机软件root移除方法如下：root软件界面中的“设置”里，选择“移除root”即可。

6.4.4 怎样判断手机被root过

判断手机被root过的方法如下：

①首先将手机连接到电脑，在电脑端点击【开始】→【运行】→【CMD】→【adb shell】，如图6-26所示。

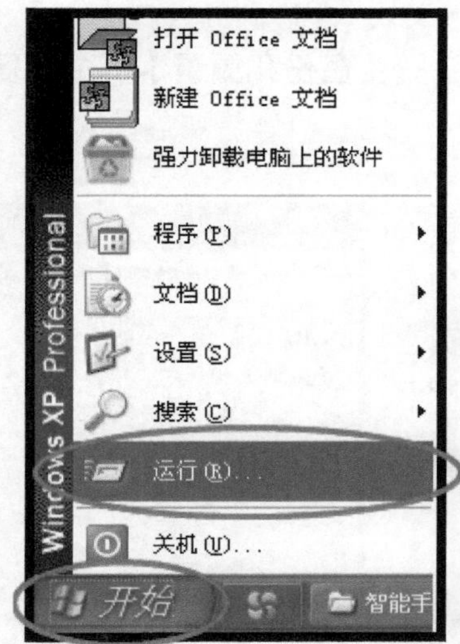

图6-26 【开始】→【运行】→【CMD】

②安装adb环境后，运行命令“adb shell”，如图6-27所示。

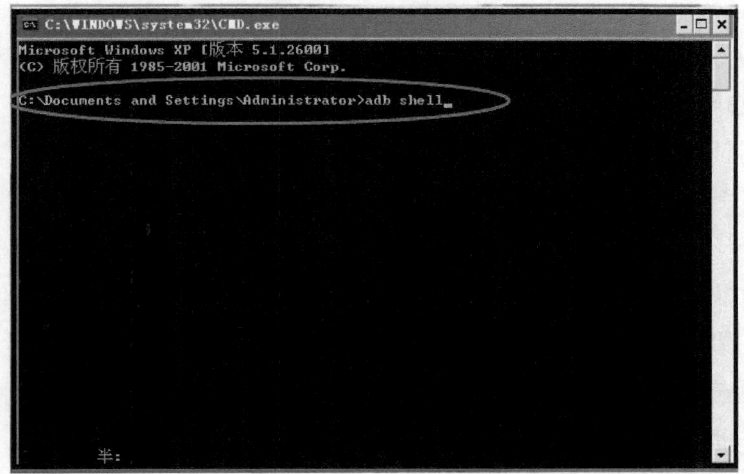

图6-27 运行命令“adb shell”

③提示中出现“#”号就是root过，提示中出现“$”就是没有被root。

6.4.5 怎样恢复root前的原系统

手机root后，要恢复原来的手机系统，有的手机可以通过eRecovery方式解决。华为手机还可以通过Hisuite（华为手机助手）采用强制升级的方式来解决。

6.4.6 恢复出厂设置

手机恢复出厂设置操作：【设置】→【常用设置】→【备份和重置】→【恢复出厂设置】→【重置手机】，如图6-28所示。

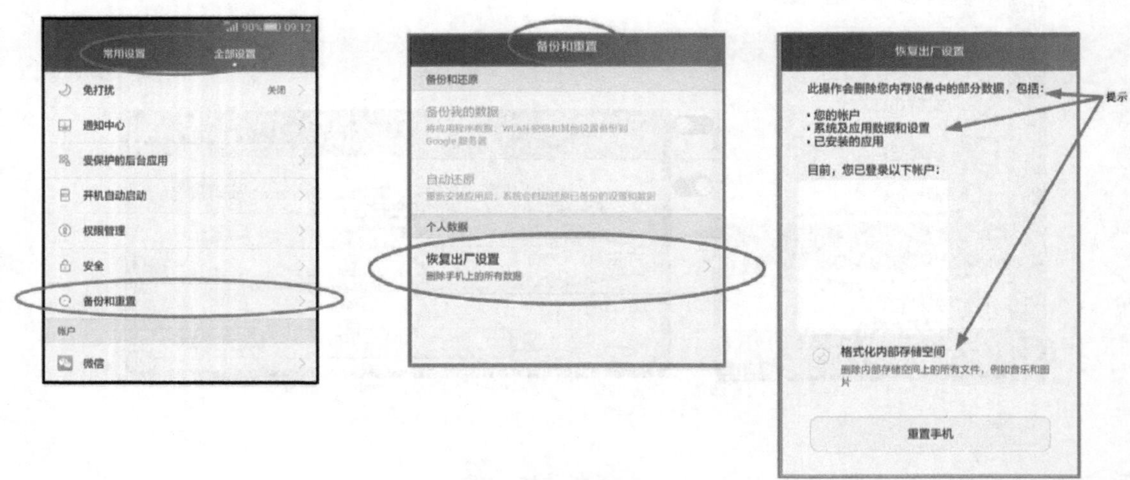

图6-28 恢复出厂设置操作

6.5 adb驱动与S-OFF

6.5.1 掌握adb驱动

（1）adb特点与基本功能

adb（Android Debug Bridge）驱动是Android手机连接PC时所需要的驱动程序。一般Android手机连接WinXP无须安装驱动。安装必要的Android手机驱动，才可以为后续刷机做准备。也就是安装adb驱动后，有效解决电脑USB连接安卓手机的通信问题，实现了电脑上对手机进行周全的管理。

安卓adb驱动基本功能如下：

①管理模拟器、手机的端口映射。

②计算机与手机之间上传/下载文件。

③将本地apk软件安装到模拟器或Android手机。

④运行手机的shell（命令行）。

（2）adb驱动的安装操作要点

adb驱动的安装操作要点如下：

①在手机上操作。

a. 使用USB连接线将手机与电脑连接，以及在手机弹出的连接提示中选择仅充电。

b. 在手机桌面按Menu键，然后进入【设置】界面，以及进入【应用程序】→【开发】，将USB调试打钩。

②在电脑上操作。首先把adb驱动安装包下载与解压好，并且记住存放的路径，如图6-29所示。

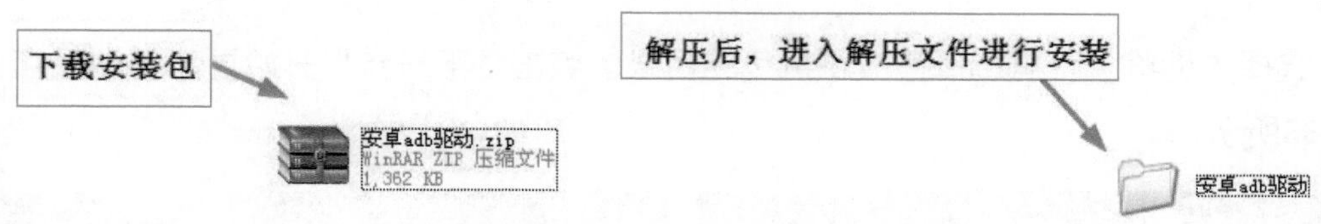

图6-29 adb驱动安装方法与主要步骤

鼠标右键点击“我的电脑”，然后选择“设备管理器”（如图6-30所示）。找到是否出现一个打着黄色问号的设备（如图6-31所示）。如果没有找到，则说明可能已经安装过adb驱动，即可前往下一步。

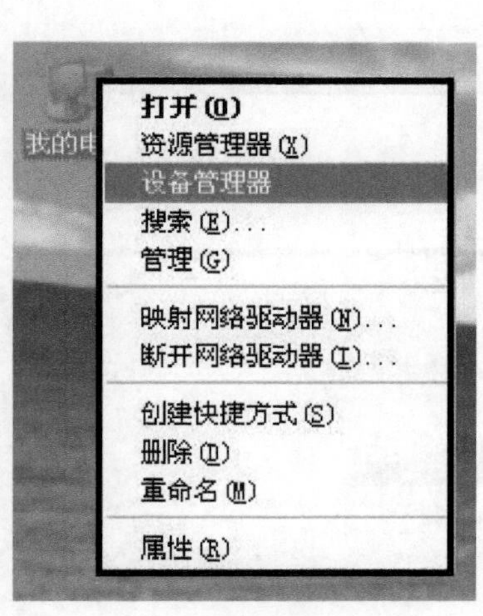

图6-30 选择“设备管理器”

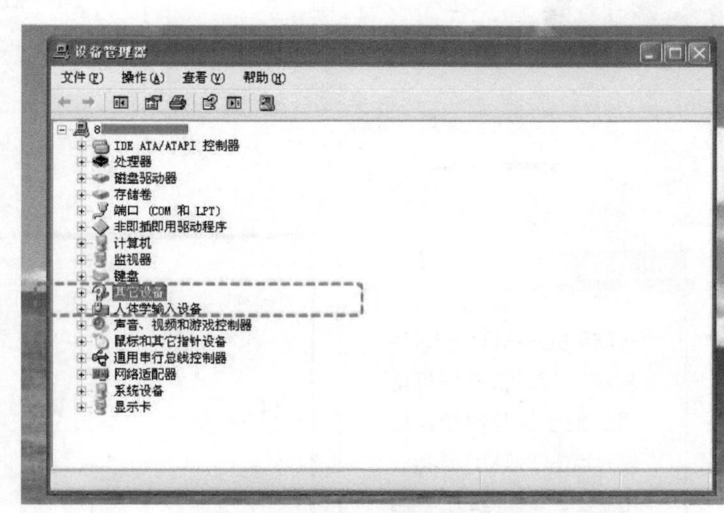

图6-31 找到打着黄色问号的设备

鼠标右键点击带黄色问号设备，选择更新驱动（如图6-32所示）。弹出后点击“下一步”进行有关操作，如图6-33所示。

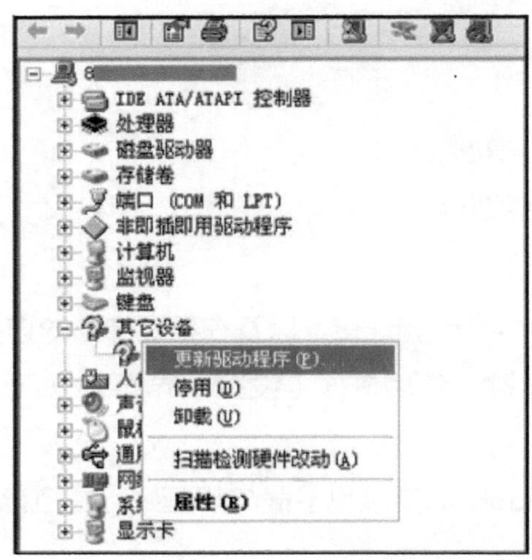

图6-32 选择更新驱动

选择“浏览”，再选择存放刷机包的目录。点击“下一步”开始更新驱动程序，如图6-33所示。

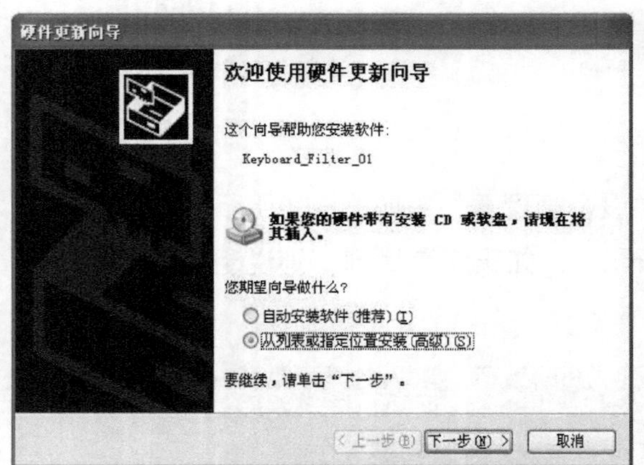

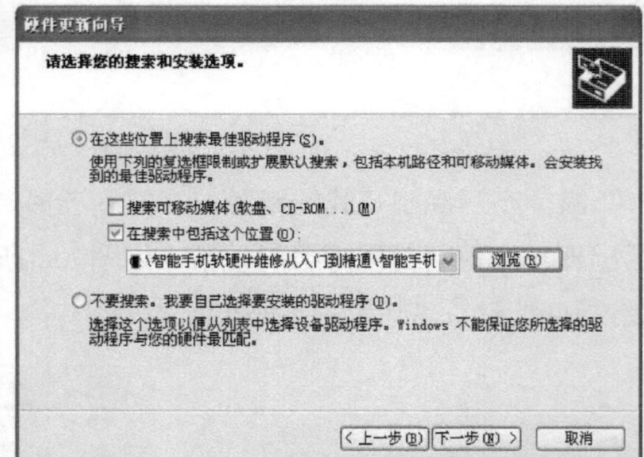

图6-33 点击“下一步”开始更新驱动程序

知识拓展

一款手机的刷机：安装刷机精灵后，打开刷机精灵，把手机与电脑连接好。点击“刷机”连接，电脑出现安装驱动，然后根据提示进行相应操作即可，如图6-34所示。

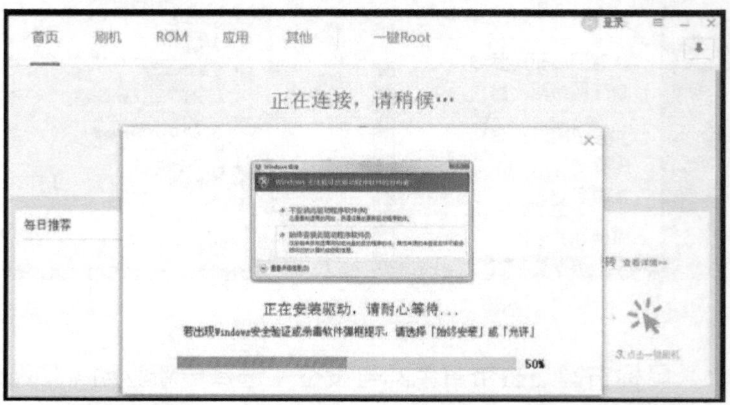

图6-34 安装驱动界面

6.5.2 掌握adb常用命令

adb常用命令见表6-2。

表6-2 adb常用命令

adb常用命令	解释
adb bugreport	查看bug报告
adb devices	显示当前运行的全部模拟器、查看连接计算机的设备
adb get-product	获取设备的ID
adb get-serialno	获取设备的序列号
adb help	查看adb命令帮助信息
adb install <apkfile>// 例如：adb install baidu.apk	安装apk
adb install -r <apkfile>// 例如：adb install -r baidu.apk	保留数据和缓存文件，重新安装apk
adb install -r应用程序.apk	安装应用程序
adb install -s <apkfile>// 例如：adb install -s baidu.apk	安装apk到SD卡
adb kill-server	终止adb服务进程
adb logcat	查看log
adb logcat -c	清除log缓存
adb logcat -s标签名	在命令行中查看log信息
adb pull <remote> <local>	获取模拟器中的文件
adb push <local> <remote>	向模拟器中写文件
adb reboot	重启机器
adb reboot bootloader	重启到bootloader，即刷机模式
adb reboot recovery	重启到recovery，即恢复模式
adb remount	将system分区重新挂载为可读写分区
adb root	获取管理员权限
adb shell	进入模拟器的shell模式
adb shell sqlite3	访问数据库sqlite3

续表

adb常用命令	解释
adb shell cat /sys/class/net/wlan0/address	获取机器MAC地址
adb shell am start -n <package_name>/.<activity_class_name> 说明：package_name为包名；activity_class_name为类名	启动应用
adb shell cat /data/misc/wifi/*.conf	查看wifi密码
adb shell cat /proc/cpuinfo	获取CPU序列号
adb shell cat /proc/iomem	查看IO内存分区
adb shell cat /proc/meminfo	查看当前内存占用
adb shell cat /system/build.prop	获取设备名称
adb shell cat <file>	查看文件内容
adb shell cd <folder>	进入文件夹，等同于dos中的cd命令
adb shell chmod777 /system/fonts/DroidSansFallback.ttf	设置文件权限
adb shell kill [pid]	杀死一个进程
adb shell ls	列出目录下的文件和文件夹，等同于dos中的dir命令
adb shell mkdir path/foldelname	新建文件夹
adb shell mv path/file newpath/file	移动文件
adb shell procrank	查询各进程内存使用情况
adb shell ps	查看进程列表
adb shell ps -x [PID]	查看指定进程状态
adb shell rename path/oldfilename path/newfilename	重命名文件
adb shell rm /system/avi.apk	删除system/avi.apk
adb shell rm -r <folder>	删除文件夹及其下面所有文件
adb shell service list	查看后台services信息
adb shell top	查看设备CPU和内存占用情况
adb shell top -n 1	刷新一次内存信息，然后返回
adb start-server	重启adb服务进程
adb uninstall <package>// 例如：adb uninstall com.baidu.search	卸载apk

续表

adb常用命令	解释
adb uninstall -k <package>// 例如：adb uninstall -k com.baidu.search	卸载app但保留数据和缓存文件
Android	启动SDK，文档，实例下载管理器
Android create avd --name名称 --target平台编号	创建avd（模拟器）
Android delete avd --name名称	删除avd（模拟器）
Android list avd	显示系统中全部avd（模拟器）
Android list targets	显示系统中全部Android平台
ddms	启动ddms
emulator -avd名称 -sdcard ~/名称.img (-skin 1280x800)	启动模拟器
mksdcard 1024M ~/名称.img	创建SDCard

adb或者fastboot命令行功能举例如图6-35所示。

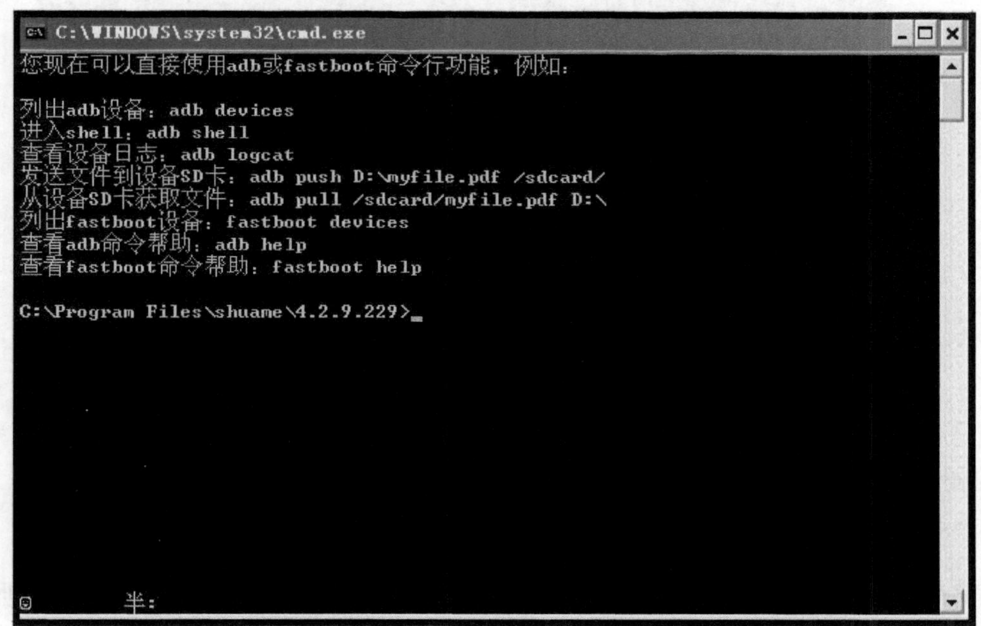

图6-35 adb或者fastboot命令行功能举例

一些adb或者fastboot命令行功能如下：

adb devices——显示设备、列出adb设备。

adb shell——进入shell操作。

adb push文件路径/文件名/sdcard/——发送电脑端文件到设备SD卡。

adb pull /sdcard/文件路径/文件名D:\ ——发送SD卡文件到电脑。

fastboot devices——显示fastboot设备。

adb help——查看adb命令帮助。

fastboot help——查看fastboot命令帮助。

fastboot getvar all——获取手机相关信息。

6.5.3 CMD模式下adb命令有关问题的解决方法

在CMD命令行模式下adb命令显示为“不是内部或外部命令，也不是可运行的程序或批处理文件”，如图6-36所示。该问题的解决方法如下：

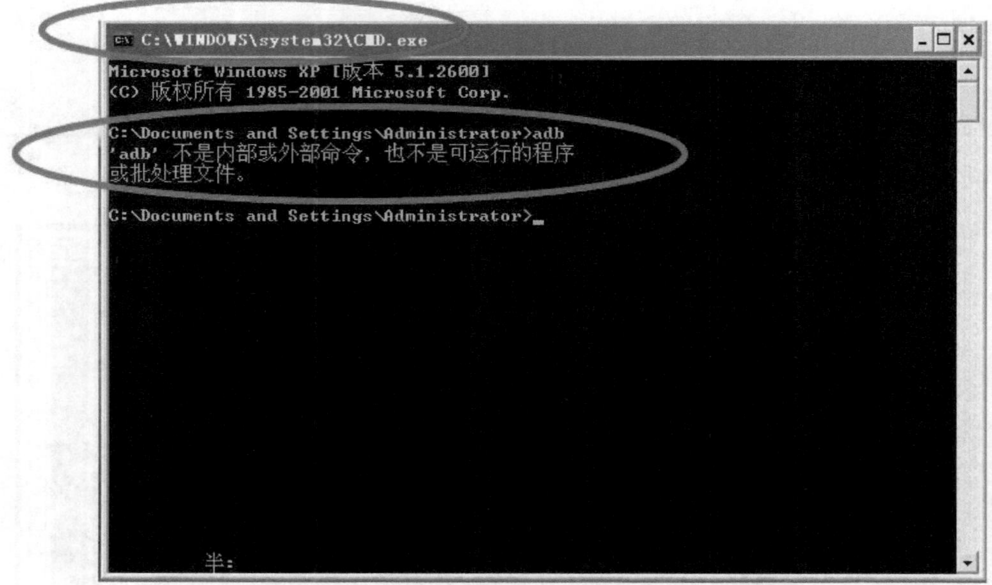

图6-36 adb命令显示不是内部或外部命令等

①根据电脑是32位还是64位的，下载相应的adb有关文件。

②如果文件是压缩的，则需要解压。

③将文件名称（如图6-37所示）中含有“adb”和“fastboot.exe”的文件复制到电脑“C:/ WINDOWS /system32”文件下。再将名称中含有“adb”的所有文件复制到“C:/ WINDOWS/system”文件下，如图6-38所示。

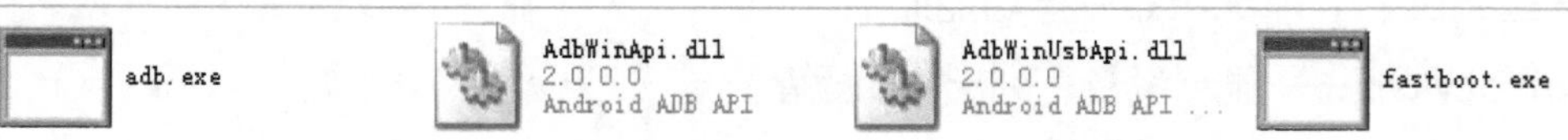

图6-37 文件

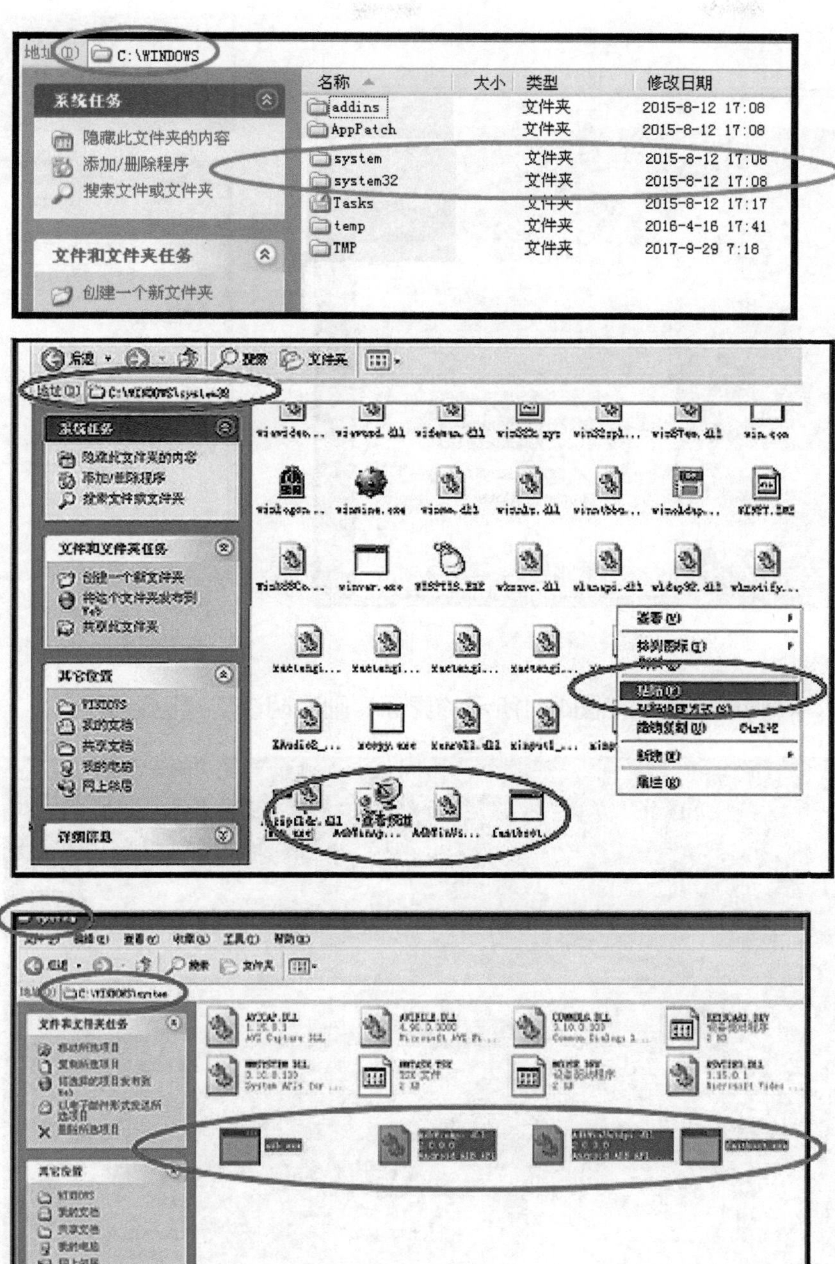

图6-38 文件复制到电脑中

如果操作中，电脑没有显示WINDOWS/system32、WINDOWS/system（如图6-39所示），则需要点击电脑工具→文件夹选项中的查看→勾选“显示系统文件夹的内容”，如图6-40所示。

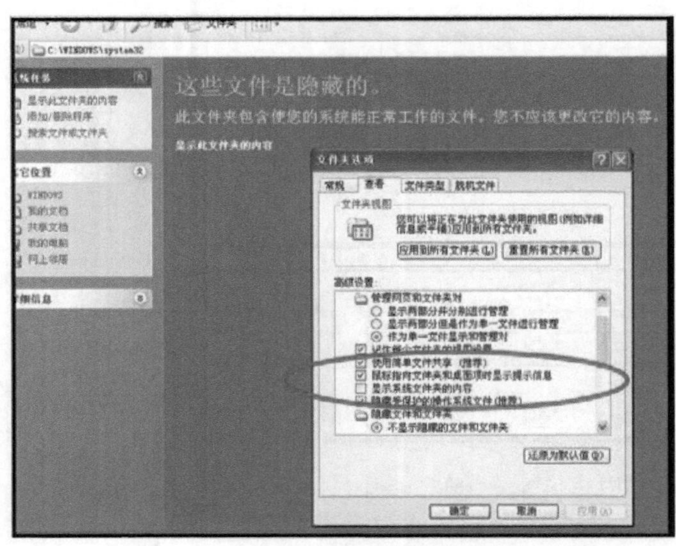

图6-39 系统文件隐藏

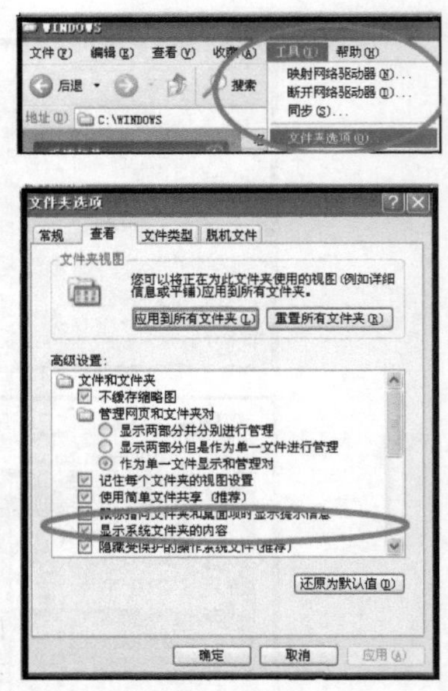

图6-40 显示系统文件WINDOWS/system32、WINDOWS/system

④然后打开cmd测试，出现如图6-41所示的界面，则说明该问题已经解决。

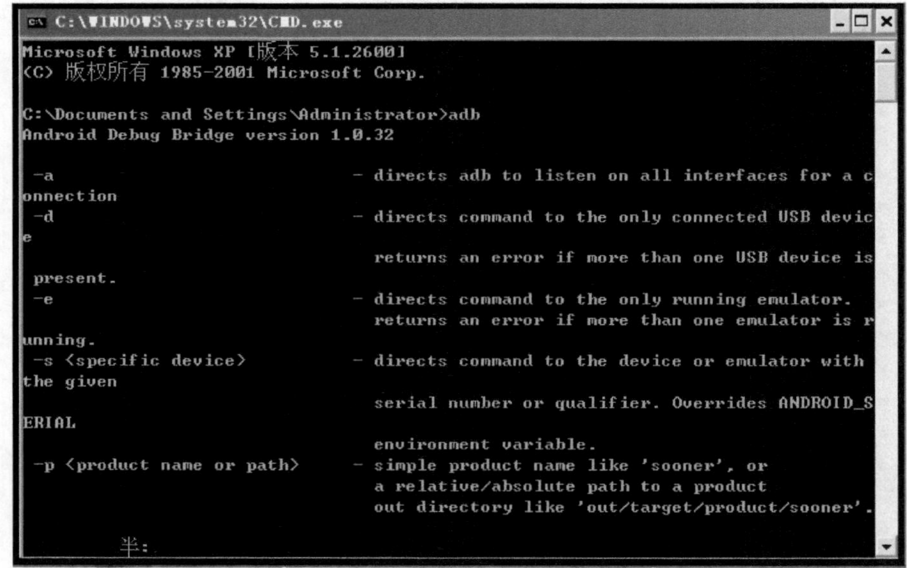

图6-41 cmd测试界面

6.5.4 掌握S-OFF

判定手机是否S-OFF的方法：首先取下电池，然后装上，再按住电源键与音量+键，进入hboot界面，就可以看到S-OFF的情况。如果是S-ON，则手机不能root刷机。

不过不同的手机查看方法有差异。

6.6 recovery模式

6.6.1 recovery模式概述

recovery意思为恢复，recovery模式又称为Android系统恢复模式。

recovery是安卓手机系统的一个恢复系统，有点像电脑Windows系统中的PE或DOS。手机出厂时已经安装了recovery，但是原厂的recovery不能用来刷第三方修改后的系统，即原厂的recovery不能刷民间高手做的精简、优化的ROM。原厂的recovery往往用来进行恢复出厂设置、升级官方固件。

手机维修行业中的刷机就是指重装手机系统。手机刷机大都是通过recovery进行操作的。

这是当手机系统崩溃或者损坏导致无法开机时，能够有效修复系统的一种备用模式。简单地讲，recovery是一种卡刷，也就是将刷机包放在SD卡上，然后在recovery中刷机的模式。

手机刷机更换系统的过程中，大部分操作需要在recovery上进行。手机刷机更换系统，意味着旧系统将会被新系统替换掉。

recovery首先对安卓系统进行各种重置、清除等。如果要彻底重置系统，则需要重新刷入system相关文件才能够实现。

6.6.2 手机进入recovery模式的方法

一些手机进入recovery模式的方法为：手机在关机后按住电源键与音量上下键。

一款OPPO手机进入recovery模式的方法为：同时按住电源键与音量下键5s左右，即可进入recovery模式。

某款手机进入recovery模式的方法为：关机状态下按音量下键与电源键进入hboot界面，等几秒跳过fastboot检测。再使用音量键向下选择recovery，然后点击电源键确定。这样手机会自动重启到recovery界面。

某款手机进入recovery模式的方法为：按音量上键 + Home键 + 电源键，进入recovery模式。

每款手机进入recovery模式的方法不尽相同。如果遇到不知道进入recovery的方法的情况，则可以参考已知手机进入recovery模式的方法试一试。

手机进入recovery模式后，一般是按音量上键向上移动选择项目，按音量下键向下移动选择项目，按Home键为选择确定项目，按电源键则为后退。有的手机是按电源键确定项目。

某款手机官方原版的recovery，在hboot里进入recovery后会出现三角形的叹号与手机的图片（如图6-42所示）。此时，按住音量上键与电源键，即可以进入原版的recovery。

有些机型可能没有刷入recovery，可自行刷入。

图6-42　进入recovery后会出现三角形的叹号与手机的图片

6.6.3 recovery模式界面选项概述

很多老版本的recovery只有三个选项，只能用update.zip文件名的文件升级，且无法备份系统，也不能用任何文件名的zip文件升级。很多新版本的recovery已经有很多选项供选择操作。

2.5版本的recovery主界面如图6-43所示。4.0版本的recovery主界面如图6-44所示。5.8版本的recovery主界面如图6-45所示。6.0版本的recovery主界面如图6-46所示。

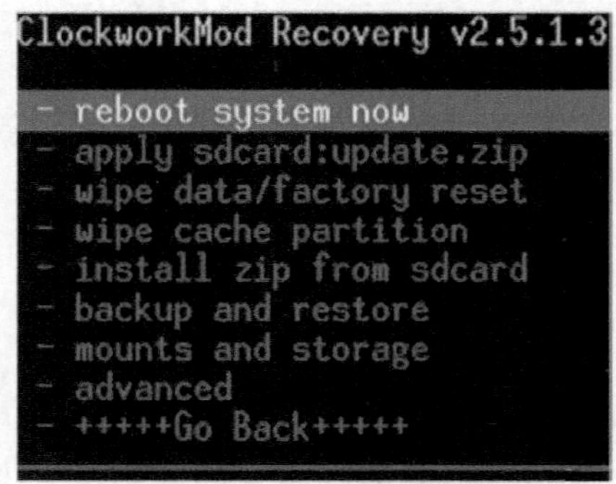

图6-43　2.5版本的recovery主界面

ClockworkMod Recovery v4.0.0.2
- reboot system now
- apply update from sdcard
- wipe data/factory reset
- wipe cache partition
- install zip from sdcard
- backup and restore
- mounts and storage
- advanced
- power off

图6-44　4.0版本的recovery主界面

ClockworkMod Recovery v5.8.3.1
- reboot system now
- install zip from sdcard
- wipe data/factory reset
- wipe cache partition
- backup and restore
- mounts and storage

图6-45　5.8版本的recovery主界面

ClockworkMod Recovery v6.0.2.7
- reboot system now
- install zip from sdcard
- install zip from sideload
- wipe data/factory reset
- wipe cache partition
- backup and restore
- mounts and storage
- advanced

图6-46　6.0版本的recovery主界面

很多手机的recovery模式是英文界面，为此，需要理解这些recovery功能的中文意思。

6.6.4 recovery模式主界面功能选项

一些手机recovery的主界面一些功能如下（具体手机的recovery可能存在一些区别。因此，当遇到维修手机中的recovery没有本小节介绍的选项，或者有差异，则属于正常现象）：

（1）reboot system now

reboot system now意思为现在重启系统。刷机完毕后，选择该项就能够重新启动手机系统。

（2）apply sdcard:update.zip

apply sdcard:update.zip意思为使用SD卡根目录的update.zip更新系统。刷机包必须为update.zip才能升级，也就是可以把刷机包命名为update.zip，然后用该选项直接升级。

（3）wipe data/factory reset

wipe data/factory reset意思为清除内存数据与缓存数据，清除用户信息与软件信息，清空data分区并恢复出厂设置。该项为刷机前必须执行的选项。

（4）wipe cache partition

wipe cache partition意思为清空cache分区、清除系统缓存。该项为刷机前必须执行的选项。如果系统出问题也可以尝试该选项，一般也能够解决问题。

（5）install zip from sdcard

install zip from sdcard意思为从SD卡选择文件更新系统、安装SD卡中的zip格式文件。该选项可以执行任意名称的zip升级包，不限制升级包名称。

（6）backup/restore

backup/restore意思为备份/还原。该项相当于手机版、电脑上的ghost一键备份还原。

（7）mounts and storage

mounts and storage意思为挂载和存储。

（8）advanced

advanced意思为高级设置。

（9）Go Back

Go Back意思为返回。

某手机原版recovery的功能如图6-47所示，各功能如下：

知识拓展

"wipe data/factory reset"与"wipe cache partition"两项就是常说的双wipe、双清。为避免刷机出现一些小问题，刷机前最好执行一下双wipe操作。

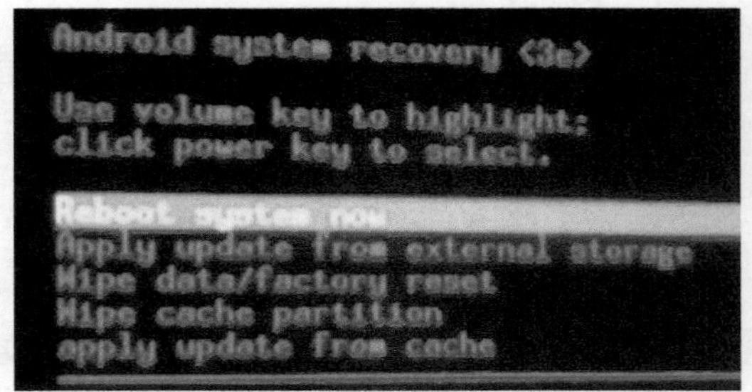

图6-47 某手机原版recovery的功能

Reboot system now意思为重启系统。

Apply update from external storage意思为升级SD卡中的更新包。

Wipe data/factory reset意思为清空data分区，并且恢复出厂设置。

Wipe cache partition意思为清空cache分区。

apply update from cache 意思为升级缓存中的更新包。

6.6.5 recovery模式分选项

（1）install zip from sdcard选项下的分选项

install zip from sdcard选项下的分选项如图6-48~图6-50所示。

```
Apply update from .zip file on SD card

 - apply sdcard:update.zip
 - choose zip from sdcard
 - toggle signature verification
 - toggle script asserts
```

图6-48 install zip from sdcard选项下的分选项（某一版本）（一）

```
 - choose zip from sdcard
 - apply /sdcard/update.zip
 - toggle signature verification
```

图6-49 install zip from sdcard选项下的分选项（某一版本）（二）

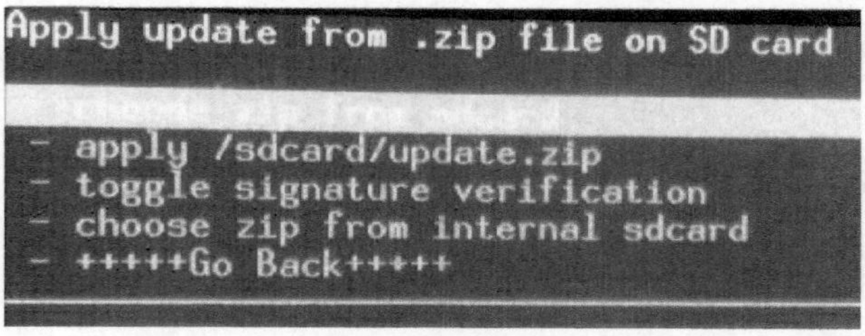

```
Apply update from .zip file on SD card

 - apply /sdcard/update.zip
 - toggle signature verification
 - choose zip from internal sdcard
 - +++++Go Back+++++
```

图6-50 install zip from sdcard选项下的分选项（某一版本）（三）

apply sdcard:update.zip 意思为升级SD卡中的update.zip刷机包。

choose zip from sdcard意思为从SD卡选择zip格式升级包。

toggle signature verification意思为切换签名验证，即检验签名。

toggle script asserts意思为切换升级脚本检查，即脚本声明。

（2）backup and restore选项下的分选项

backup and restore选项下的分选项如图6-51所示。

Backup意思为备份手机当前系统。

Restore意思为恢复还原手机上一个系统。

Advanced Restore意思为高级恢复还原，也就是用户可以自选之前备份的系统，然后进行恢复。

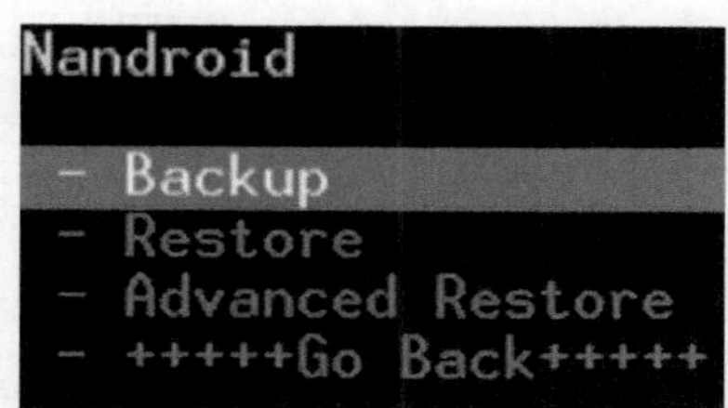

图6-51 backup and restore选项下的分选项（某一版本）

（3）mounts and storage选项下的分选项

mounts and storage选项下的分选项如图6-52、图6-53所示。

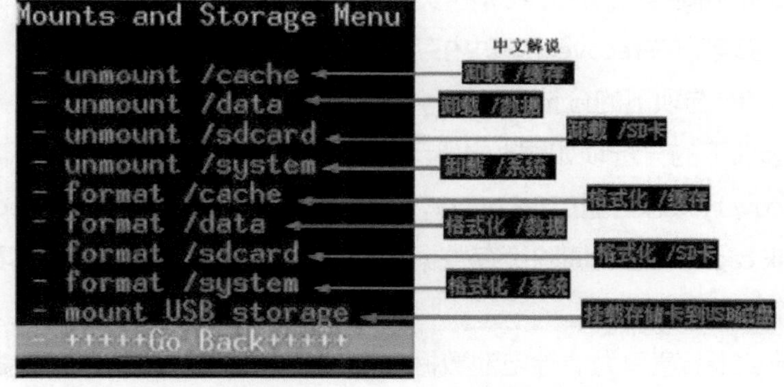

图6-52 mounts and storage选项下的分选项（某一版本）（一）

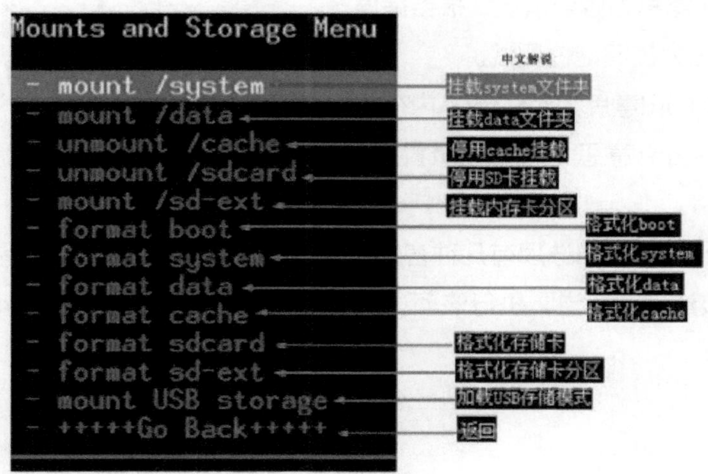

图6-53 mounts and storage选项下的分选项（某一版本）（二）

mount /system意思为挂载/system分区（系统分区）。该项刷机基本用不到。

mount /data意思为挂载/data分区（数据分区）。该项刷机基本用不到。

unmount /cache意思为挂载/cache分区（缓存分区）。该项刷机基本用不到。

unmount /sdcard意思为取消内存卡挂载。该项刷机基本用不到。

mount /sd-ext意思为挂载/sd-ext分区（A2SD分区）。该项刷机基本用不到。

format boot意思为格式化内核分区。刷机前，最好执行一下该项。

format system意思为格式化系统分区。刷机前，最好执行一下该项。

format data意思为格式化数据（data）分区。刷机前，最好执行一下该项。

format cache意思为格式化缓存分区。刷机前，最好执行一下该项。

format sdcard意思为格式化存储卡。执行该项需要谨慎考虑。

format sd-ext意思为格式化内存卡SD。执行该项需要谨慎考虑。

mount USB storage意思为 挂载SD卡为U盘模式，也就是开启recovery模式下的USB大容量存储功能，即可以在recovery下对内存卡进行读写操作。

（4）advanced选项下的分选项

advanced选项下的分选项如图6-54所示。

Reboot Recovery意思为重启Recovery，也就是重启手机并再次进入Recovery。

Wipe Dalvik cache意思为清除缓存数据（清空虚拟机缓存）。执行该项，可以解决一些程序FC（强制关闭）的问题。

Wipe Battery Stats意思为清除电池数据、电池状态等电池调试记录数据。如果感觉手机电量有问题，可以执行该项。

Report Error 意思为修复错误、报告错误。

Key Test意思为按键键位测试。

Partition SD Card意思为对SD卡（内存卡）分区。

Fix Permissions意思为修复root权限。如果手机root权限出了问题，则可以执行该项。

其中Partition SD Card选项有几种容量可供选择，选择相应的数值后按电源键，会对卡进行分区。该过程不可逆，执行该项，需要谨慎考虑。某一版本的Partition SD Card选项如图6-55所示。

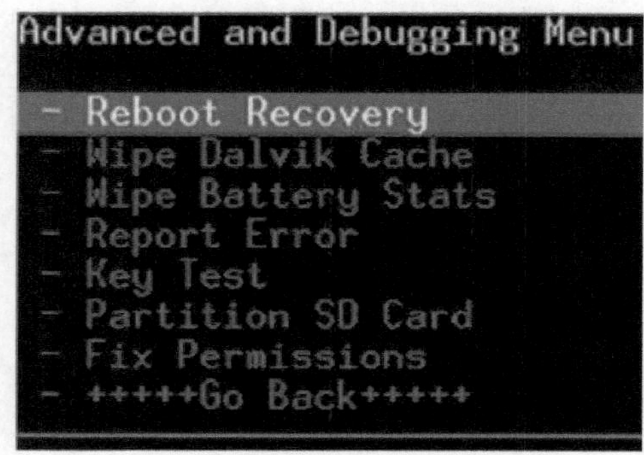

图6-54 advanced选项下的分选项（某一版本）

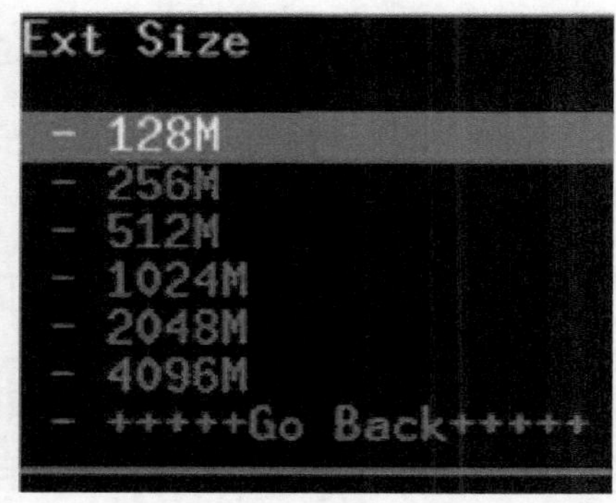

图6-55 Partition SD Card选项

（5）Wipe选项下的分选项

Wipe意思为清除数据。该项功能一般在刷机前需要操作，完成清空个人数据。该项还包括以下的一些小项，具体如下：

Wipe rotate settings——清除传感器内设置的数据。

Wipe SD：ext partition——只清除ext分区内数据。

（6）Partition sdcard选项下的分选项

Partition sdcard意思为分区SD卡。该项主要是用来做APP2SD的，需要将卡分为LINUX下的格式ext。该项还包括以下的一些小项，具体如下：

Partition SD——自动为SD卡分区。

Repair SD:ext——修复ext分区。

SD:ext2 to ext3——将ext2 分区转换为ext3 分区。

6-4、SD:ext3 to ext4——将ext3 分区转换为ext4 分区。

（7）其他

Nand backup——Nand备份。

Nand + ext backup——Nand备份，即系统与ext分区一同备份。

Nand restore——还原，即还原3-1、3-2 的最后一次备份。

BART backup——BART备份，即包括系统与ext分区。

BART restore——还原最后一次的BART备份。

Flash zip from sdcard——从SD卡根目录的.zip ROM刷机包刷机。

apply update from sdcard——安装SD卡的update.zip文件。

backup and restore ——备份和恢复。

power off ——关机。

Show log ——显示日志。

知识拓展

Application to Sdcard简称为APP2SD，也称为APP to SD。其是把APK应用程序安装在SD卡上的操作，即将软件移到内存卡上。

6.6.6 如何查看手机的recovery版本

把手机进入recovery模式，然后在手机recovery界面的最上面会出现“ClockworkMod Recovery v×.×.×.×”，其中的“v×.×.×.×”就是版本（具体界面×为数字），如图6-56所示。

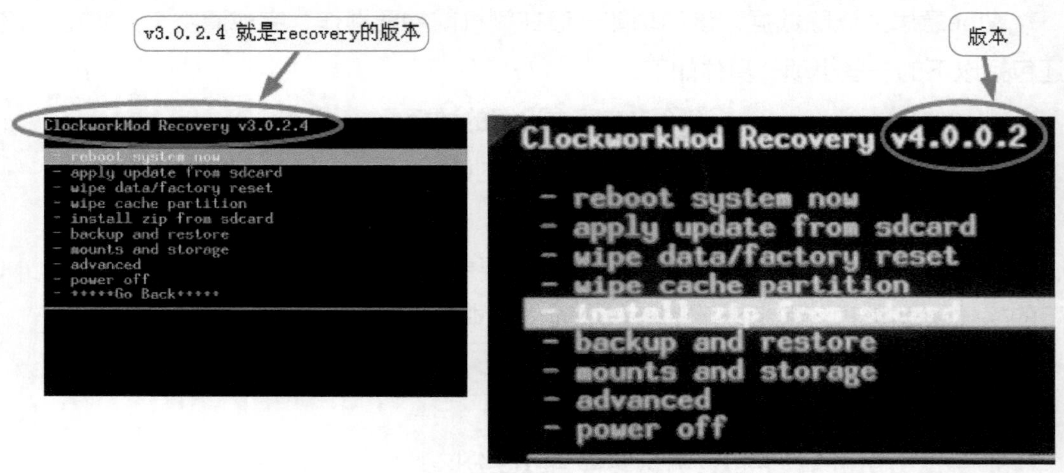

图6-56 查看手机的recovery版本

6.6.7 掌握recovery.img文件

recovery.img是一种工程模式，一些手机是用Home键＋开机键进入的。在该界面可以直接用SD卡上的zip的ROM升级或者备份手机的系统。

线刷recovery时会用到recovery.img文件。许多recovery.img文件是由国外高手编译的，为此，以英文版的居多。

如果在线刷完后还需要升级更好的版本，则可以用到recovery直接刷recovery.zip文件，该方式可以不需要借助电脑就能够完成操作。

recovery.img文件的使用方法要点与主要步骤如下：

①首先下载recovery.img到电脑上，如图6-57所示。

②如果文件命名不为recovery.img，则重命名为recovery.img。

③然后将recovery.img复制到手机的SD卡目录。

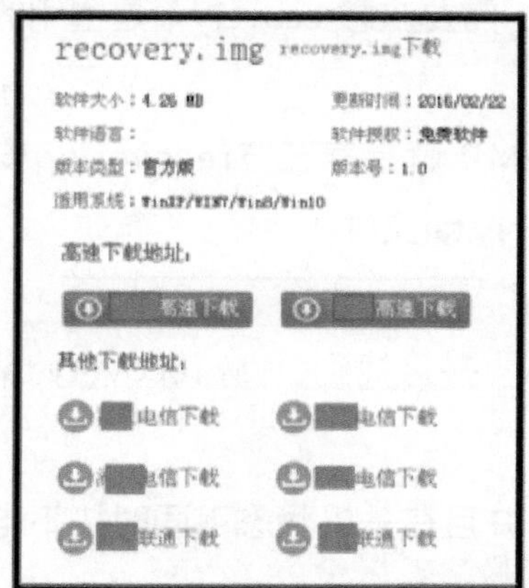

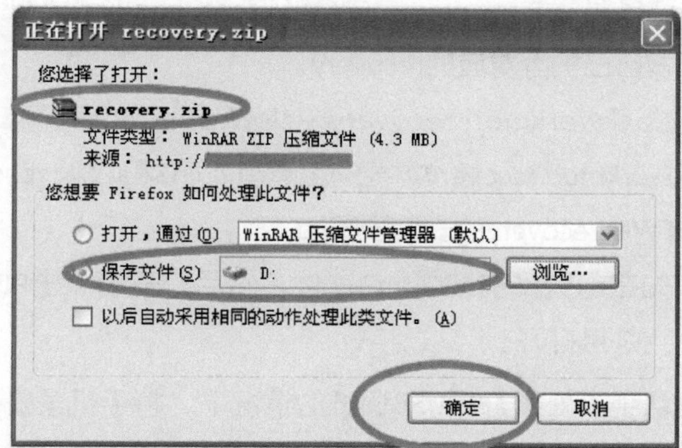

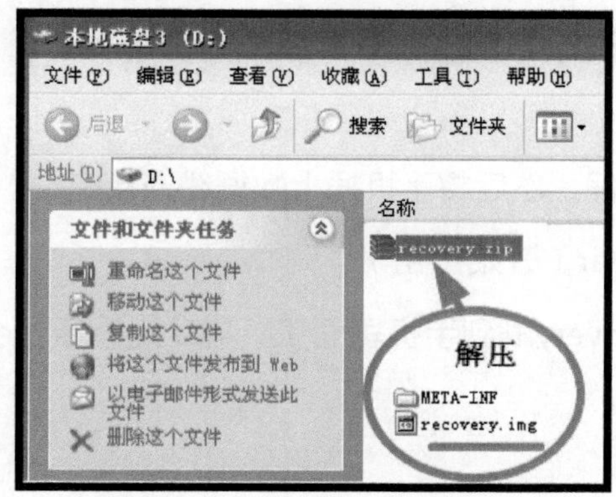

图6-57　下载recovery.img到电脑上

④然后打开手机的terminal emultor（terminal emulator for Android为安卓终端模拟器）。

⑤输入下列文字：

```
su
Flash_image recovery /sdcard/recovery.img
```

说明：输入“su”并回车，以便获得相应权限

⑥此时会出现多个wrote block信息。注意，此时不要退出程序。

⑦等再次出现“#:”时，不要急着退出，输入下面文字进行测试：

```
reboot recovery
```

此时，会重新启动到recovery。

6.6.8 掌握第三方recovery

多数官方recovery只提供了重置系统（wipe）、升级系统的功能，相当于恢复出厂设置。手机刷机，一般会刷自己喜欢的ROM。为此，刷ROM前应先刷第三方recovery。

许多第三方recovery是由CWM recovery进行编译的。需要注意recovery不是通用的，必须刷自己机型对应的recovery。

clockworkmod recovery（clockworkmod缩写CWM）就是第三方recovery。安装clockworkmod recovery需要的工具有Odin3和CWM recovery.tar文件。

CWM recovery的安装步骤如下：

①首先在电脑中安装Odin3软件，然后打开后点击PDA，并且找到CWM recovery.tar文件，并且打开。

②确认手机处于开启USB调试的情况下，将手机关机，并且在关机状态下同时按下电源键（注意不要松开）+音量下键+Home键，大约1~2s。

③等手机屏幕上出现许多英文，还有一个很大的黄色“！”，则可以松手按下音量上键。

④这时看应会出现安卓公仔，然后将手机插上数据线连接电脑。

⑤在Odin3软件中，点击Star（开始按钮）。

⑥这样就可以将CWM recovery刷到手机里面了。成功后，手机会自动重启。手机重启完后，才能够拿开数据线。

6.6.9 利用recovery刷机的方法

手机刷机前，首先往往是解锁手机，然后就是刷入recovery。刷入recovery就是利用recovery读取第三方ROM并且刷入系统。

利用recovery刷机的方法的主要步骤如下：

①首先下载好相应的ROM，然后把下载的ROM复制到卡的根目录。如果ROM为zip格式，则不需要解压。

②ROM复制完成后，可以断开手机与电脑的连接，并且把手机关机。然后把手机进入recovery界面。

③然后在recovery界面，选择第三项“wipe data/factory reset”，确定后确认。然后再选中第四项“wipe cache partition”，确定后确认。此步骤就是双wipe操作。

④然后选择第五项“install zip from sdcard”，确定后确认。然后再选第二项“choose zip from sdcard”，确定后确认。然后选择ROM刷机文件，确定后确认，开始刷机。

⑤刷机刷完，进度条走完后的界面，返回到recovery主界面。这时选择“reboot system now”项，确定后确认。手机重启，刷机结束。

6.6.10 利用卡刷recovery

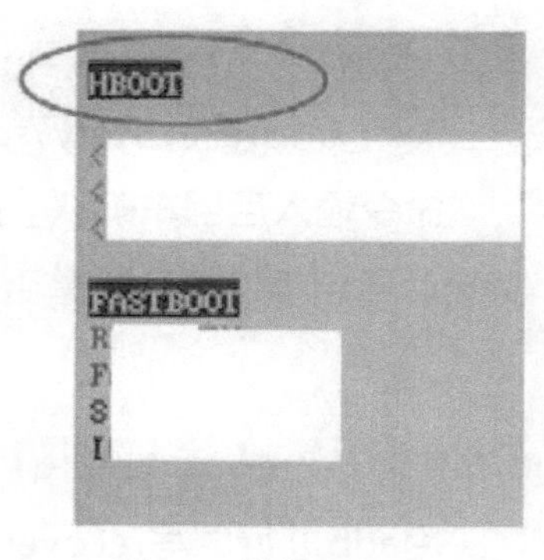

图6-58 进入HBOOT

卡刷recovery的方法与步骤如下：

①首先确保手机已经是S-OFF，确保存储卡是FAT32格式。

②将recovery下载保存到存储卡根目录，并且确认文件名称为zip压缩包。

③手机完全关机，然后按住音量下键＋开机键开机进入HBOOT（有的手机是这样操作的，不同手机该项具体操作有差异），如图6-58所示。

④然后等待提示是否更新recovery，以及按音量上键确定，开始刷新（有的手机是这样操作的，不同手机该项具体操作有差异）。

⑤安装完提示重启手机。重启进入系统后，将存储卡内之前下载的zip压缩包删除或是重命名，以免下次再进HBOOT时又会提示升级。

⑥最后检查是否是已经刷好的recovery。

知识拓展

HBOOT模式是手机最底层，如同电脑中的bios，负责电脑的POST过程。recovery模式相当于建立在HBOOT与Android系统间的一个中间层。

6.6.11 使用flash_image刷recovery概述

使用flash_image刷recovery时，Andorid手机要能够正常开机，或者能够进recovery模式，以及能够在电脑端运行adb shell。另外，需要记住ROM（即.img文件）下载与放置的文件夹（即目录）。使用flash_image刷recovery也有多种方法。

6.6.12 用手机上的超级终端进行刷机

手机超级终端是一款Android平台上的Linux外壳工具，如同电脑Windows中的DOS命令提示符。刷机时，可以通过手机超级终端在Android上进行Linux系统的命令操作，从而可以对手机底层进行一些深入的操作。使用手机超级终端，需要手机已root。

用手机上的超级终端进行刷机可以完全脱离电脑进行操作，其方法要点与主要步骤如下：

①首先把手机root，然后下载超级终端，并且安装好超级终端。

②然后把recovery.img文件复制到TF卡（SD卡）根目录中。如果下载的文件不是recovery.img名，则解压，把文件改名为recovery.img，以免后面输入指令找不到该文件。

③然后在手机上打开超级终端输入命令，并按回车。

④然后输入命令：

flash_image recovery /sdcard/recovery.img

命令输入后回车确认。如果等一会光标会在下一行闪烁，则说明已经刷好。

⑤然后重启手机，检验是否刷机成功。

6.6.13 用adb进行刷机——手动输入命令

用adb进行刷写recovery，也就是利用电脑中的adb命令来进行刷机，其方法要点与主要步骤如下：

①首先在电脑下载手机驱动，并且安装好，以及用数据线把手机与电脑连接好。

②在电脑上下载adb工具包，并且解压。从解压包找到adb.exe与AdbWinApi.dll文件。然后把adb.exe与AdbWinApi.dll放到电脑C:\Windows\System32目录下，其中C是电脑Windows系统盘符。

③然后打开命令提示符（电脑开始→运行→输入“cmd”后回车），接着执行命令：

adb push recovery.img /data/local/tmp/

也就是把recovery.img拷贝到手机上。

④然后输入“adb shell”，并回车。

⑤输入“su”，并按回车。如果出现#号（永久root）或者$号（不永久root），则说明成功。输入“su”，目的是获取root权限，按回车就是在手机上确定“允许”。

⑥然后输入以下命令并回车：

flash_image recovery /data/local/tmp/recovery.img

如果等一会光标会在下一行闪烁，则说明已经刷好。

⑦然后重启手机，检验是否刷机成功。

6.6.14 用recovery manager（恢复管理器）来刷入recovery

用recovery manager（恢复管理器）来刷入recovery方法要点与主要步骤如下：

①首先下载recovery manager，并且安装好。

②确保手机root。

③转到recovery标签页，以及选择install recovery后，选中要刷入的recovery会跳出界面，然

知识拓展

flash_image常用的命令如下：

刷recovery	| flash_image recovery recovery.img |
刷boot	| flash_image boot boot.img |

后点“ok”即可。

④然后点击reboot into recovery来进入recovery界面检验是否刷机成功。

6.6.15 用fastboot工具刷recovery

进入fastboot模式使用fastboot工具刷recovery，无须手机在已经获取到root权限的情况下利用电脑来刷机。用fastboot工具刷recovery方法要点与主要步骤如下：

①首先将手机关机，按相关组合键进入fastboot。

②进入fastboot后，连接上电脑。如果电脑中没有安装fastboot驱动，则电脑会提示安装。fastboot工具下载在电脑中的路径要记住。例如：放在F:\V990\fastboot，其中F是fastboot所在分区盘符。

③然后在电脑中执行命令（以fastboot工具放在F:\V990\fastboot目录为例讲述）：

```
F:
cd
F:\V990\fastboot                                    转到fastboot所在文件夹
fastboot flash recovery F:\V990\recovery.img        输入recovery，注意替换路径
fastboot reboot                                     刷完后重启手机
```

使用fastboot重新安装recovery程序的方法与步骤（另外一种用fastboot工具刷recovery教程）如下：

①首先把手机连接好电脑，以及下载好recovery程序，并且放在目录下备用。例如放在C:\recovery-RA-dream-v1.7.0.img中。

②然后打开电脑Windows命令提示符工具，并且执行#adb devices。然后在命令提示符切换到recovery程序所在目录。例如执行“#adb reboot bootloader”并回车，手机会进入fastboot模式。然后执行“#fastboot flash recovery recovery-RA-dream-v1.7.0.img”，这样会把本地的recovery程序拷贝到手机以及安装上。

③如果命令窗出现下面的提示，则说明recovery程序已经安装了。

```
sending ‘recovery’(4594 KB)… OKAY
writing ‘recovery’… OKAY
```

6.6.16 无法进入recovery的原因与解决方法

无法进入recovery的原因与解决方法见表6-3。

表6-3 无法进入recovery的原因与解决方法

原因	解决方法
recovery程序损坏	需要重新安装recovery程序。重新安装recovery程序可以使用fastboot
电脑上没有安装Android SDK与配置环境变量	如果手机无法开机，则只能在电脑上操作。为此，需要安装Android SDK，以便使用Android SDK的adb工具在手机上执行命令
USB线连接手机到电脑，但是没有安装USB驱动程序	可以选择Android SDK下面的USB驱动程序（USB_driver）安装。注意：每个版本SDK对应的目录也不相同。另外，有时最好不要让Windows系统自动安装驱动程序，而是自己选择目录安装

6.7 fastboot模式

6.7.1 fastboot模式概述

fastboot意思为快速启动。安卓手机中的fastboot就是一种比recovery更底层的一种刷机模式（即引导模式）。更底层意味着更加接近硬件层。

fastboot模式就是使用USB数据线连接手机的一种刷机模式。简单地讲，fastboot是一种线刷。

如果维修时，不能够进入recovery时，不要慌张。因为，还可以进入fastboot模式进行刷机。但是，如果连fastboot模式也不能够进入，则意味着需要另外找维修方案。

为了使用fastboot功能，需要获得S-OFF（即安全锁关、保护关）的SPL（即第二次装系统），以及电脑还必须装有adb驱动。

一些手机进入fastboot模式的方法如下：

（1）方法一

①首先将手机关机。

②同时按住返回键与电源键开机。

③看到手机界面上有fastboot选项时，按电源键点击进入fastboot模式。

该方法也就是在关机状态下长按返回键与关机键。

（2）方法二

①首先让手机处于开机状态，并且确定adb可以打开。

②然后adb reboot bootloader（意思为使手机进入刷机状态）。

（3）其他方法

其他方法，需要根据具体手机来确定进入fastboot模式的方法。

6.7.2 fastboot的使用方式

（1）fastboot命令格式

fastboot的使用方式如下：

fastboot [<选项>] <命令>

解释：“[]”括起来表示这个是可选的；“<>”括起来表示这个是必需的。

（2）命令格式可用命令

update <文件名>

说明：从官方update.zip升级系统，该update.zip必须是官方的。

flashall 'flash boot' + 'flash system'

说明：flash <分区名> [<文件名>] 是将文件写入分区。文件必须是正确的格式。分区名有但不限于system、recovery、boot等。

erase <分区名>

说明：清空一个分区。

getvar <参数名>

说明：显示一个启动参数。

boot <内核文件> [<ramdisk文件>]

说明：将电脑上的内核下载到手机，以及用该内核启动系统。

flash:raw boot <内核文件> [<ramdisk文件>]

说明：创建boot.img，以及下载到手机启动系统。

devices

说明：列出所有与电脑连接的设备。

reboot

说明：正常启动系统。

reboot-bootloader

说明：启动系统到hboot。

举例：

```
fastboot update update.zip #将update.zip刷入
fastboot reboot #重启手机
```

（3）命令格式一些选项如下：

-w

说明：清空用户数据分区和缓存分区，相当于recovery中的“wipe data/factoryreset”。

-s <串口号>

说明：指定要操作的设备的串口号。

-p <产品名>

说明：指定要操作的设备的产品名。

-c <命令行>

说明：用命令行替换系统的启动命令行。

（4）一些分区类型

一些分区类型如下：

system

说明：系统分区。刷手机一般刷的是该分区。

userdata

说明：数据分区。

cache

说明：缓存分区。

recovery

说明：recovery分区。

boot

说明：存放内核与ramdisk的分区。

hboot

说明：SPL所在的分区，也是fastboot所在的分区。

splash1

说明：开机第一屏幕。

radio

说明：基带所在的分区。

举例：

fastboot erase system #擦除system分区

fastboot erase cache #擦除cache分区

fastboot erase userdata #擦除userdata分区

fastboot的一些命令操作，需要首先准备工具，包括fastboot工具、手机能用的boot.img与recovery.img文件。有的fastboot工具包含了fastboot驱动与recovery.img文件，如图6-59所示。

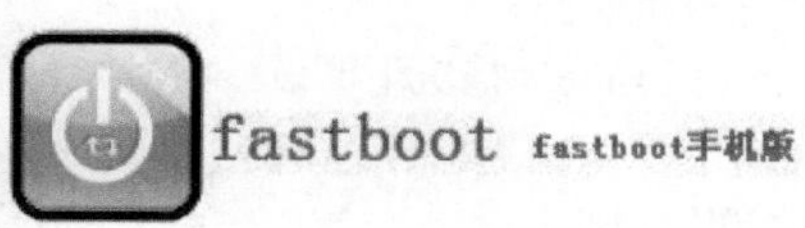

图6-59 fastboot工具

知识拓展

boot.img属于系统底层文件，其包含了手机系统软件与硬件相连接的一个渠道。boot.img是手机Android系统启动所必须加载的文件。

fastboot有关一些命令见表6-4。

表6-4 fastboot有关一些命令

命令类型	命令
reboot重启相关命令	fastboot reboot ——重启手机（退出）、重启系统 fastboot reboot-bootloader ——重启到bootloader模式 fastboot oem rebootRUU ——重启到HTC RUU刷机模式
擦除相关（erase）	fastboot erase system #擦除system分区 fastboot erase boot #擦除boot分区 fastboot erase cache #擦除cache分区 fastboot erase userdata #擦除userdata分区 说明：需要擦除哪个分区就写哪个分区的名字
写入分区（flash）（刷写）	分段刷入，需要从分段0开始，按次序刷到分段*N*，例如如下： fastboot flash system system.img_sparsechunk.0 fastboot flash system system.img_sparsechunk.1 ………… fastboot flash system system.img_sparsechunk. *N* fastboot flash system system.img——写入system分区（自动分段刷入功能，无须手动分段） fastboot flash boot boot.img——写入boot分区 fastboot flash recovery recovery.img——写入recovery分区 fastboot flash radio radio.img——刷写radio分区（基带） fastboot flash oem oem.img——刷写oem分区（运营商配置文件，和运营商配置有关） fastboot flash bootloader bootloader.img或者fastboot flash motoboot bootloader.img——刷写motoboot镜像（这个是bootloader的组合镜像包，简称BL，最好不要乱刷，以免手机变砖） fastboot flash userdata userdata.img——刷写data分区（用于清空data分区等） fastboot flash cache cache.img——刷写cache分区（用于清空cache分区等）
其他fastboot命令	fastboot oem unlock——解锁bootloader fastboot oem lock——上锁bootloader fastboot getvar all——获取手机的全部信息 fastboot boot××××××.img——引导启动外部镜像（例如要启动一个名为test.img的镜像，就输入：fastboot boot test.img）

续表

命令类型	命令
其他fastboot命令	fastboot flash splash1——开机画面，烧写开机画面 fastboot boot uImage或者u-boot.bin——不烧写flash情况下调试 fastboot getver:version——查看版本号 fastboot reboot-bootloader——复位到bootloader fastboot getvar version——获取客户端（手机端）支持的fastboot协议版本 fastboot getvar version-bootloader Bootloader——获取客户端（手机端）支持的版本号 fastboot getvar version-baseband——获取客户端（手机端）支持的基带版本 fastboot getvar product——获取客户端（手机端）支持的产品名称 fastboot getvar serialno——获取客户端（手机端）支持的产品序列号 fastboot getvar secure——返回yes表示在刷机时需要获取签名
环境变量	fastboot支持环境变量文件，通常在fastboot烧写nand flash时，会将偏移量和大小写入环境变量中，命名格式为 <partition name>_nand_offset < partition name>_nand_size 例如，内核烧写完成后printenv可以看到： kernel_nand_offset=0x140000 kernel_nand_size=0x1f70000

6.7.3 fastboot参数名称与文件的对应关系

偏移与地址在u-boot中定义，要想使用好fastboot，就必须要知道参数名称与文件的对应关系。

fastboot一些参数名称与文件的对应关系见表6-5、表6-6。

表6-5 fastboot一些参数名称与文件的对应关系1

名称	偏移量	大小
xloader	0x00000000	0x00080000
bootloader	0x00080000	0x00180000
environment	0x001C0000	0x00040000
kernel	0x00200000	0x01D00000
system	0x02000000	0x0A000000
userdata	0x0C000000	0x02000000
cache	0x0E000000	0x02000000

表6-6 fastboot一些参数名称与文件的对应关系2

名称	文件类型	常用文件
xloader	xloader binary	MLO
bootloader	uboot binary	u-boot.bin
environment	text file	list of variables to set
kernel	kernel or kernel + ramdisk	uImage, uMulti
system	yaffs2	system.img
userdata	yaffs2	userdata.img
cache	yaffs2	-

6.7.4 fastboot的一些命令操作步骤

fastboot的一些命令操作具体主要步骤如下：

①电脑安装好相关驱动程序。手机进入fastboot模式，并且用数据线连接电脑。

②解压下载好的fastboot工具，例如解压到E:/fastboot/。

③把准备好的boot.img、recovery.img文件也放到E:/fastboot/中。

④打开电脑命令行工具cmd（如图6-60所示），执行如下命令进入到fastboot所在目录中：

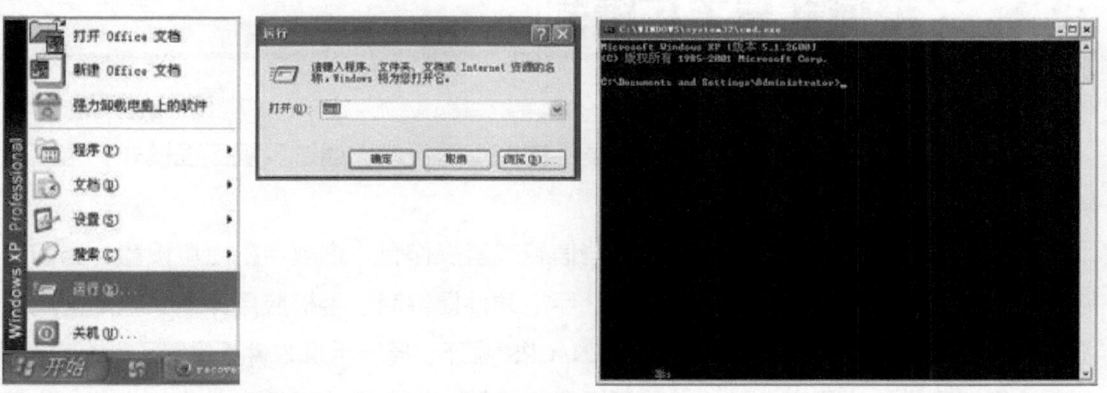

图6-60 打开电脑命令行工具cmd

e: 回车

cd fastboot回车

fastboot devices回车

如果它列出了手机，则说明手机连接好了。执行以下命令刷入boot与recovery：

fastboot flash recovery recovery.img回车

等待OKAY（这里是刷新recovery）

fastboot flash boot boot.img回车

等待OKAY（这里是刷新boot）

如果解压下载好的fastboot工具路径不对，则会出现提示。

另外，fastboot flash recovery××××\recovery.img中××××表示recovery.img的位置。例如如果放在D盘，则为fastboot flash recovery D:\recovery.img。

知识拓展

一些华为手机进入与退出fastboot、erecovery、recovery升级模式的方法如下：

① 手机关机状态下，需要连接电脑的情况：

fastboot模式——长按音量下键+电源键。

erecovery模式——长按音量上键+电源键。

② 手机关机状态下，不需要连接电脑的情况：

recovery模式——长按音量上键+电源键。

升级模式——长按音量上键+音量下键+电源键。

③ 退出模式：当手机处于上述模式时，长按电源键均可以重启手机退出该模式。

6.8 工程模式与工厂模式

6.8.1 工程模式概述

手机工程模式，是一种系统层级的硬件安全管理程序。通过手机工程模式，可以了解手机最基本的信息。

手机工程模式可以了解到的手机一些信息或者操作有：恢复手机出厂设置、当前网络制式、当前网络状态、手机硬件参数、手机硬件提供商、手机应用详情、电池使用情况、对手机的整机进行测试和设置、WLAN/ GPS/蓝牙、显示手机软件版本等。

使用工程模式也是有危险的，如果设置出错等，则会造成手机某些功能失效，甚至造成手机瘫痪。为此，修改工程模式下相关选项时一定要慎重。

相对而言，手机工程模式更涉及手机系统关键参数的更改、调试。工厂模式主要用来reboot，与恢复出厂设置差不多。

手机工程模式的进入方法一般是在拨号里输入#……#进入的。工厂模式的进入方法一般是长按手机音量下键与开机键进入的。

通过拨号界面输入指令进入工程模式的方法，因存在原厂固件、刷入的第三方ROM，以及手机型号众多、品牌不同、芯片方案不同、Android版本不同、ROM不同、运营商定制等因素决定具体进入工程模式的方法可能会存在差异。

常见机型进入工程模式的参考指令码见表6-7。

表6-7 常见机型进入工程模式的参考指令码

机型	进入工程模式的参考指令码	修正或者调整
360手机	*20121220#	
HTC	*#*#3424#*#*	
LG	3485#*手机型号#	
Moto	*#*#372#*#*	
OPPO	*#36446337#	
vivo	*#558#	
ZUK	*#*#1111#*#*	
华为	*#*#121314#*#*	
酷派	*20060606#	
乐视	*#*#3646633#*#*	
联想	####1111#	
魅族	*#*#3646633#*#*	
三星	*#0*#	
索尼	*#*#7378423#*#*	
小米	*#*#6484#*#* 或 *#*#64663#*#*	
一加	*#36446337#	
中兴	*983*3640#	

知识拓展

MMITest II意思为测试组件。
project menu意思为工程菜单、项目菜单。

说明：如果使用以上工程模式命令代码无效，则可能是运营商定制、修订等因素引起的。为此，读者可以在修正或者调整一栏中进行修订。

6.8.2 一些手机进入手机工程模式的方法

安卓工程模式的指令（相关隐藏代码），也就是手机所谓的命令代码。维修时，可以通过工程模式来详细测试手机各零部件是否功能正常。

手机命令代码多，但是因命令代码一般是厂商自己设定的，所以手机通用性的命令代码不多。

输入手机命令代码的拨号器，应使用手机系统自带的拨号器。如果使用第三方的拨号器，则可能会异常。

使用手机命令代码，存在一定的风险。为此，需要慎重尝试，以及有必要的备份。

一些手机进入手机工程模式需要在拨号盘里输入如下信息：

①一些MTK手机进入工程模式，输入*#*#3646633#*#*。

②一些华为手机输入*#*#2846579#*#*可以查看硬件信息、工程菜单的设置等，如图6-61所示。

③一些华为手机拨号盘输入*#*#6130#*#*可以查看当前网络信号、电池信息、设置网络类型以及查询手机上各应用使用情况等，如图6-62所示。

④一些华为手机拨号盘输入*#2846#，可以进行一些项目测试（如图6-63所示），并且是通过按音量进行选择。这些测试多数是英文，因此，操作需要谨慎。另外，按Home键可以退出到主界面。

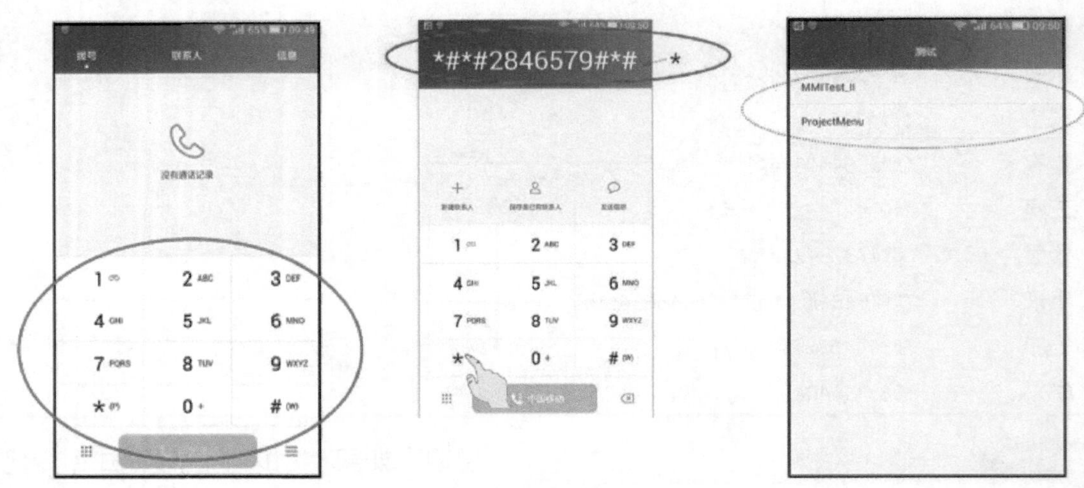

图6-61　一些华为手机输入指令*#*#2846579#*#*

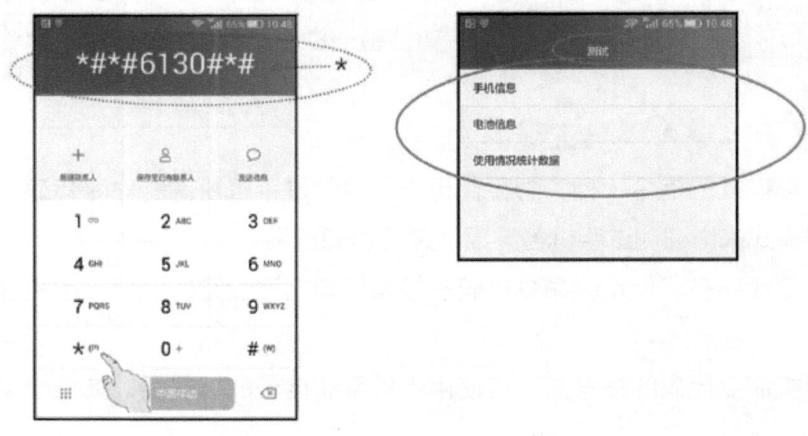

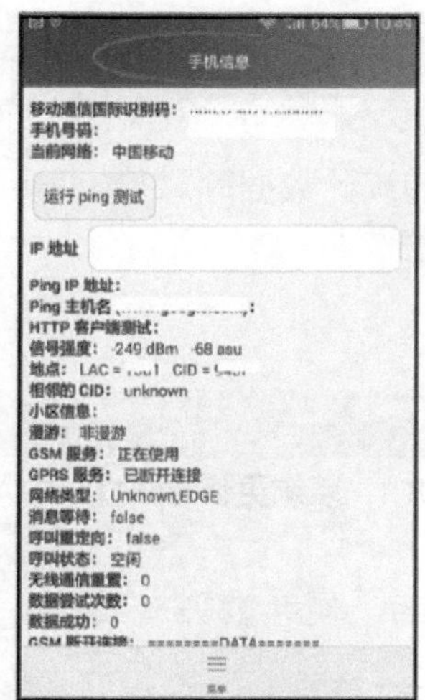

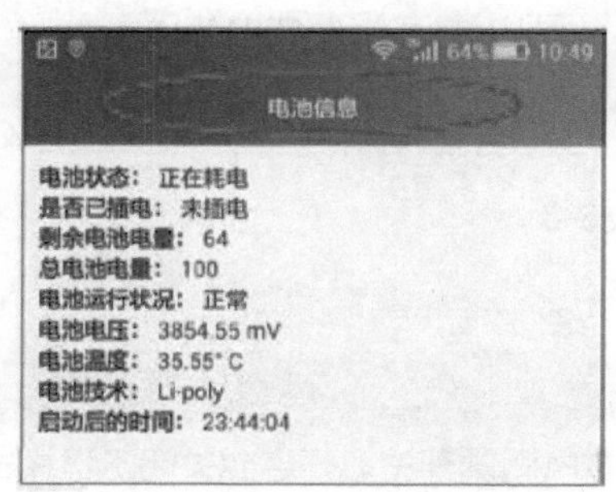

图6-62 一些华为手机输入*#*#6130#*#*

图6-63 一些华为手机拨号盘输入*#2846#

⑤华为T8828手机进入待机画面后，在手机键盘上按*#*#2846579#*#*+拨号键，即可进入MMI测试模式。

⑥华为T8620手机按 *#*#1673495#*#* ，可以进入工程模式。

⑦华为SC-UL10在拨号盘界面输入工程命令*937*70#，可以进入MMI测试模式。

⑧华为G610-C00手机在拨号盘中输入*#*#2846579#*#*，可以进入测试模式。

⑨华为C8500、U8800手机在拨号盘中输入*#*#2846579#*#*，可以进入测试模式。

⑩OPPO N5207手机在拨号盘中输入*#808#，可以进入工程模式。

⑪OPPO U529手机在拨号盘中输入*#807#，可以进入测试模式。

⑫OPPO R7s系列手机在拨号盘中输入*#808#，可以进入测试模式。

⑬一些手机拨号盘输入 *#06#，可以查询设备的IMEI号。

⑭一些手机拨号盘输入*#*#4636#*#*，可以查询手机使用情况的统计数据等。

⑮一些一加手机命令代码见表6-8。

表6-8 一些一加手机命令代码

参考指令码	功能
*##*8110#	工程模式——OTA测试开关。开启或关闭工程模式OTA，系统更新时要打开OTA开关才能够更新
##4636#*#*	查看使用状态、设备信息——查看手机信息、电池信息、使用情况统计数据等
*#008#	快速切换当前语言为简体中文
*#06#	查看移动通信国际识别码IEME号，也就是本机ID串号（MEID&IMEI）
*#10000#	NFC测试标志位
*#1234#	查看软件版本、手机固件版本号等
*#12345#	查看电子保卡注册情况
*#2323#	3G开关切换
*#268#	NV参数校验相关项，一旦NV参数丢失，则手机蓝牙、通信、Wi-Fi等信号都会不正常。因此该项需要慎用
*#36446337#	工程模式总目录、手机通用工程模式等，该项需要慎用
*#66#	查看IMEI号、加密IMEI
*#6776#	查看ROM详细信息、手机各项版本号、软件版本等
*#67760044 #	快速切换当前语言为英文
*#67766776 #	ADB串口测试
*#800#	日志记录——可以用于调试判断出错的使用
*#801#	工程模式——高级特权模式(ADB Root权限），一般需要密码
*#802#	GPS激活测试——T TFF搜星测试，GPS搜索卫星的测试
*#803#	无线高级设置——WLAN设置、Wi-Fi设置
*#804#	自动搜网——自动搜索移动网络信号、自动重新搜索手机网络
*#805#	工程模式——蓝牙测试
*#806#	自动老化测试
*#807#	自动测试各项功能——自动测试屏幕、背景灯、后置、摄像头、角度测试、回音测试、振动、前置、感光测试
*#808#	手动测试各项功能，该项需要慎用
*#809#	回音测试

续表

参考指令码	功能
*#8778#	总清除——格式化手机内置储存并恢复出厂设置，因此该项需要慎用
*#888#	显示PCB号
*#900#	后置摄像头调测（显示红、绿、蓝）等
*#911#	工程模式——提示恢复设置，该项会清空手机存储，因此该项需要慎用
*#99#	屏幕常亮开关——运行后会清除手机内的所有东西，因此该项需要慎用

注：没有给出具体机型，仅供参考。

⑯一些iPhone手机命令代码见表6-9。

表6-9 一些iPhone手机命令代码

参考指令码	功能
##002#或者##004#	可以关闭所有呼叫转移
##21#	所有来电——取消转移
##21*11#	所有语音来电——取消转移
##5005*7672#	短信中心号码——删除号码
##61#	无应答的来电——取消转移
##61*11#	无应答的语音来电——取消转移
##62#	关机或无信号时的来电——取消转移
##62*11#	关机或无信号时的语音来电——取消转移
##67#	遇忙时的来电——取消转移
##67*11#	遇忙时的语音来电——取消转移
#302#、#303#、#304#、#305#、#306#	建立一个虚拟的通信回路，回拨自己的手机
#43	呼叫等待——取消等待
*#06#	可以查询手机的IMEI码
*#21#	所有来电——查询状态
*#21*11#	所有语音来电——查询状态
*#43#	呼叫等待——查询状态
*#5005*7672#	短信中心号码——查询状态
*#61#	无应答的来电——查询状态
*#61*11#	无应答的语音来电——查询状态
*#62#	关机或无信号时的来电——查询状态

续表

参考指令码	功能
*#62*11#	关机或无信号时的语音来电——查询状态
*#67#	遇忙时的来电——查询状态
*#67*11#	遇忙时的语音来电——查询状态
**21*转移到的电话号码#	所有来电——设置转移
**21*转移到的电话号码*11#	所有语音来电——设置转移
**61*转移到的电话号码*11*秒数（最小5s，最多30s）#	无应答的语音来电——设置转移。例如：**61*13888812388*11*30#
**61*转移到的电话号码*秒数（最小5s，最多30s）#	无应答的来电——设置转移。例如：**61*13899912388*30#
**62*转移到的电话号码#	关机或无信号时的来电——设置转移
**62*转移到的电话号码*11#	关机或无信号时的语音来电——设置转移
**67*转移到的电话号码#	遇忙时的来电——设置转移
**67*转移到的电话号码*11#	遇忙时的语音来电——设置转移
3001#12345#	运行手机内置的FieldTest——可以查看基站信息、信道、信号强弱、固件版本号等
*43#	呼叫等待——启用等待
*5005*7672*短信中心号码#	短信中心号码——设置号码

注：没有给出具体机型，仅供参考。

⑰一些三星手机命令代码见表6-10。

表6-10　一些三星手机命令代码

参考指令码	功能
# 7465625 * 27 * #	插入内容提供商密码
# 7465625 * 638 * #	插入网络锁密码
# 7465625 * 77 * #	插入操作锁密码
* 2767 * 3855 #	工厂硬复位的ROM固件默认设置
* 2767 * 4387264636 #	显示产品代码
* 7465625 * 638 * #	配置网络锁定的MCC
* 7465625 * 77 * #	插入网络锁定密钥号码SP法
* IMEI号* # 272 # *	显示/更改地区代码
* # * # 1472365 * # * #	GPS测试设置
* # * # 197328640 # * # *	服务模式下的主菜单

续表

参考指令码	功能
##4636#*#*	诊断和模式一般设置
##7780#*#*或*#7780#	厂软复位
#0#	综合测试模式
*#0228#	电池状态：容量、电压、温度
*#0283#	音频回传控制
*#0289#	旋律测试模式
*#03#	NAND快闪记忆体的S/N
*#0588#	接近传感器测试模式
*#0589#	光感应器测试模式
*#06#	显示IMEI号码
*#0673#	音频测试模式
*#07#	测试历史
*#0782#	实时时钟测试
*#0842#	抑振电机测试模式
*#1234#	显示当前固件
*#12580*369#	软件&硬件信息
*#1575#	GPS控制菜单
*#2263#	射频波段选择
*#232331#	蓝牙测试模式
*#232337#	蓝牙地址
*#232338#	无线局域网MAC地址
*#232339#	WLAN测试模式
*#272886#	自动应答选择
*#273283*255*3282*#	数据创建菜单
*#273283*255*663282*#	数据创建SD卡
*#301279#	HSDPA/HSUPA的控制菜单
*#3214789#	GCF的模式状态
*#32489#	通话加密信息
*#3282*727336*#	资料使用情况
*#34971539#	相机固件更新
*#44336#	软件版本信息
*#526#	无线局域网工程模式
*#528#	无线局域网工程模式

续表

参考指令码	功能
* # 7284 #	I2C模式的USB控制
* # 7353 #	快速测试菜单
* # 7412365 #	相机固件菜单
* # 7465625 #	查看手机锁定状态
* # 7594 #	关闭系统自带锁屏、取消关机确认
* # 872564 #	记录的USB控制
* # 8736364 #	OTA更新菜单
* # 9090 #	诊断配置

注：没有给出具体机型，仅供参考。

⑱一些OPPO手机命令代码见表6-11。

表6-11　一些OPPO手机命令代码

参考指令码	功能
##0*#*#*	LCD测试
##0588#*#*	接近感应器测试
##0842#*#*	振动、亮度等装置测试
##1111#*#*	FTA SW（全面型号认证软件）版本
##1234#*#*	PDA测试
##1472365#*#*	GPS测试
##1575#*#*	其他GPS测试
##197328640#*#*	启动服务模式——可以测试手机部分设置、蓝牙测试、更改设定WLAN、GPS等
##232331#*#*	蓝牙测试
##232337#*#	显示蓝牙装置地址
##232338#*#*	显示Wi-Fi MAC地址
##232339#*#*或*#*#526#*#*或*#*#528#*#*	WLAN测试
##2663#*#*	触控屏幕版本
##2664#*#*	触控屏幕测试
##273283*255*663282*#*#*	开启一个能备份媒体文件的地方
##3264#*#*	版本号
##44336#*#*	一些硬件的测试
##4636#*#*	查询手机基本信息、电池容量、当前手机信号值等
##8255#*#*	启动GTalk服务

续表

参考指令码	功能
*#06#	查询移动通信国际识别码IEME号、查看本机ID
*#1234#	查询手机系统版本、手机固件版本号
*#36446337#	OPPO手机通用工程模式
*#4321#	蓝牙模式
*#66#	查询手机串码
*#6776#	查询软件版本、手机各项版本号、本机出厂日期
*#800#	OTA开关，系统更新时要打开OTA开关才能更新
*#802#	T TFF：搜星测试，GPS搜索卫星测试
*#803#	进入高级无线设置、Wi-Fi设置
*#804#	自动搜网、自动重新搜索手机网络
*#805#	关于蓝牙的一些设置
*#806#	自动老化测试
*#807#	自动测试屏幕、背景灯、前置摄像头、后置摄像头、振动、角度测试、感光测试等
*#808#	检测手机功能、原厂设定
*#8778#	格式化手机内置储存并恢复出厂设置，该项应慎用
*#888#	查看PCB号、查看硬件版本
*#900#	蓝牙开启
*#901#	蓝牙关闭
*#99#	打开/关闭屏幕常亮
*2767*3855#	重设为原厂设定，会删除SD卡所有档案，该项应慎用

注：没有给出具体机型，仅供参考。

⑲vivo X9手机命令代码见表6-12。

表6-12　vivo X9手机命令代码

参考指令码	功能
##0*#*#*	LCD测试
##001#*#*	vivo NV参数
##0283#*#*	Packet Loopback
##0283#*#*	音频回送控制
##0588#*#*	接近感应器测试
##0673#*#* 或*#*#0289#*#*	旋律、音乐测试
##0842#*#*	振动、亮度等装置测试
##10922768#*#*	音效测试

续表

参考指令码	功能
##1111#*#*	FTA SW（全面型号认证软件）版本
##112#*#*	BBKlog（系统运行日志、log运行日志）
##118#*#*	隐藏3G开关
##1234#*#*	显示PDA等固件信息
##1472365#*#*	GPS测试
##1575#*#*	其他GPS测试
##197328640#*#*	启动服务模式，可以测试手机部分设置、更改设定
##2222#*#*	FTA HW版本
##232331#*#*	蓝牙测试
##232337#*#	显示蓝牙装置地址
##232338#*#*	显示Wi-Fi MAC地址
##2663#*#*	触控屏幕版本
##2664#*#*	触控屏幕测试
##273283*255*663282*#*#*	开启一个能备份媒体文件的地方
##2768#*#*	音效测试
##2846579#*#*	显示手机各硬件版本信息、APK信息等。APK为Android安装包
##3264#*#*	内存版本
##34971539#*#*	显示相机韧体版本、更新相机韧体
##4636#*#*	显示手机信息、电池信息、电池记录、使用统计数据、Wi-Fi信息等
##4838#*#*	安卓工程模式
##5806#*#*	显示3G开关
##7594#*#*	会出现一个切换手机模式的窗口，包括静音模式、飞航模式、关机等
##7777#*#*	开发者模式
##7780#*#* 或*#7780#	重设为原厂设定，不会删除预设程序与SD卡档案
##8255#*#*	Gtalk服务监控（Gtalk为聊天工具）
#0#	通用测试
*#0589#	背光灯感应器测试
*#06#	手机串号
*#0673#	声音测试模式
*#07#	测试历史记录
*#0782#	实时时钟测试
*#08#	数据储存位置选择
*#09#	SIM卡热插拔开关
*#12580*369#	显示PDA、第一次打电话、内存等

续表

参考指令码	功能
*#1575#	GPS控制菜单
*#2263#	射频频段选择
*#273283*255*3282*#	数据创建菜单
*#273283*255*663282*#	开启一个能备份媒体文件的地方
*#301279#	HSDPA/HSUPA控制菜单
*#3214789650#	进入GPS工程模式
*#32489#	加密信息
*#4766# MTK	工程模式
*#528#	WLAN工程模式
*#558#	vivo工程模式
*#8736364#	OTA（空中下载技术）更新菜单
*#9900#	系统转存模式
*2767*3855#	重设为原厂设定，会删除SD卡所有档案。因此该项需要慎用
*2767*4387264636#	显示产品代码

注：上表命令仅供参考。

vivo手机界面上出现工程模式的退出方法：vivo手机拨号界面输入“*#558#”，然后打开工厂测试→品质验证测试→调试端口，将调试端口关闭即可。

6.8.3 掌握工厂模式

有的手机工厂模式是中文的，同时与工厂模式一起出现在同一界面的还有自动测试、手机测试、单项测试、测试报告、重启手机、调试测试项、清除eMMC、重启手机等。有的手机工厂模式是英文的，如图6-64所示。

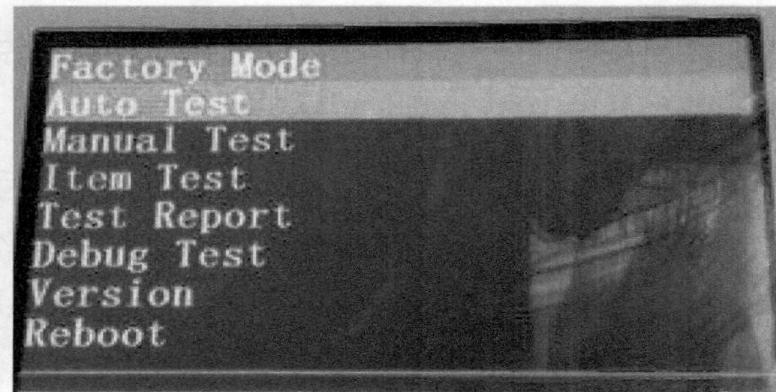

图6-64 工厂模式

同时与工厂模式一起出现在同一界面的一些项目中英文对照如下：

Factory Mode意思为工厂模式，手机的底层系统。

Auto Test意思为自动测试。

Manual Test意思为手工测试。

Item Test意思为项目（单项）测试。

Test Report意思为测试报告。

Debug Test意思为除错测试。

Version意思为版本信息。

Reboot意思为重新启动。

进入工厂模式的方法如下：

①有的手机进入工厂模式的方法为：把手机重启，重启后长按手机音量下键。

②有的手机进入工厂模式的方法为：让手机处于关机状态，同时长按手机音量下键与开机键。

③有的手机进入工厂模式的方法为：使用安卓辅助工具。

进入工厂模式后，许多是通过使用音量上下键来选择测试项目的。

6.9 解锁

6.9.1 解锁概述

三星、华为、HTC等部分手机root失败，有可能原因就是手机需要解锁。这里的锁就是指bootloader锁。

bootloader锁是手机厂商为了阻止用户获得手机的实际控制权，特设置的“通关密码”。

手机解锁后，变得跟新买的一样，也就是说手机后面下载安装的软件都会没了。因此，手机解锁前需要备份好需要的数据。

一些第三方固件没有得到充分测试，并且与需要解锁的手机兼容性不好，则会影响手机的稳定性，甚至对手机硬件造成损坏，导致手机无法启动、不能恢复、手机不能再使用等问题。另外，手机解锁后，可能存在软件漏洞，会使手机易受恶意软件攻击、个人隐私数据的外泄、后台发送定制收费服务、被其他人监控、部分功能在解锁后将失效、软件升级可能受到影响等。

有部分运营商定制的手机可能不支持解锁，这部分用户如果有解锁需求，则需要咨询运营商。

6.9.2 三星手机解锁

三星手机解锁软件CROM，支持三星A3/A5/A7/S6/S6等机型的解锁。注意：解锁后的手机将失去保修资格。CROM手机版的使用方法如下：

①下载好三星解锁工具CROM。

②将CROM解锁工具一键安装到手机上。

③然后联网运行解锁工具CROM服务，界面弹出“警告”后，确认后根据步骤操作即可，如图6-65所示。

图6-65 CROM服务

6.9.3 华为手机解锁

目前，华为手机申请解锁需要满足以下条件：

①用户必须申请开通华为云账号。

②用户必须在申请解锁的设备上登录华为云账号并使用超过两周。

③每个华为云账号半年内只能申请不超过5个设备解锁码。

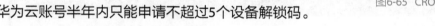

目前，华为手机申请解锁主要步骤如下：

第1步：首先登录华为官网，再申请解锁码。也就是根据提示进行登录，没有账号的需要先进行注册。可以在手机上的“华为服务”软件上，注册一个华为账号，并且登录。或者在电脑上注册与登录（如图6-66、图6-67所示）。

图6-66 注册

图6-67 登录

第2步：登录进去后右上角找到“解锁”按钮，如图6-68所示。然后出现解锁协议，并且勾选“我已阅读以上条款并接受所有内容”后，点击“下一步”按钮。然后，根据网站上的要求填写申请资料，如图6-69所示。

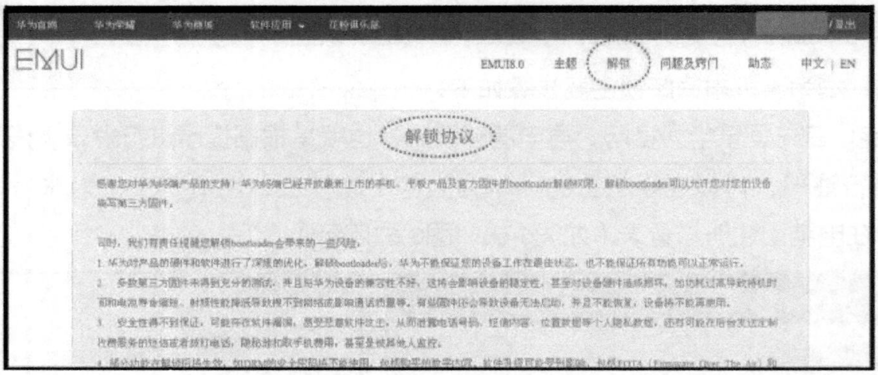

图6-68 找到“解锁”按钮

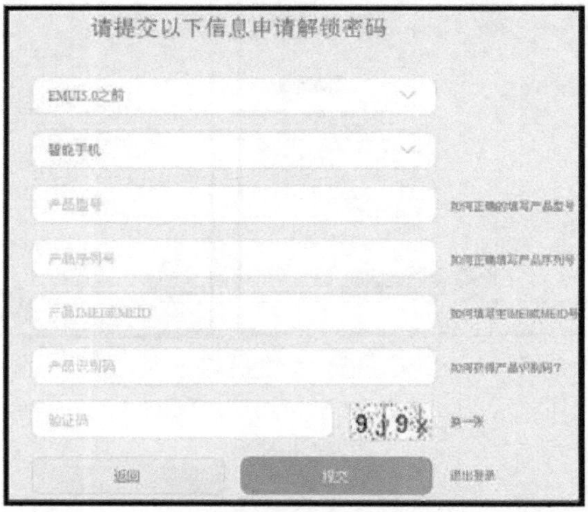

图6-69 填写申请资料

填写完成后点击提交，解锁码会发送到账号邮箱或者手机上。

第3步：解锁准备工作。

①在PC上正确安装手机驱动程序。

②在PC上安装adb工具包，例如安装到D:\adb_tools-2.0目录，确认目录中带有fastboot.exe文件。

第4步：解锁操作。

①手机进入fastboot模式：有的手机先将手机关机，再同时按下音量下键以及开机键，并且保持10s以上时间，就可以进入fastboot模式。

②连接手机和PC机：使用USB线连接手机与PC机，然后打开PC机的命令行窗口，进入adb安装目录，确认手机与PC连接正常。确认方法就是在命令行窗口输入fastboot devices，可以看到正常连接的信息。

③执行解锁命令：在PC机命令行窗口中输入fastboot oem unlock ****************，“*”号为16位解锁密码。

④等待手机解锁完成：输入解锁密码后，手机将会自动重启。如果输入密码正确，手机将会进入恢复出厂设置模式。恢复出厂设置完成后，手机会自动重启，进入待机界面，完成整个解锁操作。如果输入密码信息不正确，手机将提示出错信息，并进入待机界面。

⑤查询手机解锁是否成功：重复①、②步，然后在PC机的命令行窗口中输入fastboot oem get-bootinfo，将显示当前手机bootloader的状态信息。例如“Bootloader Lock State: LOCKED”，表示bootloader仍处于锁定状态，则需要重新进行解锁操作或者确认密码是否正确后再进行。如果显示“Bootloader Lock State: UNLOCKED”，表示手机已经解锁，可以进行刷机操作。

另外，据悉华为可能停止解锁码服务。

解锁成功后，如果希望将手机重新加锁，则可以根据以下步骤操作：

①首先，通过SD卡升级方式，将手机版本重新恢复为官方发布版本。

②然后，进入fastboot模式，在PC的命令行下输入命令fastboot oem relock ****************，“*”号为16位解锁密码。

③手机将会自动重启，bootloader转换为“RELOCKED”状态。

6.9.4 HTC手机解锁

目前HTC手机解锁主要步骤如下：

第1步：首先登录HTC手机官网https://www.htcdev.com/bootloader，再点击“Register”，进行注册，如图6-70所示。

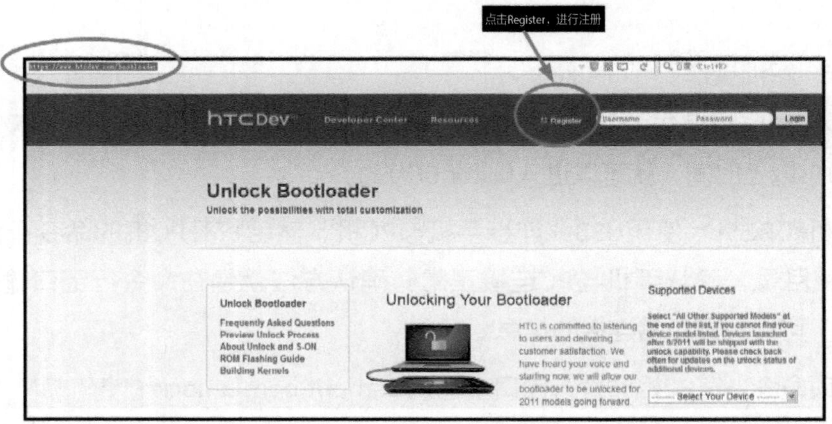

图6-70 点击Register进行注册

第2步：填写信息进行提交。使用常用邮箱注册完成后，再使用邮箱激活，如图6-71所示。

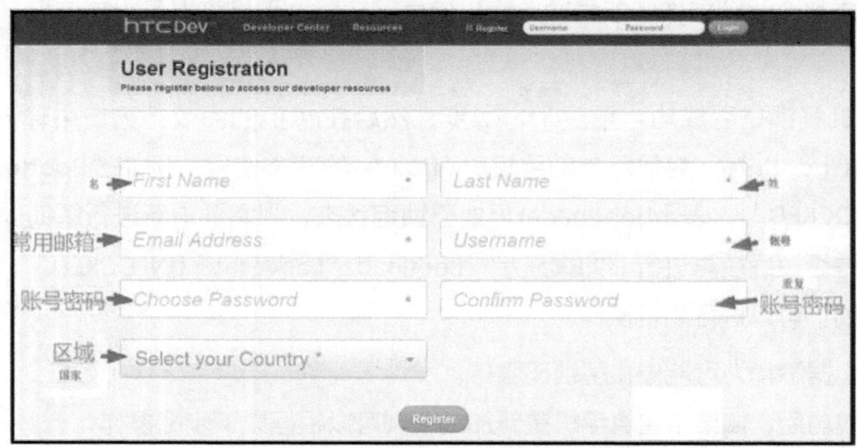

图6-71 填写信息

第3步：使用邮箱链接激活账号，并且返回到htcdev网站。利用刚才注册的账号、密码登录。

第4步：取出手机电池，再把电池安装不开机，再用数据线连接到电脑上。在电脑上进行fastboot驱动安装。如果电脑上已经有驱动，安装可跳过。

第5步：解锁工具unlock.rar的下载，也就是如图6-72所示文件的安装。需要记住这几个文件放置的位置，例如C:\HTC。

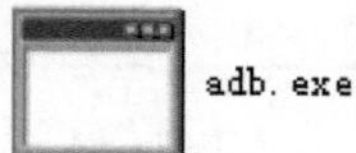

图6-72　文件的安装

第6步：然后在电脑端点击开始→运行→ CMD，以及在命令窗输入cd C:\ HTC，然后回车。

第7步：然后在命令窗输入fastboot oem get_identifier_token，并且回车。然后操作下一步，把界面中出现的密钥复制，并且Submit提交。密钥复制范围为从<<<< Identifier Token Start >>这一行开始，并且包括这一行，到<<<<< Identifier Token End >>>>>结束，并且包括这一行。

第8步：然后到登录注册的邮箱里，下载附件文件Unlock_code.bin，放入C:\ HTC文件夹里。

第9步：然后继续在CMD命令窗输入fastboot flash unlocktoken Unlock_code.bin，并且回车。

第10步：然后手机出现“Unlock bootloader?”画面。如果使用音量上键选择“YES”，再按电源键确认解锁。如果选择“NO”，则手机不修改进入重新启动。

有的机型，需要升级hboot版本，否则提示版本错误。具体可以进入http://www.htcdev.com/bootloader，选择对应机型（如图6-73所示），下载正确版本升级文件。然后使用数据线连接电脑，手机进入fastboot模式，运行下载的文件。

手机解锁后，第一排为粉色unlocked，第二排为s-on。如果需要加锁手机，手机在fastboot模式下，点击“重锁手机”即可。

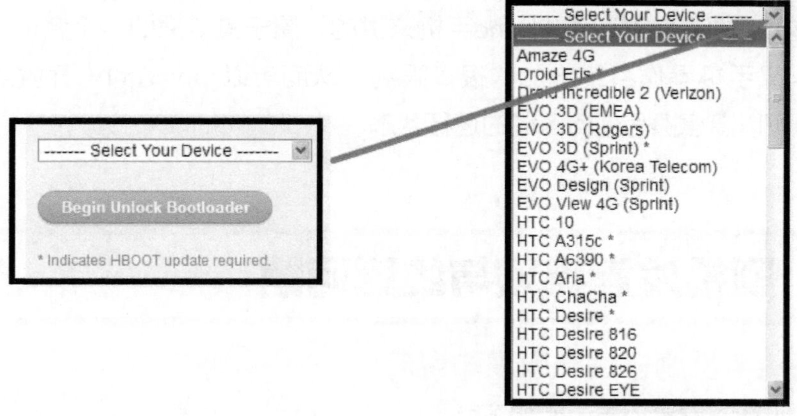

图6-73　选择对应机型

知识拓展

一些华为手机解锁命令：fastboot oem unlock ****************（***代表imei）；一些HTC手机解锁命令：fastboot flash unlocktoken unlock_code.bin（需事先申请解锁文件）。

6.10 双清与越狱

6.10.1 掌握wipe与双wipe

wipe意思为清除。一般而言wipe只是抹除ROM（只读存储器）以外的个人数据，不会影响ROM本身。

双wipe是指清除系统内存中的所有文件数据。一般在卡刷情况下使用。

进入双wipe的方法如下：

①首先进入recovery，等待出现启动画面时松开。

②当屏幕上出现安卓机器人图标与一个感叹号时，同时按下音量上键和电源键。

③出现菜单后，利用音量键控制，利用电源键确认。也就是依次选择两个开头英文为wipe的选项执行。

④执行完后，选择第一项重启机器（注意：该操作是将系统格式化，不要随意尝试）。

6.10.2 掌握手机越狱

手机越狱主要是针对苹果iPhone手机来讲的，属于其专属的一个名词。通过越狱，可以绕过苹果手机操作系统施加的很多限制，从而可以root访问（开放用户的操作权限），进而可以随意擦写任何区域的运行状态。

6.11 刷机注意事项与线刷问题

6.11.1 智能手机刷机注意事项与说明

刷机的一些注意事项与说明如下：

①刷机前，需要备份好个人的通信录等相关资料。

②网上下载手机刷机软件，种类多，注意甄选与备份。

③手机刷机最好在风险可控前提下进行。

④每种手机都有自己的刷机方法，各种刷机方法不尽相同。刷机前，最好了解该机的刷机教程。

⑤不是任何手机都可以自己维修刷机，有的需要手机商才能够刷机。

⑥不是任何手机问题都可以通过刷机来解决。

⑦刷机时，一般需要关闭一切杀毒软件与防火墙。

⑧刷机时，台式机的数据线最好连接稳定电压的插口，例如机箱背面的插口。

⑨刷机时，手机SIM卡与存储卡不一定要取出。

⑩手机只要能够与电脑连接，无论是白屏机还是砖块机，均有可能通过软件复活。

⑪刷机时，也可以采用普通数据线进行。但是，需要保证数据线稳定，能够传输数据。

⑫刷机时，不一定需要电池满电。但是，电池也要具备一定的电量。为此，保证刷机电量要求为最好，以免损坏手机。

⑬刷机时，检查手机是否安装好了驱动。

⑭有些手机需要解锁才能够刷机。

⑮各刷机包有差异，尽量用官方的ROM。

⑯刷机时，需要注意手机的型号、简称、别称、版本。也就是下载的刷机包需要与手机机型完全一样。

6.11.2 线刷问题与其解决方法

线刷造成的刷机失败、手机成砖等解决方法、拯救方法，以及常见线刷险情见表6-13。

表6-13 线刷问题与解决

问题	解决
fastboot出现Phone Code Sig error batter low	刷机失败的解决方法：将手机电池充满电后接着刷机
fastboot出现PHONE??CODE SIG??ERROR ERR: 35:02 或PHSIG 35:02	刷机失败的解决方法：可能是电压和接口不稳定引起的。或者需要先降boot等级，重新刷内核再刷机
电池电能不足或者突发情况刷了一半没有刷完	刷机失败的解决方法 ① 可以进入recovery重新刷一遍，或换其他方式刷机 ② 如果无法进入recovery，则可以下载官方的RSD线刷包和内核，进入fastboot重新刷入第三方recovery ③ 如果手机没有反应，无法开机，则可能是电池没电了，需要把电池充满电，或者更换电池。等电池满电后再进入fastboot进行刷机

续表

问题	解决
卡刷步骤全部完成，理论上刷机成功，但是开机白屏或停在静态图片上或者一直重启	刷机失败的解决方法 ① 可能是内存卡的原因，可以拔掉内存卡开机 ② 刷机时，没有双清引起的
启动RSD，model项显示S Flash Neptune LTE2而不显示手机的型号	刷机失败的解决方法：可能是USB驱动没有装好，可换其他驱动试试
使用RSD工具线刷。刷机过程没问题，但是后面RSD却显示please manually power up this phone	刷机失败的解决方法 ① 这是提示手动开机的意思，直接用手按开机键开机即可 ② 如果第一种方法没有解决问题，则可以重刷到最后出现please manually power up this phone后拿下电池。注意不要拔USB，不要关闭RSD，然后再装上电池，重新启动手机即可
手动能进fastboot (DOS)，但是连电脑没反应，或者无法连接	刷机失败的解决方法：可以打开RSD，拿下电池插上手机，接着按返回键加开机键（具体根据手机型号进入fastboot），同时装上电池。注意不要松开这三个键，持续3min直到连上电脑，并且线刷刷机工具上出现Code corrupt
刷的时候出现进度为3%、38%、89%等过程停止	刷机失败的解决方法：可能是电压问题或者是USB接口问题，一般情况用主板USB口或换根线再刷机
刷机过程中fastboot出现crigtal error 84	刷机失败的解决方法：重新刷机或替换线刷包

6.12 手机问题处理与故障维修

6.12.1 手机号码被锁定了怎么办

手机被锁了，首先需要根据手机提示来确定解决方法。也就是手机本身被锁，还是卡被锁。

如果是手机本身被锁了，则需要输入手机密码。

如果是卡被锁了，手机上一般会显示请输入PIN码或PUK码。一般PIN码初始值为1234。PUK码则印在买卡时镶嵌手机卡的卡片上（如图6-74所示），是8位数的数字，共有10次机会输入。如果输入超过10次后，则USIM卡会自动启动自毁程序，使USIM卡失效。USIM卡失效，则只有重新到营业厅补卡。

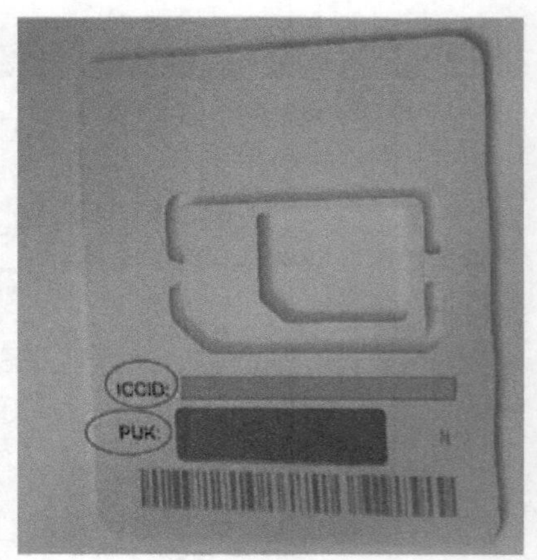

图6-74 手机卡卡片上的PUK码

知识拓展

PIN码一般由网络服务供应商提供。其可能是由一个4~8位的数字组成，也可以根据需要修改。该密码用于授权使用SIM卡的功能、信息。首次使用手机或启用要求提供PIN码时，则必须输入随UIM或SIM/USIM卡提供的PIN码。PIN码也就是保护SIM卡的个人识别码。PIN码出厂值有的为1234或0000。

PIN2密码用于授权使用SIM卡的一些特殊功能。在某些国家网络服务供应商不一定提供PIN2码。PIN2码也就是主要固定拨号与网络计费的密码。

PUK主要用于解开被锁定的SIM卡，即PUK是用于解锁PIN码的密码，一般由网络服务供应商提供。如果UIM或SIM/USIM卡被锁，常是因为PIN码多次输错所致。需要解锁，则需要输入网络服务供应商提供的PUK码。

PUK2码就是用于解锁PIN2码的密码。

6.12.2 忘记了OPPO R9的解锁图案该怎样处理

如果忘记了OPPO R9的解锁图案，则可以进入手机recovery模式，并且选择wipe data/factory reset恢复出厂设置。但是，注意该方法会清除手机用户信息。

6.12.3 手机屏幕闪故障的维修

手机屏幕闪故障的原因多，因此维修对策也不同：

①手机用久了屏幕感应静电，为此需要消除静电。

②充电时，存在纹波导致跳屏。

③可能是开启了“开发者选项”中的“显示屏幕更新”与“严格模式”，需要把这两个选项关闭等。

6.12.4 手机白屏故障的维修

手机白屏的一些原因如下：

①手机屏幕排线有问题或松动引起的。

②手机屏幕质量有问题引起的。

③手机系统有故障引起的，如果是苹果手机，则可使用iTunes软件恢复系统。

④软件的不兼容性引起的，可以通过卸载不兼容的软件来解决：将手机与电脑连接，用iTools等管理软件来卸载软件。

⑤运行内存不足引起的，可通过清理后台程序来解决。

⑥越狱问题引起的。

⑦手机中了病毒，导致手机白屏，则可以杀毒、刷机或者格式化手机。

⑧无意删除了C盘中的某个未知文件后引起的。

⑨手机格式化MMC卡时，直接把卡里的相片、资料拷到C盘，导致C盘存储不足引起的。

手机白屏的解决方法主要有强制关机、刷机、进行格式化。当遇到手机白屏，应首先看是否是简单的死机。如果是简单的死机，则重启即可。如果重启后依旧白屏，则可能需要进行刷机等处理。

6.12.5 手机死机、重启、定屏、不开机故障的维修

手机在使用过程中出现死机、重启、不开机现象，则可能是手机安装了第三方软件导致的故障，或者出现硬件问题。

遇到该故障，如果手机可以通过硬件复位键重新开机，则先进行设置菜单中的恢复出厂设置操作（注意备份资料）。如果手机不能开机，则可以进入recovery模式，选择wipe data/factory reset恢复出厂设置。如果手机问题依旧存在，则可以进行刷机，刷入新的系统。如果手机版本升级无效，则说明故障可能是硬件异常引起的。

PART 3

精通篇

07 精通术语与文件

7.1 术语

7.1.1 手机专业术语的解析

手机一些专业术语解析见表7-1。

表7-1 手机一些专业术语解析

名称	解析
2.5G	2.5G移动通信技术是从2G迈向3G的衔接性技术，由于3G在当时是个大工程，所牵扯的层面多且复杂，从2G迈向3G不可能一下就衔接得上，因此出现了介于2G和3G之间的2.5G。当时的HSCSD、WAP、EDGE、蓝牙（Bluetooth）、EPOC等技术都是 2.5G技术
3G	3G是英文 3rd Generation的缩写，指第三代移动通信技术。相对第一代模拟制式手机（1G）和第二代GSM、TDMA等数字手机（2G），第三代移动通信系统在室内、室外和行车的环境中能够分别支持至少2MB/s（兆字节每秒）、384KB/s（千字节每秒）以及144 KB/s的传输速度
4G	4G移动通信的一些特征如下 ① 4G演示网理论峰值传输速率可以达到下行100Mbit/s、上行50Mbit/s，也就是说4G移动通信比3G移动通信速度更快 ② 4G能够实现商业无线网络、局域网、蓝牙、广播、电视卫星通信的无缝衔接以及相互兼容 ③ 4G移动通信比3G移动通信网络频谱更宽，频率使用效率更高 ④ 4G移动通信可以多类型用户并存，多种业务相融
A/D转换电路	A/D转换电路也称为模拟数字转换器，简称模数转换器。A/D转换电路是将模拟量或连续变化的量进行量化（离散化），转换为相应的数字量的电路
A-GPS	A-GPS是一种结合了网络基站信息与GPS信息对移动台进行定位的一种技术
AMOLED	AMOLED较TFT LCD优势。AMOLED的特点是抗光性强、不容易反光、反应速度较快、对比度更高、视角较广等
Android	Android是一种基于Linux的自由与开放源代码的操作系统
CDMA	CDMA为Code Division Multiple Access的缩写，意为码分多址分组数据传输技术。CDMA被称为第2.5代移动通信技术
CDMA2000	CDMA2000为CDMA2000 1 × EV，其是一种3G移动通信标准
Cydia	苹果手机有没有越狱的标志就是Cydia
D/A转换电路	D/A转换电路也称为数字模拟转换器，简称为数模转换器。D/A转换电路是将数字量转换为其相应模拟量的电路

续表

名称	解析
DWI总线	DWI为Double Wire Interface的简称，其是应用处理器与电源管理芯片间的串行接口线、电源管理芯片的软件控制接口 DWI能够增强I2C控制与校正输出的电压等级、背光电压等级 DWI支持两种模式：直接传输模式、同步传输模式
EDGE	EDGE的英文全称为Enhanced Data rate for GSM Evolution，中文含义为改进数据率GSM服务，该技术主要在于能够使用宽带服务，能够让使用800MHz、900 MHz、1800 MHz、1900MHz频段的网络提供第三代移动通信网络的部分功能，并且能大大改进目前在GSM和TDMA/136 上提供的标准化服务
EMC	EMC为电池兼容性
fastboot定义	fastboot是比系统更底层的模式，fastboot是一种线刷模式。fastboot能够救砖、刷recovrey、官方解锁等
FDMA频分复用	FDMA整个传输频带被划分为若干个频率通道，每路信号占用一个频率通道进行传输。频率通道间留有防护频带以防相互干扰
Flash Memory	Flash Memory具有ROM不需电力维持资料的好处，又可以在需要时任意更改资料。常见的Flash Memory有TF卡、SD卡、CF卡等
FTA	FTA为Full Type Approval的缩写，意为全面型号认证
GPIO接口	GPIO为General Purpose Input Output的简称，意为通用输入/输出。GPIO能够提供额外的控制、监视功能。每个GPIO端口可通过软件分别配置成输入或输出，提供推挽式输出或漏极开路输出
GPRS	GPRS为General Packet Radio Service的缩写，中文含义为整合封包无线服务，它是利用“分封交换”的概念所发展出的一套无线传输方式，是在现有的GSM系统上发展出来的一种新的分组数据承载业务
GPS	GPS是Global Positioning System（全球定位系统）的简称，在手机上分为GPS、A-GPS
GSM	GSM为全球移动通信的意思，其英文为Global System For Mobile Communication。GSM是1992年欧洲标准化委员会统一推出的标准，其采用的是数字通信技术，统一的网络标准
HSCSD	HSCSD（高速电路交换数据服务）是GSM网络的升级版本，HSCSD（High Speed Circuit Switched Data）能够透过多重时分同时进行传输，而不是只有单一时分而已，因此能够将传输速度大幅提升到平常的2～3倍
I/Q调制	I/Q调制电路是数字手机独有的一种电路。I/Q调制电路的作用是把I/Q信号调制在发射中频载波上。发射中频载波，一般有一个专门的电路提供，来自IFVCO、VHFVCO电路。另外，I/Q调制电路输出的信号，也称为已调发射中频信号
I2C	I2C为Inter-Integrated Circuit的简称，即I2C总线
IPL	IPL全称为Initial Program Loader，中文意为首次装载系统。IPL负责主板、电源、硬件初始化程序，并且把SPL装入RAM
Java	Java是由Sun Microsystems公司于1995年5月推出的。Java是Java程序设计语言与Java平台的总称

续表

名称	解析
LCDM	LCDM意为LCD模组
OLED	OLED为Organic Light Emitting Display的缩写，即有机发光显示器
PCB	PCB为印制电路板
PHS	PHS中文名为低功率移动电话。英文名全称为Personal Handy-phone System。PHS系统是日本自行研发的数字式无线电话系统
RADIO	RADIO为无线电通信，其负责PPC作为手机功能的通信功能方面，包括它的电话与上网功能。RADIO硬件模块已经在手机出厂时已经内置，刷入的是作为软件应用层面的
RAM	RAM是Random Access Memory的缩写，全名为随机存储记忆体。RAM在任何时候都可以读写，RAM通常作为操作系统或其他正在运行程序的临时存储介质，也可称为系统内存
ROM	ROM简称刷机包（手机系统），也称为固件。ROM有官方ROM、第三方ROM。官方ROM是指手机厂商的系统；第三方ROM是指民间人士制作的ROM包
ROM（Read Only Memory）	ROM是Read Only Memory的缩写，全名为只读记忆体。ROM数据不能随意更新，但是在任何时候都可以读取。ROM常在嵌入式系统中担任存放作业系统的用途
SCDMA	SCDMA是同步码分多址的无线接入技术
SHSH	SHSH的全称是ECID SHSH或者SHSH Blob或者ECIDSHSHBlob。ECID，是Exclusive Chip ID缩写。每台iPhone/iPod/iPad都根据自己的芯片有一个唯一的识别码，SHSH就是根据每台机器的ECID和当前最新版本经过复杂运算而得出的一个签名文件
SMT	SMT为贴片的意思
SPL（Second Program Loader）	SPL全称为Second Program Loader，中文为第二次装系统，也就是负责装载OS操作系统到RAM中
STN	STN全称为Color Super Twisted Nematic，其又称为超扭曲向列型液晶显示屏幕
TD-CDMA	TD-CDMA标准是由中国独自制定的3G标准
TDMA	TDMA把时间分割成小的时间片，每个时间片分为若干个时隙，每路数据占用一个时隙进行传输
TFD	TFD全称为Thin Film Diode，其又称为薄膜二极管半透式液晶显示屏
TFT	TFT全称为Thin Film Transistor，即薄膜晶体管屏幕，其是彩屏手机中采用的一种屏幕。TFT也称为“真彩”屏幕
Toolings	Toolings为加工开模的意思
UFB LCD	UFB LCD是三星公司发布的一款手机用新型液晶显示器件，具有超薄、高亮度等特点
VCO振荡器	VCO振荡器是在振荡电路中采用压控元件作为频率控制器件的一种振荡器。VCO就是压控振荡器的简称

续表

名称	解析
WAP（无线应用通信协议）	WAP全称为Wireless Application Protocol，其是移动通信与互联网结合的第一阶段性产物。该项技术可以让使用者用手机之类的无线装置上网，透过小型屏幕遨游各网站之间。但是这些网站必须以WML（无线标记语言）编写，也就是相当于国际互联网上的HTML（超文件标记语言）
W-CDMA	W-CDMA全称为WidebandCDMA，也称为CDMADirectSpread。W-CDMA意思为宽频分码多重存取
WLAN(Wi-Fi/WAPI)	WLAN(Wi-Fi/WAPI)是一种可以将个人电脑、手机等终端以无线方式互相连接的一种技术。WLAN即为无线局域网
WPAN	WPAN为无线个人域网
XIP（Execute In Place）	XIP（Execute In Place）中文意思为立即执行。XIP所起到的作用是让操作系统内核直接在Flash中运行，不需要拷贝到RAM
倍频	倍频是把频率较低的信号变为频率较高的信号的一种方法。倍频通常利用非线性电路从基波中产生一系列谐波，然后通过带通滤波器选择出所需倍数的谐波，从而实现倍频
编码	编码是在发送端，为达到预定的目的，将原始信号根据一定规则进行处理的过程
带宽	带宽就是指通信信道的宽度，是信道频率上界与下界之间的差。带宽也是介质传输能力的度量，其在传统的通信工程中通常以赫兹（Hz）为计量单位
底包	底包就是官方原版的系统，也就是最基础的包。手机刷机用到的基本上是ROM，往往是补丁。底包一般只需要刷一次，ROM包可以根据需要进行刷机
第二代(2G)移动通信	2G采用的是数字通信调制技术，大多采用TDMA多址接入方式。2G主要业务为数字话音、少量数据信息。2G，我国于1995年引进并开通使用
第三代（3G）移动通信	3G是将无线通信与国际互联网等多媒体通信结合的新一代移动通信系统。有的3G采用宽带码分多址技术
第三方recovery	第三方recovery是民间人士编译开发的，具有选项多、功能强大等特点
第一代(1G)移动通信	1G采用的是模拟通信调制技术和频分复用方式。1G只能够传输语音流量，以及受网络容量的限制。我国于2001年12月31日关闭模拟蜂窝网系统
电容三点式振荡器（也叫考兹振荡器）	电容三点式振荡器是自励振荡器的一种。其一般是由串联电容、电感回路、正反馈放大器等组成的。电容三点式振荡器是因振荡回路两串联电容的三个端点与振荡管三个引脚分别相接而得名的
调谐	调谐是指改变振荡回路的电抗参量，使之与外加信号频率起谐振的过程
调制	调制就是将音频信号附加到高频振荡波上，用音频信号来控制高频振荡的参数。根据载波受调制参数的不同，调制分为以下几种基本方式：振幅调制、频率调制、相位调制、组合调制方式 三种基本的模拟调制方法：AM调幅、FM调频、PM调相 三种基本的数字调制方法：ASK幅移键控、FSK频移键控、PSK相移键控 ASK：用载波的两个不同振幅表示0和1 FSK：用载波的两个不同频率表示0和1 PSK：用载波的起始相位的变化表示0 和1

续表

名称	解析
定屏	定屏就是屏幕定住不动的操作。刷机中的定屏现象主要是指手机正常情况下开机后随着系统的加载，开机屏幕会逐步跳过直到出现调整的界面。但是因ROM出现错误等情况，导致新ROM刷入后开机屏幕跳不过去了，手机屏幕定格在那不动了，无法进入系统，导致刷机失败
多路复用技术	多路复用技术就是多个信息源共享一个公共信道的方式
发射变换	发射变换一般是由鉴相器、混频器等组成的。其主要作用是对发射已调中频信号进行处理，转换成一个包含发送信息的脉动直流信号 发射变换的工作原理为：TXI/Q调制信号被送到鉴相器（PD），RXVCO信号与TXVCO信号混频后得到的发射参考中频信号也送到鉴相器PD中。两个信号在PD中进行比较，从而得到一个包含发送数据的脉动直流信号 PD输出的直流电压信号到TXVCO电路，控制TXVCO电路输出信号的频率
发射话音拾取	发射话音拾取是一个音频电路。其将送话器转换得到的模拟话音电信号进行放大，得到适合于通信的话音信号
反相	反相是指两个相同频率的交流电的相位差等于180°或180°的奇数倍的相位关系
分频	分频是把频率较高的信号变为频率较低的信号的方法
功率放大器	功率放大器一般用PA来表示。功率放大器的作用主要是对最终发射信号进行功率放大，以使发射信号有足够的功率经天线辐射出去 前级输出的最终发射信号，基本可达到－5dB以上，但都不足以进行远距离传输。需要进行远距离传输，必须使最终发射信号加大功率，才能够通过天线辐射出去
功率控制器	功率控制器主要作用是对功率放大器的功率放大等级进行调节控制，从而保证发射电路的正常工作
固件	iPhone固件就是iPhone的手机系统
官方recovery	官方recovery是指手机厂商系统自带的recovery，一般具有功能、选项较少等特点
官方解锁	官方解锁的目的一般是刷机或是刷入recovery、root手机等。部分手机在出厂时bootloader（简称BL)为锁定状态，如需刷机、刷recovery时需把bootloader锁解开才能够操作
呼叫保持	正在通话的移动用户，可以暂时中断原来的电话，而打出新的电话，同时与原来的电话保持联系。当需要恢复原来的通话时，则使新打出的电话处于保持状态，再继续与原来的通话方通话
呼叫等待	当移动电话用户正在进行通话时，又有另外的呼叫信号进入手机，这时发起新呼叫的一方被置于等待，待原通话结束后再将新呼叫接入
呼叫转移	呼叫转移又叫呼入转移，是手机运营商提供的一项服务功能。如果用户的电话无法接听或不愿接听，可以将来电转移到其他电话号码上，其中包括无条件转移所有来电、有条件转移来电、转移分类

续表

名称	解析
环路滤波器	环路滤波器是具有以下两种作用的低通滤波器：在鉴相器的输出端衰减高频误差分量，从而提高抗干扰性能；在环路跳出锁定状态时，提高环路以短期存储，以及迅速恢复信号
恢复	手机软件维修提到的恢复，一般指的是刷机
恢复模式	iPhone恢复系统的模式就是iPhone手机界面出现一个插头与iTunes标志 进入恢复模式：关机→手机插数据线连接电脑→开机，一直按住Home键，直到进入恢复模式
混频	混频是通过非线性器件将两个不同频率的电振荡变成新的频率的一种电振荡过程
基波	基波又称为一次谐波。其是指非简谐周期性振荡所含的与该周期对应的波长或频率分量
基带(baseband)	基带其实就是手机里起到调制解调功能的一个电路，但是对于越狱刷机而言，需要注意基带的查看方法：设置→通用→关于本机→调制解调器固件，并且基带只能升级不能降级。因此，有锁版的手机在升级时需要谨慎
激活	新手机的激活与系统重新刷机的激活不是一回事。iPhone首次开机后从开机到进入iOS系统桌面的过程就是新机的激活。iPhone的保修时间也是从新机激活这一天开始计算。系统刷机后的激活与保修无关，也与手机新旧无关
假死	假死又称为睡死，属于非真正的死机现象。假死现象是指手机表面上运行正常，但是后台的部分应用程序不能被激发的一种现象
解调	从已调波中取出音频调制信号的过程称为解调。解调与调制的过程是相反的
解决方案	手机解决方案就是以某些芯片为主体进行主机板的开发设计
解码	解码是指接收端用与编码相反的程序，将脉码调制信号转变为脉幅调制信号的过程。解码的主要设备由一些逻辑电路与恒流源等组成
卡刷	卡刷一般指将固件或者升级包拷贝到手机SD卡中进行刷机、升级的操作，recovery模式刷机属于卡刷的一种刷机方法
卡贴	一层贴在SIM卡表面的电路膜
抗干扰、抗衰落技术	GSM系统采用循环冗余码对话音数据进行保护，以提高检错和纠错的能力（即信道编码技术）。将一个语音帧内的456bit数据分散到相邻的8个时分多址TDMA帧中，这样即便丢失一个时分多址TDMA帧也可以通过信道编码将其恢复
蓝牙	蓝牙(BlueTooth)是一种支持设备短距离通信（一般10m内）的无线电技术。蓝牙能在包括移动电话、PDA、无线耳机、笔记本电脑、相关外设等设备间进行无线信息交换
滤波	滤波是只传输信号中所需要的频谱而滤除其他频谱的一种频率选择技术。滤波基本形式是利用电感器、电容器的频率电抗特性，将电感、电容适当组合在电路中，组成滤波网络完成频率选择。实际的电感电容网络还可进行频带的传输、抑制。另外，也可以应用压电晶体、压电陶瓷、机械振子等组成的谐振滤波器，以及各种有源滤波器

续表

名称	解析
逻辑控制电路	逻辑控制电路包含了几乎所有的内部及外围电路的工作状态控制、主要信息数据的收集处理等功能，例如包括预设键盘、LCD接口控制、LCD接口数据传输、工程调试接口UART接口无线局域网控制、无线局域网数据处理、USB数据管理、TP数据控制与处理、PWM脉宽调制输出、外设多媒体存储设备管理、自定义GPIO接口可编程控制等
频偏	频偏是频率偏移的简称。其是指调频波的瞬时频率对于载波频率的最大偏移量
三色屏	三色屏是因该模式下屏幕上呈现三种色彩而得名。三色屏模式最直接的作用是用于查看机器IPL值、SPL值，以识别手机是否成功解锁。三色屏模式间接作用是在模式下可以进行刷机操作
射频电源管理电路	射频电源管理电路主要用来为射频电路中的元器件提供工作电压
射频功率放大器	射频功率放大器主要用来放大待发射的信号
射频天线	射频天线主要用来接收、发送射频信号。其主要由能辐射、感应电磁能的金属导体制成
射频信号处理芯片	射频信号处理芯片主要用来处理射频信号，以及将接收来的射频信号进行混频、解调处理。发生信号时，将发送的数据信号变成射频信号，并且发送给射频功率放大器处理
失谐	失谐又叫作失调，其是指某个谐振系统的固有频率与作用于该系统的外部频率的偏差
手机	手机（MobilePhone），又称移动电话，其是通过卫星传递信号的一种通信设备
手机魔卡	手机魔卡是指一卡双号、一卡多号，也就是不需改变手机的任何部件，插上手机魔卡即可享受一机多号带来的服务
数字语音处理电路	数字语音处理电路是一种数字电路。数字语音处理电路首先将发射音频拾取电路输出的模拟话音信号经A/D转换，得到数字式的话音信号，再经信源编码、分间插入、信道编码等处理，得到发射基带信号TXI/Q。 TXI/Q信号是一个包含各种数字信息的模拟信号。GSM手机、CDMA手机中都有I/Q信号。其中，GSM手机的I/Q信号的频率为67.707kHz，CDMA的I/Q信号频率为615kHz。数字语音电路产生的TXI/Q信号被送到发射射频电路中的I/Q调制电路
刷RADIO	刷RADIO也就是刷入新的RADIO模块的应用软件。当基站有所升级、其频段有所调整时，新RADIO的刷入就很有必要了
刷ROM	刷ROM也就是将新的ROM刷入。ROM部分包含IPL、SPL、OS、EXTROM、RADIO、STORAGE等。目前，刷入ROM绝大多数只包含OS部分
刷机	刷机就是为手机安装操作系统或是升级系统
双模手机	双模手机就是同时支持两种制式的手机
锁相环（PLL）	锁相环（PLL）是一种实现相位自动锁定的控制系统。它一般由鉴相器、环路滤波器、压控振荡器等部件组成

续表

名称	解析
通话时间	通话时间是指电池在手机通话状态下的连续使用时间，与待机时间一样，通话时间也是厂商给出的一个试验值，同样受诸多外界因素的影响。一般情况下手机在连续通话时的耗电量大约是待机时的20倍，因而手机电池的连续通话时间大约是待机时间的1/20
同相	同相是指两个相同频率的交流电的相位差等于零或180° 的偶数倍的相位关系
陀螺仪	陀螺仪一般由高速旋转的三轴物体测量旋转时的角速度，经手机中的处理器对角速度积分后就得到了手机在某一段时间内旋转的角度。陀螺仪能够在失衡的状态下感测到整个立体空间的方向
微分电路	微分电路输出电压与输入电压成微分关系的电路，其一般由电阻、电容组成
线刷	线刷一般是指官方所采取的刷机、升级方式，主要用来刷官方固件。fastboot模式刷机大都属于线刷的刷机方法，也就是使用USB数据线连接手机直接把系统写入到手机上
谐波	谐波是指频率为基波频率*n*倍的正弦波，连同基波一起都是非简谐周期性振荡的频谱分量
信道	信道是指通信系统中传输信息的媒体或通道
移动通信	移动通信就是指通信双方至少有一方处于运动状态中进行的信息交换。移动体与固定点间、移动体相互间信息的交换都可以称为移动通信
硬启	硬启与重启一样均需要重新启动手机。手机硬启将会丢失所有ROM与RAM中的数据。重启只会丢失RAM数据。硬启后系统会自动还原为初始状态，所有的设定要重新来做，所有的资料需要重新拷贝进去。硬启的原理是利用手机自身进行格式化
永久解锁	永久解锁又称为SuperCID。如果该种破解操作失败，原机系统将不会受到较大损伤，就算造成损伤也容易被修复
有锁机/无锁机（locked/unlocked）	有锁机就是有运营商锁的手机。无锁机就是没有网络方面的限制的手机
语音的编译码技术	GSM系统采用带有长期限的规则脉冲激励线性预测编译码方案，将话音划分为20ms一帧的话音块进行编码，产生260bit的话音帧来确保语音质量，提高频谱利用率
越狱（Jailbreak）	越狱简单理解，就是安卓的“root”。其是通过寻找系统漏洞来破解获取系统最高权限从而对系统可以做更进一步的修改
振荡回路	振荡回路是指由集成总参数或分布参数的电抗元件组成的一种回路
振荡器	振荡器是一种能够将直流电转换为具有一定频率交流电信号输出的电路组合
正交	正交是指相位差为90° 的两个相同频率的交流电间的相位关系
主芯片	主芯片一般是指手机的处理器芯片
砖头	砖头也称为砖。在手机维修行业中提到的手机变为砖头，只是形象的叫法。手机变为砖头，可能有救，也可能无救。手机变为砖头，可能是刷机导致的，也可能是硬件问题引起的

续表

名称	解析
阻抗	阻抗是指在含有电阻、电感、电容的电路里，对交流电所起的阻碍
最小移频键控（GMSK）	最小移频键控是一种使调制后的频谱主瓣窄、旁瓣衰落快，从而满足GSM系统要求的信道宽度为200kHz的要求，节省频率资源的调制技术

7.1.2 5G有关术语的解析

5G有关术语见表7-2。

表7-2 5G有关术语

名称	解析
3GPP	3GPP全称为3rd Generation Partnership Project，其是一个国际性通信组织。3GPP成员包括四类：组织会员、市场代表、观察员、特邀嘉宾。组织会员包括ARIB（日本电波产业协会）、ATIS（美国电信行业解决方案联盟）、CCSA（中国通信标准化协会）、ETSI（欧洲电信标准化协会）、TSDSI（印度电信标准开发协会）、T TA（韩国电信技术协会）、T TC（日本电信技术委员会）。市场代表包括4G Americas、5GAA、GSM Association等成员。观察员包括ISACC等成员。特邀嘉宾包括CITC、Netgear等成员
5G网络	5G网络是指第五代移动通信技术，其属于4G网络的升级版。在3G、4G、5G网络等术语中，G是英文单词generation（第×代）的缩写。对手机用户而言，5G网络相比4G网络最大的区别就是速度快。4G网络最大网速峰值可以达到1G bit/s的上网速率，5G网络最大网速峰值可以达到10G bit/s甚至更高。5G手机不仅需要手机芯片支持5G网络，还需要运营商布局5G网络基站
eMMB	ITU（国际电信联盟）把5G网络分为三大类，第一类是eMMB，第二类是URLLC，第三类是MMTC。 其中，eMMB全称为enhanced Mobile Broadband，意思为增强移动宽带。eMMB是专门为手机等移动设备服务的5G网络
IMT-2020	IMT-2020是5G的法定命名，是在2012年世界无线通信大会由ITU（国际电信联盟）确定的。也就是说，IMT-2020只是5G的别名
LDPC	LDPC全称为Low Density Parity Check Code，意思为低密度奇偶校验码。LDPC是一种线性误差校正码，其能高效、精细、可靠地检测出设备间传送的数据是否正确，是否缺失
MIMO	MIMO全称为multiple input，multiple output，意思为多输入、多输出。MIMO考虑将更多的天线安装在手机里以提供更快的网络
MMTC	MMTC全称为Massive Machine Type Communications，意思为海量机械通信。MMTC是物联网与万物互联场景中将被使用的网络类型。MMTC的长处是让大量相邻设备同时享受顺畅的通信连接
NR（新空口）	NR代表新无线电（New Radio）。设备与基站间的沟通是无线的，沟通媒介是在空气中传播的无线电。新空口（NR）就是新型的空气中无线传播数据的接口

续表

名称	解析
Polar Code	Polar Code意思为极化码。极化码是一种线性块错误校正码，其作用是保证数据传输的正确性、完整性
QAM	QAM（正交振幅调制）允许流量以不同于载体聚合或MIMO的方式快速移动
Sub-6GHz	以更低的频率接受光谱，或者任何低于6GHz的技术，这样可以用已有的频谱来实现5G网络
URLLC	URLLC全称为Ultra Reliable Low Latency Communications，意思为极可靠低延迟通信。该种网络主要将被应用于工业用途与自动驾驶车辆
波束赋形原理	波束赋形原理英文为Beam forming。波束赋形原理是一种向特定方向引导5G信号的方法，潜在地提供了特定连接
毫米波	毫米波（millimeter wave）是一种频率为30~300 GHz的电磁波，频段位于微波与红外波间。应用到5G技术的毫米波为24~100 GHz的频段。毫米波的极高频率具有极快的传输速率。同时其较高带宽，也让运营商的频段选择更广
千兆级LTE	千兆级LTE（Gigabit LTE）指的是在现有LTE网络上实现通信速度更快的新型LTE网络。建设千兆级LTE网络为5G提供了必要的支持
网络切片	网络切片（Network slicing）可以划分出单个光谱，为特定的设备提供连接支持
未授权频谱	未授权频谱英文为Unlicensed spectrum。蜂窝网络均依赖于所谓的许可频谱，有些是自己拥有的，有些是从政府购买的。到了5G，意识到没有足够的频谱。因此，运营商正在转向无授权的频谱，类似于Wi-Fi网络所使用的免费无线电波
载波聚合	无线运营商可以使用不同波段的无线电频率，并且将它们绑定在一起（载波聚合Carrier aggregation），这样就可以选择最快且最不拥挤的那个频率连接

7.2 手机盘符与文件

7.2.1 手机常见盘符的解析

手机常见一些盘符详解如下：

C盘表示手机本身的用户存储。

D盘表示虚拟盘，使用空闲运行内存虚拟的缓冲盘。

E盘表示存储卡。

Z盘表示手机的系统ROM只读盘。

7.2.2 电脑查看手机文件的方法

用USB数据线把手机与电脑连接起来，手机设置为U盘模式，则电脑已经有该手机驱动程序，会在我的电脑里以可移动磁盘出现，如图7-1所示。如果电脑里没有该手机驱动程序，则需要安装。然后双击该可移动磁盘，即可打开该盘，看到其包含的文件，如图7-2所示。

7.2.3 手机常见基础文件夹的解析

手机常见的基础文件夹见表7-3。

表7-3 手机常见的基础文件夹

文件夹	解析
C\E: Data\	存放的是安装软件程序的文件夹＋安装软件程序的配置存放文件夹
C\E:Images\	图像、图片存储文件夹
C\E:Installs\	存放安装文件文件夹
C\E:Sounds\	声音片段，包含两个子文件夹
C\E:System\	是手机安装文件的系统文件夹
C\E:System\Apps\	存放的是安装软件程序的文件夹
C\E:Videos\	视频片段，视频文件存储文件夹

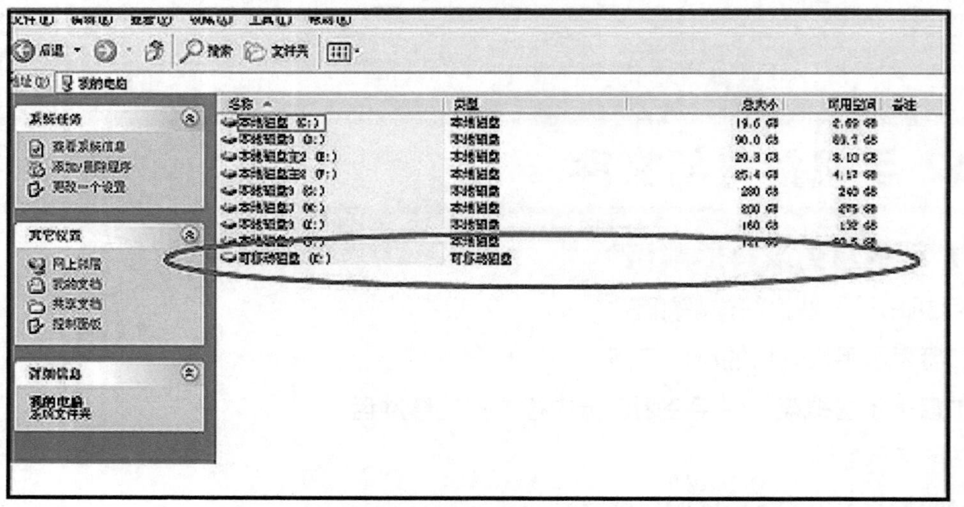

图7-1 手机在电脑里以可移动磁盘出现

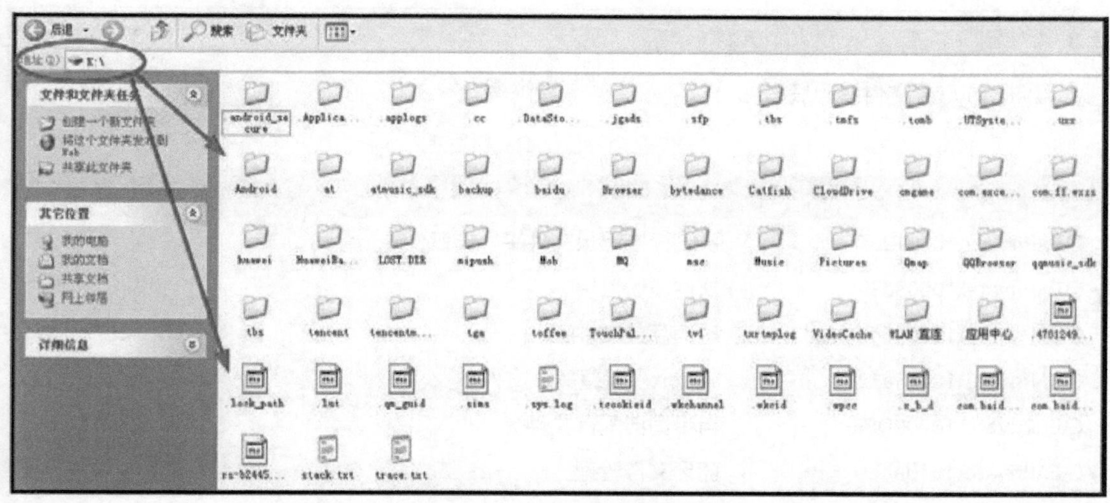

图7-2 包含的文件

7.2.4 手机常见文件夹的解析

手机常见文件夹解析见表7-4。

表7-4 手机常见文件夹解析

文件夹	解析
Images	照片图片存放位置
Installs	存放安装文件
Music Downloads	机子自带浏览器下载音乐后，都存在这里
MyMusic	音乐模式下歌存在这里
Private\10003a3f\import\apps	应用程序资源，rsc文件
Private\1000484b\Mail2	短信存放文件夹，对于从第二版拷贝过来的信息，在重启后就会不见，原因不明
Private\101f9cfe	字典
Private\10202dce	安装文件的备份，有些程序删除后在程序管理里有残余，在这删除
Private\102033E6\MIDlets	Java程序存放文件夹
Private\10207114\import	卡上主题存放文件夹
Resource\apps	程序文字资源存在这里，大多是rsc文件
Resource\help	程序自带帮助文件存放在这里
Sounds	铃声存放文件夹
Videos	动画存放文件夹

7.2.5 手机Private文件夹的解析

手机Private文件夹见表7-5。

表7-5 手机Private文件夹

文件夹	解析
C\E:\Private\100012a5	系统存档记录文件夹，安装记录
C\E:\Private\10003a3f	软件注册信息
C\E:\Private\1000484b\Mail2	短信存放文件夹
C\E:\Private\10005a32	import一般是关联文件
C\E:\Private\10009D8F	自带词典配置文件
C\E:\Private\101daa2b	蓝牙文件管理
C\E:\Private\101f8857	浏览器缓存
C\E:\Private\101f9cfe	字典
C\E:\Private\101ffa91	自带的图片编辑器的配置文件
C\E:\Private\101ffca9	音乐库刷新
C\E:\Private\10202dce	安装文件的备份，有些程序删除后在程序管理里有残余，在这删除
C\E:\Private\102033E6	Java程序安装目录
C\E:\Private\102033E6\MIDlets	Java程序存放文件夹，该文件夹里存放的是Java安装程序
C\E:\Private\10207114\import	主题存放文件夹
C\E:\Private\102072c3	自带音乐播放器的扫描记录
C\E:\Private\1020e519	软件冲突导致死机记录
C\E:\Private\10281e17	与音乐库相关
C\E:\Private\20003b40	发声词典的发声库
C\E:\Private\20004ebb	掌中任务
C\E:\Private\2000afc7	街舞时尚游戏
C\E:\Private\2000CEA3	谷歌地图
C\E:\Private\2001F848 UC	与浏览器相关
C\E:\Private\2002AD70	网易掌中邮
C\E:\Private\A0000EC3	卡丁车游戏
C\E:\Private\a0001806-	来电通
C\E:\Private\A00045D4	超级截图
C\E:\Private\A000998F-UC	浏览器
C\E:\Private\a000b86a	图片浏览PhotoBook
C\E:\Private\E6742CF3	IBOOK

续表

文件夹	解析
C\E:\Private\EDABB99B	主题元素Orange_oratsu
C\E:\Private\EF27B0F5	sis编辑器
C\E:\Private\f0bcd003	系统守护

7.2.6 手机system系统文件夹的解析

手机system系统文件夹见表7-6。

表7-6 手机system系统文件夹

文件夹	解析
C:\system\Apps\AppInst\Appinst.ini	该文件用来记录安装软件的信息，随着软件安装的增多而增大
C:\system\Apps\PhotoAlbum\PhotoAlbum.ini	图片浏览器的初始化文件
C:\system\Apps\profileApp\dbProfile.db	手机的数据库文件，用来记录安装软件的信息，随着软件安装的增多而增大
C:\system\Apps\SystemExplorer	该文件夹就是SeleQ软件的安装文件夹
C:\system\bootdata\	手机导入数据文件夹
C:\system\Data	该文件夹记录程序初始化或运行时的数据
C:\system\Data\Applications.dat	程序数据记录
C:\system\Data\backgroundimage.mbm	保存在系统中的墙纸图片文件
C:\system\Data\Bookmarks.db	书签数据文件，用来记录WAP地址
C:\system\Data\CACerts.dat	安装各种软件的证书文件
C:\system\Data\Calcsoft	自带的计算器
C:\system\Data\Calendar	手机自带的日历
C:\system\Data\cbs	该文件夹下有两个dat文件，其中cbs0.dat的大小不变，为71bit
C:\system\Data\CLOCKAPP.dat	时钟设定存档文件
C:\system\Data\CntModel.ini	电话本初始化文件
C:\system\Data\Contacts.cdb	电话本数据文件，随着电话本记录的增多而增大
C:\system\Data\Logdbu.dat	手机的通信数据文件，包括来电、去电、通话时间、GPRS流量等
C:\system\Data\medialPlayer.dat	多媒体播放器RealOne播放机
C:\system\Data\mms_seting.Dat	彩信设置
C:\system\Data\Notepad.dat	记事本
C:\system\Data\saveddecks	该文件夹默认为空，作用与手机服务商的网络有关
C:\system\Data\smsreast.datsmssegst.dat	手机的短信设定存档文件

续表

文件夹	解析
C:\system\Data\Template.n01	手机短信模版文件
C:\system\Data\UnitConverter.int	手机自带的单位转换器初始化文件
C:\system\Data\VoCoSModelData.db	和媒体声音有关的数据文件
C:\system\Data\wapreast.datWAP	设定存档文件，初始化大小为59bit
C:\system\Data\wapstore	该文件夹主要用来存储用WAP上网时的一些设定和网页缓存
C:\System\Date\AHLE	互联网
C:\System\Date\music.db	音乐播放器
C:\system\favourites	收藏夹，初始化为空
C:\system\favourites\xx.lnk	快捷键增加的文件位置及名称
C:\system\install\	文件夹中还会有安装的软件的sis记录文件
C:\system\install\install.log	在手机中安装软件的日志文件
C:\System\libs	软件连接文件和库文件
C:\system\Mail	短信息存储文件夹
C:\System\MIDletsJAVA	程序文件
C:\system\Mtm\	信息设置目录
C:\System\recogs	存放关联方式文件的目录
C:\system\Schedules\Schedules.dat	待办事宜数据文件
C:\system\Shareddata	手机功能设定文件，包括手机设备设置、通话设置、连接设置、时间设置、网络设置等
C:\System\System.ini	系统初始化配置文件
C:\System\Temp\	存储临时文件的文件夹，初始化为空
C:\Sytstem\Backup.xml	备份数据

7.3 Android手机与苹果手机文件

7.3.1 Android手机文件的解析

一些Android手机文件的解析见表7-7。

表7-7 一些Android手机文件的解析

名称	解析
app	存放的是Android系统自带的Java应用程序
bin	存放用户常用的工具程序

续表

名称	解析
build.prop	是一个属性文件，在Android系统中.prop文件很重要，记录了系统的设置和改变
cache	缓存临时文件夹
data	存放用户安装的软件、各种数据
default.prop	默认配置文件
dev	设备节点文件的存放地
etc	配置文件存放目录
etc	存放了系统中几乎所有的配置文件
fonts	字体库文件的存放目录
framework	是Java平台的一些核心文件，属于Java平台系统框架文件。里面的文件都是.jar和.odex文件
init	系统启动到文件系统时第一个运行的程序
init.rc	一个初始化脚本
lib	存放几乎所有的共享库（.so）文件
modules	用来存放内核模块（主要是fs和net）和模块配置文件的地方
proc	/proc文件系统下的多种文件提供的系统信息不是针对某个特定进程的，而是能够在整个系统范围的上下文中使用
sbin	只放了一个用于调试的adbd程序
sd	SD卡中的EXT2分区的挂载目录
sdcard	SD卡中的FAT32文件系统挂载的目录
sqlite_stmt_journals	一个根目录下的tmpfs文件系统，用于存放临时文件数据
sys	用于挂载sysfs文件系统
system	system目录在Android文件系统占有极其重要的位置，基本上所有的工具和应用程序都在这个目录下
usr	用户的配置文件，如键盘布局、共享、时区文件等
xbin	xbin放了很多系统管理工具，这些工具都是可执行程序。xbin文件夹的作用相当于标准Linux文件系统中的 /sbin

7.3.2 Android手机系统\system\app文件解析

\system\app文件里面主要存放的是常规下载的应用程序。该文件夹下的程序为系统默认的组件，其中基本上是APK格式结尾的文件。Android手机用户安装的软件一般不会出现在该文件里，而是在\data\文件夹里。

Android手机\system\app文件夹一些文件与解析如下：

\system\app\AlarmClock.apk 闹钟文件

\system\app\Browser.apk 浏览器文件

\system\app\Bugreport.apk Bug报告文件

\system\app\Calculator.apk 计算器文件

\system\app\Calendar.apk 日历文件

\system\app\CalendarProvider.apk 日历提供文件

\system\app\Camera.apk 照相机文件

\system\app\com.amazon.mp3.apk 亚马逊音乐文件

\system\app\Contacts.apk 联系人文件

\system\app\DownloadProvider.apk 下载提供文件

\system\app\DrmProvider.apk DRM数字版权提供文件

\system\app\Email.apk 电子邮件客户端文件

\system\app\FieldTest.apk 测试程序文件

\system\app\GDataFeedsProvider.apk GoogleData提供文件

\system\app\Gmail.apk Gmail电子邮件文件

\system\app\GmailProvider.apk Gmail提供文件

\system\app\GoogleApps.apk 谷歌程序包文件

\system\app\GoogleSearch.apk 搜索工具文件

\system\app\gtalkservice.apk GTalk服务文件

\system\app\HTMLViewer.apk HTML查看器文件

\system\app\Launcher.apk 启动加载器文件

\system\app\Maps.apk 电子地图文件

\system\app\MediaProvider.apk 多媒体播放提供文件

\system\app\Mms.apk 短信、彩信文件

\system\app\Music.apk 音乐播放器文件

\system\app\MyFaves.apk T-Mobile MyFaves程序文件

\system\app\PackageInstaller.apk apk安装程序文件

\system\app\Phone.apk 电话拨号器文件

\system\app\Settings.apk 系统设置文件

\system\app\SettingsProvider.apk 设置提供文件

\system\app\SetupWizard.apk 设置向导文件

\system\app\SoundRecorder.apk 录音工具文件

\system\app\Street.apk 街景地图文件

\system\app\Sync.apk 同步程序文件

\system\app\Talk.apk 语音程序文件

\system\app\TelephonyProvider.apk 电话提供文件

\system\app\Updater.apk 更新程序文件

\system\app\Vending.apk 制造商信息文件

\system\app\VoiceDialer.apk 语音拨号器文件

\system\app\YouTube.apk YouTube视频文件

7.3.3 Android手机系统\system\bin文件解析

\system\bin文件里面主要存放系统的本地程序，主要是Linux系统自带的组件。bin文件基本为binary二进制程序。Android手机\system\bin文件夹一些文件与解析如下：

\system\bin\app_process 系统进程文件

\system\bin\dalvikvm Dalvik虚拟机宿主文件

\system\bin\dbus-daemon 系统BUS总线监控文件

\system\bin\debug_tool 调试工具文件

\system\bin\debuggerd 调试器文件

\system\bin\dexopt DEX选项文件

\system\bin\dhcpcd DHCP服务器文件

\system\bin\dumpstate 状态抓取器文件

\system\bin\dumpsys 系统抓取器文件

\system\bin\flash_image 闪存映像文件

\system\bin\hcid HCID内核文件

\system\bin\logcat Logcat日志打印文件

\system\bin\mountd 存储挂载器文件

\system\bin\netcfg 网络设置文件

\system\bin\ping Ping程序文件

\system\bin\playmp3 MP3播放器文件

\system\bin\pm 包管理器文件

\system\bin\qemud QEMU虚拟机文件

\system\bin\radiooptions 无线选项文件

\system\bin\rild RIL组件文件

\system\bin\servicemanager 服务管理器文件

\system\bin\ssltest SSL测试文件

\system\bin\surfaceflinger 触摸感应驱动文件

\system\bin\svc 服务文件

\system\bin\telnetd Telnet组件文件

7.3.4 Android手机系统\system\etc文件解析

\system\etc文件里面主要存放系统的配置文件。APN接入点设置等核心配置就是在该文件中。\system\etc文件夹一些文件与解析如下：

\system\etc\apns-conf.xml APN接入点配置文件

\system\etc\AudioFilter.csv 音频过滤器配置文件

\system\etc\bookmarks.xml 书签数据库文件

\system\etc\dbus.conf 总线监视配置文件

\system\etc\favorites.xml 收藏夹文件

\system\etc\firmware 固件信息文件

\system\etc\gps.conf GPS设置文件

\system\etc\hcid.conf 内核HCID配置文件

\system\etc\hosts 网络DNS缓存文件

\system\etc\location 定位相关文件

\system\etc\location\gps\location 定位相关文件

\system\etc\location\gps\nmea GPS数据解析文件

\system\etc\mountd.conf 存储挂载配置文件

\system\etc\NOTICE.html 提示网页文件

\system\etc\permissions.xml 权限许可文件

\system\etc\security\otacerts.zip OTA下载验证文件

\system\etc\wifi WLAN相关组件文件

\system\etc\wifi\wpa_supplicant.conf WPA验证组件文件

7.3.5 Android手机系统\system\fonts文件

\system\fonts文件里面主要存放字体。

7.3.6 Android手机系统\system\framework文件解析

\system\framework文件里面主要存放一些核心的文件。\system\framework文件夹一些文件与解析如下：

\system\framework\android.awt.jar　AWT库文件

\system\framework\com.google.android.gtalkservice.jar　GTalk服务文件

\system\framework\com.google.android.maps.jar　电子地图库文件

\system\framework\core.jar　核心库文件，启动桌面时首先加载这个

\system\framework\input.jar　输入库文件

\system\framework\pm.jar　包管理库文件

\system\framework\svc.jar　系统服务文件

7.3.7 Android手机系统\system\lib文件解析

\system\lib文件里面主要存放系统底层库。\system\lib文件夹一些文件与解析如下：

\system\lib\libandroid_runtime.so　Android运行时库文件

\system\lib\libandroid_servers.so　系统服务组件文件

\system\lib\libaudio.so　音频处理文件

\system\lib\libaudioeq.so　EQ均衡器文件

\system\lib\libaudioflinger.so　音频过滤器文件

\system\lib\libbluetooth.so　蓝牙组件文件

\system\lib\libcamera.so　超相机组件文件

\system\lib\libcrypto.so　加密组件文件

\system\lib\libdrm1.so　DRM解析库文件

7.3.8 Android手机系统\system\media文件解析

\system\media文件里面主要存放铃声音乐、一些系统提示事件音等。\system\media文件夹一些文件与解析如下：

\system\media\audio\alarms　闹铃音文件

\system\media\audio\notifications　提示音文件

\system\media\audio\ringtones　铃声文件

\system\media\audio\ui　界面操作事件音文件

7.3.9 Android手机系统\system\sounds文件解析

\system\sounds文件里面主要存放音乐测试文件。该文件夹一般仅有一个test.mid文件，用于播放测试的文件。

7.3.10 Android手机系统\system\user文件解析

\system\user文件主要存放用户文件夹，包含共享、键盘布局、时间区域文件等。

7.3.11 安卓手机SD卡中的文件名解析

安卓手机SD卡中的文件名解析见表7-8。

表7-8 安卓手机SD卡中的文件名解析

名称	解析
.android_secure	官方app2sd的产物，删了后装到SD卡中的软件就无法使用了
.Bluetooth	蓝牙文件
.mobo	Moboplayer的缓存文件
.QQ	QQ的缓存文件
.quickoffice	quickoffice的缓存文件
.switchpro	switchprowidget（多键开关）的缓存文件
.ucdlres	UC迅雷的缓存文件
albumart	音乐专辑封面的缓存文件夹
albums	相册缩略图的缓存文件夹
Android	该文件是比较重要的文件夹，里面是一些程序数据
apadqq-images	QQ for pad的缓存目录
backups	一些备份文件
baidu	百度有关程序的缓存文件夹
bugtogo	系统出现问题的时候会形成一些报告文件，存放在该文件夹
Camera360	Camera360的缓存目录
data	缓存数据的文件夹，与Android性质类似
DCIM	相机的缓存文件夹
documents	documents To Go的相关文件夹
DunDef	地牢守护者的数据包
etouch	易行的缓存文件夹
extracted	androzip等解压缩软件默认的解压目录
gameloft	gameloft游戏数据包存放的文件夹
Glu	Glu系列游戏的资料包存放文件
handcent	handcent（超级短信）数据文件夹
handyCurrency	货币汇率相关的文件夹
ireader	ireader的缓存文件夹
KingReader	开卷有益的缓存文件夹

续表

名称	解析
KuwoMusic	酷我音乐的相关文件夹
LOST.DIR	卡上丢失或出错的文件
moji	墨迹天气的缓存目录
MusicFolders	poweramp产生的缓存文件夹
MxBrowser	遨游的缓存目录
openfeint	openfeint的缓存文件夹
Picstore	图片浏览软件建立的一个目录
Playlists	播放列表的缓存文件夹
renren	人人网客户端的缓存文件夹
ShootMe	ShootMe截屏后图片文件保存的目录
SmartpixGames	SmartpixGames出品游戏的缓存文件夹
sogou	搜狗拼音的缓存文件夹
SpeedSoftware	RE文件管理器的缓存文件夹
SystemAppBackup	SystemApp remove（深度卸载）备份系统文件后，备份文件保存的目录
Tencent	腾讯软件的缓存目录
TitaniumBackup	钛备份备份的程序所保存的目录
TTPod	天天动听的缓存目录
UCDLFiles	UC迅雷下载文件的保存目录
UCDownloads	UC浏览器下载文件的保存目录
VIE	Vignette（晕影相机）的缓存目录
yd_historys	有道词典搜索历史的缓存目录
yd_speech	有道词典单词发音的缓存目录

注：因为手机系统版本及安装软件的不同，所以上述文件夹可能会稍有差别。

7.3.12 iPhone系统目录位置路径

iPhone一些系统目录位置路径见表7-9。

表7-9 iPhone一些系统目录位置路径

目录路径	解析
/Applications/WeDictPro.app或 /Applications/WeDict.app	WeDict目录，WeDict字典放在该目录下
/private/var/mobile	新刷完的手机，要在该文件夹下建一个Documents的目录，很多程序都要用到
/private/var/mobile/Applications	通过App Store和iTunes安装的程序都在里面

续表

目录路径	解析
/private/var/mobile/Library/Downloads	ipa文件存放目录，把下载来的ipa文件放到该目录下
/private/var/mobile/Library/Keyboard	系统拼音字库文件位置
/private/var/mobile/Media/DCIM/999APPLE	系统自带截屏文件存放路径
/private/var/mobile/Media/Maps	离线地图目录，把地图文件夹放到该目录下
/private/var/mobile/Media/ROMs/GBA	gpsPhone模拟器存放ROM的目录
/private/var/mobile/Media/textReader	textReader看书软件读取的电子书的存放路径
/private/var/stash	该文件夹下的Applications目录里面是所有通过Cydia与App安装的程序。Ringtones目录里是所有的手机铃声，自制铃音直接拷在里面即可
/private/var/stash/Themes.XXXXXX	winterboard主题文件存放路径
/System/Library/Fonts/Cache	系统字体目录，要替换的字体放在该目录下
System/Library/Frameworks/UIKit.framework	电话号码显示规则文件存放路径

7.3.13 iPhone常用文件夹位置路径

iPhone一些常用文件夹位置路径见表7-10。

表7-10 iPhone一些常用文件夹位置路径

目录路径	解析
/Applications	常用软件的安装目录
/Applications/Preferences.app/zh_CN.lproj	软件Preferences.app的中文汉化文件存放目录
/Applications/WeDictPro.app或 /Applications/WeDict.app	WeDict目录，WeDict字典放在该目录下
/bin	和Linux系统差不多，是系统执行指令的存放目录
/Library/FIT	FIT皮肤文件
/Library/Ringtones	系统自带的来电铃声存放目录
/Library/Wallpaper	系统墙纸的存放目录
/private /var/ mobile/Media /DCIM	相机拍摄的照片文件存放目录
/private /var/ mobile/Media /iPhone Recorder	录音文件存放目录
/private /var/root/Media/EBooks	电子书存放目录
/private/var/ mobile /Library/AddressBook	系统电话本的存放目录
/private/var/ mobile /Library/SMS	系统短信的存放目录
/private/var/ mobile /Media/iTunes_Control/ Music	iTunes上传的多媒体文件
/private/var/logs/CrashReporter	系统错误记录报告

续表

目录路径	解析
/private/var/mobile	新刷完的手机放在该文件夹下建一个Documents的目录
/private/var/mobile/Applications	通过App Store和iTunes安装的程序都放在里面
/private/var/mobile/Library/AddressBook	联系人文件
/private/var/mobile/Library/CallHistory	通话记录文件
/private/var/mobile/Library/Downloads	ipa文件存放目录
/private/var/mobile/Library/Keyboard	系统拼音字库文件位置
/private/var/mobile/Library/Mail	电子邮件文件
/private/var/mobile/Library/Notes	备忘录文件
/private/var/mobile/Library/Preferences com.apple.mobilephone.speeddial.plist	个人收藏（电话快速拨号）文件
/private/var/mobile/Library/Safari Safari	浏览器保存的书签等文件
/private/var/mobile/Library/SMS	短信文件
/private/var/mobile/Media/DCIM	照片里面的胶卷文件
/private/var/mobile/Media/DCIM/999APPLE	系统自带截屏文件存放路径
/private/var/mobile/Media/EBooks	电子书目录路径
/private/var/mobile/Media/Maps	离线地图目录
/private/var/mobile/Media/Photos	照片里面的图片
/private/var/mobile/Media/Photos/iComic 或 /private/var/mobile/Documents/ 目录	漫画文件
/private/var/mobile/Media/Recordings	语音备忘录文件
/private/var/mobile/Media/ROMs/GBA	gpsPhone模拟器存放ROM的目录
/private/var/mobile/Media/textReader	textReader看书软件读取的电子书的存放路径
/private/var/mobile/Media/Videos	iPhoneVideoRecorder摄像软件目录路径
/private/var/mobile/Media/Videos Cycorder	摄像机软件拍摄文件保存路径
/private/var/root/Media/PXL	ibrickr上传安装程序建立的一个数据库
/private/var/run	系统进程运行的临时目录
/private/var/stash/Themes.BPznmT	主题目录路径
/private/var/stash/Themes.XXXXXX	winterboard主题文件存放路径
/System/Library/Audio/UISounds	系统声音文件的存放目录
/System/Library/Fonts/Cache	系统字体目录

7.3.14 iPhone系统图标位置路径

iPhone一些系统图标位置路径见表7-11。

表7-11 iPhone一些系统图标位置路径

目录路径	解析
/Applications/Calculator.app/icon.png	计算器
/Applications/Maps.app/icon.png	地图
/Applications/MobileCal.app/icon.png	日历
/Applications/MobileMail.app/icon.png	电子邮件
/Applications/MobileMusicPlayer.app/icon.png	iPod播放器
/Applications/MobileNotes.app/icon.png	记事本
/Applications/Mobilephone.app	拨号面板图标路径
/Applications/MobilePhone.app/icon.png	电话
/Applications/MobileSafari.app/icon.png	网页浏览器
/Applications/MobileSlideShow.app/icon-Camera.png	相机
/Applications/MobileSlideShow.app/icon-Photos.png	相册
/Applications/MobileSMS.app/icon.png	短消息
/Applications/MobileStore.app/icon.png	音乐商店
/Applications/MobileTimer.app/icon.png	时钟
/Applications/Preferences.app/icon.png	设置
/Applications/Stocks.app/icon.png	股票
/Applications/Weather.app/icon.png	天气
/Applications/YouTube.app/icon.png	在线视频
/private/var/mobile/Library/Calendar	农历路径
/System/Library/Carrier Bundles/Unknown.bundle	运营商图标路径
/System/Library/CoreServices/SpringBoard.app	充电电池图标路径
/System/Library/CoreServices/SpringBoard.app	手机信号图标路径
/System/Library/CoreServices/SpringBoard.app	Wi-Fi信号图标路径
/System/Library/CoreServices/SpringBoard.app	Edge信号图标路径
/System/Library/CoreServices/SpringBoard.app	解锁小图标路径
/System/Library/CoreServices/SpringBoard.app	待机播放器图标路径
/System/Library/CoreServices/SpringBoard.app	iPod播放信号图标路径
/System/Library/CoreServices/SpringBoard.app	闹钟信号图标路径

续表

目录路径	解析
/System/Library/CoreServices/SpringBoard.app	振动图标路径
/System/Library/CoreServices/SpringBoard.app/zh_CN.lproj	滑块文字路径
/System/Library/Fonts/Cache	待机时间字体路径
/System/Library/Frameworks/UIKit.framework	待机时间背景路径
/System/Library/PrivateFrameworks/TelephonyUI.framework	滑块图标路径

7.4 手机文件可删情况与清除情况

7.4.1 安卓系统手机文件夹不可删除项

安卓系统手机文件夹不可删除项见表7-12。

表7-12 安卓系统手机文件夹不可删除项

文件	功能	可否删除情况
AccountAndSyncSettings.apk	同步与帐户设定	不可以删除
ActivityNetwork.apk	网络服务	不可以删除
AcwfDialog.apk	Acwf对话	不可以删除
ApplicationsProvider.apk	应用程序支持服务	不可以删除
Bluetooth.apk	蓝牙	不可以删除
CameraOpen.apk	自带相机	不可以删除
CellConnService.apk	电话连接服务	不可以删除
CertInstaller.apk	证书服务、证书安装	不可以删除
Contacts.apk	有关通信录/联系人	不可以删除
ContactsProvider.apk	通信录/联系人数据存储服务	不可以删除
DataDialog.apk	数据对话框	不可以删除
DefaultContainerService.apk	默认通信录服务	不可以删除
DownloadProvider.apk	下载管理器	不可以删除
DownloadProvider.apk	电子市场	不用可删除
DrmProvider.apk	受保护数据存储服务	不可以删除
EngineerMode.apk	工程模式	不可以删除
EngineerModeSim.apk	SIM卡工程模式	不可以删除
googlevoice.apk	电话与短信功能	不可以删除
MediaProvider.apk	媒体数据存储服务	不可以删除

续表

文件	功能	可否删除情况
MtkBt.apk	全球卫星定位系统接收器	不可以删除
PackageInstaller.apk	程序安装	不可以删除
Phone.apk	电话拨号程序	不可以删除
Settings.apk	系统设置	不可以删除
SettingsProvider.apk	设置服务程序	不可以删除
TelephonyProvider.apk	拨号记录存储服务	不可以删除

注：由于手机机型不一定相同。因此，该表仅供参考。想删除系统自带的软件，首先需要root。root完成后应安装RE管理器，然后系统自带文件放在system/app下，然后对照哪些选项不可删除。删除文件时建议备份删除文件。

7.4.2 安卓系统手机文件夹建议保留与可删项

安卓系统手机文件夹建议保留与可删项见表7-13。

表7-13 安卓系统手机文件夹建议保留与可删项

文件	功能	可否删除情况
AccountAndSyncSettings.apk	账号同步设置	如果不用谷歌同步服务可删除
apkCompassCH.apk	超级指南针	建议保留
Bluetooth.apk	蓝牙	如果删了就没有蓝牙了，建议保留
Browser.apk	谷歌浏览器	如果有喜欢浏览器替代可删除
Calculator.apk	计算器	自带计算器较弱，可用其他计算器替代
Calendar.apk	日历	不用日历的情况可删除
CalendarImporter.apk	日历支持	删除后，日历有问题。不用日历情况可删除
CalendarProvider.apk	日历储存、日历程序支持服务	删除后，日历有问题。不用日历情况可删除
Camera.apk	自带相机	如果有其他相机替代可删除
ChsPack.apk touchpal	输入法拼音语言包	如果不用注音可删除
Contacts.apk	通信录/联系人	如果用第三方通信录可删除
DeskClock.apk	自带闹钟	如果用第三方闹钟可删除
DownloadProviderUi.apk	电子市场界面	如果不用电子市场可删除
Email.apk Email	自带Email接受邮件	如果不用自带Email接受邮件可删除

续表

文件	功能	可否删除情况
ES_filemanager.apk	资源浏览器	建议保留
fmradio.apk	收音机	如果不用收音机可删除
Gallery3D.apk	相机相框	如果不用相机相框可删除
GenieWidget.apk	天气与新闻	自己不用其看天气与新闻可删除
Gmail.apk Gmail	邮件	可删除
GoogleBackupTransport.apk	谷歌备份	可删除
GoogleCalendarSyncAdapter.apk	谷歌日历同步适配器	可删除
GoogleFeedback.apk	谷歌反馈	可删除
GooglePartnerSetup.apk Google	合作伙伴设置	可删除
GoogleQuickSearchBox.apk	谷歌搜索	删了会影响到桌面的搜索插件
GoogleServicesFramework.apk	谷歌同步支持服务框架	删了不能同步联系人，不能登录Google
HTMLViewer.apk HTML	浏览器	如果本地看HTML不删。如果用不到可删除
HWCalla_TaiWan.apk	繁体中文手写输入法	如果写简体的，不用手写的情况可删除
LatinIME.apk android	键盘输入法	可删除
LatinImeTutorial.apk android	键盘输入法设置	可删除
LiveWallpapersPicker.apk	动态壁纸	可删除
LiveWalls.apk	动态壁纸	可删除
Maps.apk Google	地图	如果自行换成brust版本可删除
MarketUpdater.apk	谷歌市场升级	如果不用可删除
MediaUploader.apk	媒体上传	可删除
MMITest_II.apk	工程模式里用到的手机测试程序	可删除
Mms.apk	自带信息	如果用第三方短信可删除
Music.apk	自带音乐	如果用其他播放器可删除
NetworkLocation.apk	网络位置	可删除
NotePad.apk	记事本	可删除
OneTimeInitiaLizer.apk	是首次启动时用来装Google Apps的	可删除

续表

文件	功能	可否删除情况
Protips.apk	桌面小绿人插件	可删除
SetupWizard.apk	开机引导	如果定制ROM不可删除。刷好机可用rootexplorer可删除
SNSCommon.apk	常见的SNS	如果不需要可删除
SnsContentProvider.apk	SnS的内容提供商	可删除
SnsWidget.apk	SnS的小工具	可删除
SnsWidget24.apk	SnS社区	可删除
Soundback.apk	辅助功能	可删除
SoundRecorder.apk	录音机	如果用第三方录音软件替代可删除
Stk.apk sim	卡服务	如果把联系人复制在SIM卡上就不要删除
Street.apk	谷歌街道	可删除
Talk.apk	谷歌Talk	可删除，但是删了就用不了电子市场
Talkback.apk	辅助功能	可删除
TouchPal.apk	TouchPal输入法	可删除，但是手机自带的输入法最好至少保留一种
T TSService.apk	Google TTS（Text-to-speech）语音库服务	可删除
TwidroydFree342-Huawei-rev1.apk	twitter客户端	如果不用可删除
Updataonline.apk	在线升级	可删除
UserDictionaryProvider.apk	用户数据字典服务	可删除
Vending.apk	电子市场	很多软件自动升级时需要用到，建议保留
VisualizationWalls.apk	动态音乐背景壁纸	可删除
VoiceSearch.apk	语音搜索	可删除
VpnServices.apk	VPN服务	可删除
YouTube.apk	YouTube视频	可删除

注：仅供参考。

7.4.3 手机手动文件与垃圾的清除

手机手动清除文件垃圾时，有的文件可以删除，有的仅部分能够删除，有的不能够删除，具体的一些文件可否删除情况见表7-14。

表7-14 一些文件可否删除情况

文件	可否删除情况	具体文件情况
*.$$$文件	部分可删	用X-plore查找并删除所有*.$$$的文件
.h××的文件（即帮助文件，其中××为数字）	部分可删	删除所有后缀名为.h××的文件（即帮助文件，其中××为数字），但是一定要保留h01、h31。典型的帮助文件路径如下：C:\RESOURCE\help（需开启open4all权限删除。注意不得删除该文件夹与文件夹里不相干的文件）
.r××语言文件	部分可删	删除所有后缀名为.r××的文件（即语言文件，其中××为数字），但是一定要保留r01、r31。典型的语言文件路径如下 C:\RESOURCE\APPS\NAFRuntime（N-GAGE平台，需开启open4all权限删除。注意不得删除该文件夹与文件夹里不相干的文件） C:\RESOURCE（需开启open4all权限删除。注意不得删除该文件夹与文件夹里不相干的文件）
_PAlbTN（即缩略图文件夹）	里面的文件都可以全部删除	例如 C\E:\Data\Images\ C\E:\Videos\
cache（即缓存文件夹）	cache（即缓存文件夹）里面的文件都可以全部删除	例如 C\E:\Private\101f8857\Cache C\E:\Data\DxInfo_3GT\Cache C\E:\System\cache C\E:\Private\1020dce\preInstalledAppsCache.dat C\E:\Private\1020dce\instFailedAppsCache.dat
MobileCrash_开头的文件	部分可删	删除以下文件夹里所有MobileCrash_开头的文件，但是一定要保留mc_info.txt文件 C:\Private\1020e519
PlayHelp××.xml文件（即N-Gage帮助文件，其中××为数字）	部分可删	删除以下文件夹中的PlayHelp××.xml文件（即N-Gage帮助文件，其中××为数字），但是一定要保留PlayHelp01、PlayHelp31 C:\Private\20003b78（需开启open4all权限删除。注意不得删除该文件夹与文件夹里不相干的文件）
temp（即临时文件夹）	里面的文件都可以全部删除	例如 C:\System\temp C:\TempUA

7.4.4 自带播放器播放列表及音乐库文件与垃圾的清理

自带播放器播放列表及音乐库文件与垃圾，有的可以删除，有的仅部分能够删除，有的不能够删除。

自带播放器播放列表及音乐库主要用于删除列表中错误的音乐文件，清空音乐库，从而彻底刷新音乐库。

（1）v20/v21的方法（完成后重启，刷新音乐库）

E:\private\101ffc31\——清空里面的文件（文件夹是隐藏的，需要打开显示隐藏文件选项）。

E:\private\101ffca9\——清空里面的文件（文件夹是隐藏的，需要打开显示隐藏文件选项）。

（2）v30/v31的方法（完成后重启，刷新音乐库）

E:\private\10281e17\——清空里面的文件（文件夹是隐藏的，需要打开显示隐藏文件选项）。

E:\private\101ffca9\——清空里面的文件（文件夹是隐藏的，需要打开显示隐藏文件选项）。

7.4.5 手机程序卸载后残余文件垃圾的清理

手机程序卸载后残余文件垃圾的清理情况见表7-15。

表7-15 手机程序卸载后残余文件垃圾的清理情况

类型	可清理情况
jar/jad类程序	有的手机在安装jar/jad类程序时，会安装在以下文件里 !:\private\102033e6\MIDlets文件夹（!代表所安装的盘符） 生成一个类似“[********]”的文件夹（*代表数字或字母，大概为8位），里面是所安装的文件，如果该程序已经删除，而该文件夹依然存在，则可删除
sis类程序	一般软件卸载后会留下一部分用户的配置文件，需要手动删除 软件一般会在安装盘下的data文件夹（或者根目录）下创建一个以该软件的英文名称命名的文件夹来存储用户的配置文件。为此，可以找到该文件删除即可 另外，有的软件会在以下文件下保留一些配置文件 !:\system\data\（!代表所安装的盘符） !:\system\apps\（!代表所安装的盘符） !:\resource\apps\（!代表所安装的盘符） 如果发现已经删除了的软件有残余文件，则可删除

7.5 安卓手机超级终端下的命令

7.5.1 netstat命令作用与解析

netstat主要用于Linux查看自身的网络状况，例如开启的端口、在为哪些用户服务与服务的状态、显示系统路由表接口状态、网络接口状态等。

netstat是一个综合性的网络状态的查看工具。默认情况下，netstat只显示已建立连接的端口。如果要显示处于监听状态的所有端口，则使用-a参数即可。netstat命令有关作用、格式、主要参数见表7-16。

表7-16 netstat命令有关作用、格式、主要参数

项目	解析
作用	netstat命令用来检查整个Linux网络状态
格式	netstat [-acCeFghilMnNoprstuvVwx][-A][--ip]
主要参数	-a：all显示所有连线中的Socket -A：列出该网络类型连线中的IP相关地址与网络类型 -c：continuous持续列出网络状态 -C：cache显示路由器配置的快取信息 -e：extend显示网络其他相关信息 -F：fib显示fib -g：groups显示多重广播功能群组组员名单 -h：help在线帮助 -i：interfaces显示网络界面信息表单 -l：listening显示监控中的服务器的Socket -M：masquerade显示伪装的网络连线 -n：numeric直接使用IP地址而不通过域名服务器 -N：netlink--symbolic显示网络硬件外围设备的符号连接名称 -o：timers显示计时器 -p：programs显示正在使用Socket的程序识别码与程序名称 -r：route显示Routing Table -s：statistice显示网络工作信息统计表 -t：tcp显示tcp传输协议的连线状况 -u：udp显示udp传输协议的连线状况 -v：verbose显示指令执行过程 -V：version显示版本信息 -w：raw显示raw传输协议的连线状况 -x：unix和指定“-A unix”参数相同 --ip：inet和指定“-A inet”参数相同

7.5.2 route命令作用与解析

route命令用来查看、设置Linux系统的路由信息，从而实现与其他网络的通信。

route命令有关作用、格式、主要参数见表7-17。

表7-17 route命令有关作用、格式、主要参数

项目	解析
作用	route表示手工产生、修改和查看路由表
格式	#route [-add][-net|-host] targetaddress [-netmask Nm][dev]If] #route [-delete][-net|-host] targetaddress [gw Gw] [-netmask Nm] [dev]If]
主要参数	-add：增加路由 -delete：删除路由 -net：路由到达的是一个网络，而不是一台主机 -host：路由到达的是一台主机 -netmask Nm：指定路由的子网掩码 gw：指定路由的网关 [dev]If：强迫路由链指定接口

7.5.3 reboot命令作用与解析

reboot命令有关作用、格式、主要参数见表7-18。

表7-18 reboot命令有关作用、格式、主要参数

项目	解析
作用	reboot命令的作用是重新启动计算机，它的使用权限是系统管理者
格式	reboot [– n] [– w] [– d] [– f] [– i]
主要参数	– n: 在重开机前不做将记忆体资料写回硬盘的动作 – w: 并不会真的重开机，只是把记录写到/var/log/wtmp文件里 – d: 不把记录写到/var/log/wtmp文件里 – i: 在重开机前先把所有与网络相关的装置停止

7.5.4 telnet命令作用与解析

用户使用telnet命令可以进行远程登录，以及在远程计算机间进行通信。为了通过telnet登录到远程计算机上，则需要知道远程机上的合法用户名与口令。

telnet只为普通终端提供终端仿真而不支持Window等图形环境。当允许远程用户登录时，系统通常把这些用户放在一个受限制的Shell中，以防系统被怀有恶意的或不小心的用户破坏。

telnet命令有关作用、格式、主要参数见表7-19。

表7-19 telnet命令有关作用、格式、主要参数

项目	解析
作用	telnet表示开启终端机阶段作业并登入远端主机。telnet是一个Linux命令，同时也是一个协议远程登录协议
格式	telnet [-8acdEfFKLrx][-b][-e][-k][-l][-n][-S][-X][主机名称IP地址]
主要参数	-8：允许使用8位字符资料，包括输入与输出 -a：尝试自动登入远端系统 -b：使用别名指定远端主机名称 -c：不读取用户专属目录里的.telnetrc文件 -d：启动排错模式 -e：设置脱离字符 -E：滤除脱离字符 -f：该参数的效果与指定“-F”参数相同 -F：使用Kerberos V5认证时，加上该参数可以把本地主机的认证数据上传到远端主机 -k：使用Kerberos认证时，加上此参数让远端主机采用指定的领域名而非该主机的域名 -K：不自动登入远端主机 -l：指定要登入远端主机的用户名称 -L：允许输出8位字符资料 -n：指定文件记录相关信息 -r：使用类似rlogin指令的用户界面 -S：服务类型，可以设置telnet连线所需的IP TOS信息 -x：假设主机有支持数据加密的功能就使用它 -X：关闭指定的认证形态

7.5.5 mount命令作用与解析

mount命令有关作用、格式、主要参数见表7-20。

表7-20 mount命令有关作用、格式、主要参数

项目	解析
作用	mount命令的作用是加载文件系统，它的权限是超级用户或/etc/fstab中允许的使用者
格式	mount －a [－fv] [－t vfstype] [－n] [－rw] [－F] device dir
主要参数	－h：显示辅助信息 －v：显示信息，通常与－f用来除错 －a：将/etc/fstab中定义的所有文件系统挂上 －F：该命令通常与－a一起使用，其会为每一个mount的动作产生一个行程负责执行。在系统需要挂上大量NFS文件系统时，可以加快加载的速度 －f：通常用于除错，其会使mount不执行实际挂上的动作，而是模拟整个挂上的过程。通常会与－v一起使用 －t vfstype：显示被加载文件系统的类型 －n：一般而言，mount挂上后会在/etc/mtab中写入一笔资料，在系统中没有可写入文件系统的情况下，则可以用该选项取消该动作

7.5.6 mkdir命令作用与解析

mkdir命令有关作用、格式、主要参数见表7-21。

表7-21 mkdir命令有关作用、格式、主要参数

项目	解析
作用	mkdir命令的作用是建立名称为dirname的子目录，与MS DOS下的md命令类似，它的使用权限是所有用户
格式	mkdir [options] 目录名
主要参数	－m, －－mode=模式：设定权限，与chmod类似 －p, －－parents：需要时创建上层目录。如果目录早已存在，则不当作错误 －v, －－verbose：每次创建新目录都显示信息 －－version：显示版本信息后离开

7.5.7 exit命令作用与解析

exit命令有关作用、格式、主要参数见表7-22。

表7-22 exit命令有关作用、格式、主要参数

项目	解析
作用	exit命令的作用是退出系统，它的使用权限是所有用户
格式	exit
主要参数	exit命令没有参数，运行后退出系统进入登录界面

参考文献

REFERENCES

[1] 阳鸿钧，等. 智能手机维修技能速培教程［M］.北京：机械工业出版社，2017.

[2] 阳鸿钧，等. 智能手机维修从入门到精通［M］.北京：机械工业出版社，2016.

[3] 阳鸿钧，等. iPhone手机故障排除与维修实战一本通［M］.北京：机械工业出版社，2013.